实验室生物安全教程

赵德明　吕　京　主编

中国农业大学出版社
·北京·

主　　编　赵德明　吕　京

副 主 编　吴南屏　瞿　涤　金梅林　杨利峰　王　荣
　　　　　张桂红　刘文博

参编人员　（以姓氏笔画为序）
　　　　　王桂花　尹晓敏　白　玉　师福山　任　伟
　　　　　刘爱玲　张珠明　陈柏安　苑方重　周向梅
　　　　　神翠翠　许立华　郭又春　涂　健　黄　瑛

本书由国家科技支撑计划“生物安全四级和移动式三级实验室认可关键技术研究”（课题编号：2008BAK42B08）项目资助出版。

前　言

我国长期以来缺乏用于高等教育的系统的实验室生物安全基础教材。随着生命科学技术的高速发展和一些后果严重的实验室生物安全事故的发生，人们越来越深刻地意识到实验室生物安全的重要性。培养良好的安全意识和行为，需从基础教育阶段开始。

本书主要是针对高校本科生及研究生编写的，特点是内容简明、易懂，兼顾动物和人类医药领域，同时把握基础理论与操作技术并行的原则。

本书的作者主要来自浙江大学、复旦大学、扬州大学、中国农业大学、华南农业大学、华中农业大学等重点高校长期从事生物安全相关教学和科研工作的专家及技术人员，他们不仅具有扎实的生物安全理论知识和很强的操作能力，而且具有丰富的教学经验。作者根据国内外最新资料、科研成果、实际工作经验和高等教育特点编写此书，保证其具有较强的实用性、可操作性和通用性。

本书的编写虽然以作为高校教材为主要目的，但也适用于来自卫生部门、农业部门、质检部门、高等院校、科研机构、部队、企业等与生物工作相关的研究人员、管理人员和工作人员等使用，其他感兴趣的读者也可参考使用。

在本书编写过程中得到了国家认证认可监督管理委员会、中国合格评定国家认可中心、中国农业大学和“十一五”国家科技支撑计划“国家重点领域认证认可推进工程”重点项目的大力支持和帮助，谨此致谢；也得到了国家管理部门和权威科研机构许多专家学者的建设性意见和建议，特别感谢国家认证认可监督管理委员会科技与标准管理部许增德主任、中国合格评定国家认可中心副主任和课题负责人宋桂兰博士、以及何兆伟高工、陆兵教授、吴东来教授、祁建城教授、钱军教授。

由于系统的实验室生物安全教育在我国是一门新的学科，尚缺少经验积累，本书存在纰漏和欠缺在所难免，敬请同行和读者批评指正，并及时向我们反馈以利于改进。

编　者

2010 年 6 月

目　录

第一篇　实验室生物安全基础

第二篇 实验室生物安全技术

第一篇　实验室生物安全基础

本篇主要介绍与生物安全相关的一些基本概念，在生物安全领域内的相关名词，生物实验室的等级划分与对应的生物危害等级。总体上，根据生物因子对个体和群体的危害程度将其分为4级，即基础实验室——一级生物安全水平，基础实验室——二级生物安全水平，防护实验室——三级生物安全水平和最高防护实验室——四级生物安全水平。

第一章　实验室生物安全概论

第一节　生物安全基本概念

1. 生物因子

微生物和生物活性物质。

2. 病原体

可使人、动物或植物致病的生物因子。

3. 危险废弃物

有潜在生物危险、易燃、可燃、腐蚀、有毒、放射性和具有破坏作用的，对人、环境有害的一切废弃物。

4. 危害

伤害发生的概率及其严重性的综合。

5. 气溶胶

悬浮于气体介质中的颗粒直径在 0.001～100 μm 的固态或液态微小粒子形成的相对稳定的分散体系。

6. 生物安全

避免危险生物因子造成实验室人员暴露、向实验室外扩散并导致危害的综合措施。

7. 一级防护屏障

实验室的生物安全柜和个人防护装备等构成的防护屏障。

8. 二级防护屏障

实验室的设施结构和通风系统等构成的防护屏障。

9. 高效空气过滤器(high efficiency particulate air filter，HEPA)

通常以滤除≥0.3 μm 微粒为目的，滤除效率符合相关要求的过滤器。

10. 安全罩

置于实验室工作台或仪器设备上的负压排风罩，以减少实验室工作者的暴露危险。

11. 生物安全柜(biological safety cabinet,BSC)

具备气流控制及高效空气过滤装置的操作柜,能有效降低实验过程中产生的有害气溶胶对操作者和环境的危害。

12. 个人防护装备(personal protective equipment,PE)

用于防止人员受到化学和生物等有害因子伤害的器材和用品。

13. 实验室分区

按照生物因子污染概率的大小,实验室可进行合理的分区。

14. 气锁

气压可调节的气密室,用于连接气压不同的两个相邻区域,其两个门具有互锁功能,不能同时处于开启状态。在实验室中用作特殊通道。

15. 定向气流

在气压低于外环境大气压的实验室中,从污染概率小且相对压力高处向污染概率高且相对压力低处受控制流动的气流。

16. 实验室生物安全防护

实验室工作人员所处理的实验对象含有致病的微生物及其毒素时,通过在实验室设计建造、使用个体防护设置、严格遵从标准化的工作及操作程序和规程等方面采取综合措施,确保实验室工作人员不受实验对象侵染,确保周围环境不受其污染。

17. 微生物危害评估

对实验微生物和毒素可能给人或环境带来的危害所进行的评估。

18. 材料安全数据单(material safety data sheet,MSDS)

提供详细的危险和注意事项信息的技术通报。

19. 生物安全实验室

通过防护屏障和管理措施,达到生物安全要求的生物实验室和动物实验室。

第二节　生物因子风险分级

根据生物因子对个体和群体的危害程度将其分为 4 级。该危险度等级的划分方法仅适用于实验室工作。

一、风险等级Ⅰ(低个体危害,低群体危害)

不会导致健康工作者和动物致病的细菌、真菌、病毒和寄生虫等生物因子。

二、风险等级Ⅱ(中等个体危害,有限群体危害)

病原体能引起人或动物发病,但一般情况下对健康工作者、群体、家畜或环境不会引起严重危害。实验室感染不导致严重疾病,具备有效治疗和预防措施,并且传播风险有限。

三、风险等级Ⅲ(高个体危害,低群体危害)

病原体能引起人类或动物严重疾病,或造成严重经济损失,但通常不因偶然接触而在个体间传播,并且对感染具备有效治疗和预防措施,如能使用抗生素、抗寄生虫药治疗。

四、风险等级Ⅳ(高个体危害,高群体危害)

病原体能引起人类或动物非常严重的疾病,一般不能治愈,容易直接或间接传播,或因偶然接触在人与人、动物与人、人与动物或动物与动物间传播,对感染一般没有有效治疗和预防措施。

第三节　生物安全实验室分级

生物安全实验室可以分为基础实验室——一级生物安全水平,基础实验室——二级生物安全水平,防护实验室——三级生物安全水平和最高防护实验室——四级生物安全水平。根据操作不同危险度等级微生物所需的实验室设计特点、建筑构造、防护设施、仪器、操作以及操作程序来决定实验室的生物安全水平。

一、生物安全实验室的要求

根据国家规定(微生物和生物医学实验室生物安全通用准则),对各级别生物安全实验室的要求如下:

(1)生物安全防护水平为一级的实验室适用于操作在通常情况下不会引起人类或者动物疾病的微生物,如普通微生物实验室等。

(2)生物安全防护水平为二级的实验室适用于操作能引起人类或者动物疾病,但一般情况下对人、动物或者环境不构成严重危害,传播风险有限,实验室感染后很少引起严重疾病,并且具备有效治疗和预防的微生物。

(3)生物安全防护水平为三级的实验室适用于操作能引起人类或者动物严重

的甚至致死性疾病，比较容易直接或者间接在人与人、动物与人、动物与动物之间传播的微生物及其毒素，通常已有预防传染的疫苗。

(4)生物安全防护水平为四级的实验室适用于操作能引起人类或者动物非常严重疾病的通过气溶胶途径传播或传播途径不明，目前尚无有效的疫苗或治疗方法的致病微生物及其毒素，以及我国尚未发现或者已经宣布消灭的微生物。

二、生物安全实验室的表示

以 BSL-1、BSL-2、BSL-3、BSL-4(bio-safety level，BSL)表示仅从事体外操作的实验室的相应生物安全防护水平。以 ABSL-1、ABSL-2、ABSL-3、ABSL-4(animal bio-safety level，ABSL)表示从事动物活体操作的实验室的相应生物安全防护水平。

三、生物安全实验室的功能

根据实验活动的差异、采用的个体防护装备和基础隔离设施的不同，生物安全实验室可分为：

(1)操作通常认为非经空气传播致病性生物因子的实验室。

(2)可有效利用安全隔离装置如生物安全柜来操作常规量经空气传播致病性生物因子的实验室。

(3)能有效利用安全隔离装置来操作常规量经空气传播致病性生物因子的实验室。

(4)利用具有生命支持系统的正压服来操作常规量经空气传播致病性生物因子的实验室。

四、生物安全实验室的分级

应根据国家相关主管部门发布的病原微生物分类名录，在风险评估的基础上，确定实验室的生物安全级别(表 1-1)。

表 1-1 与微生物危险度等级相对应的生物安全水平、操作和设备

危险度等级	生物安全水平	实验室类型	实验室操作	安全设施
Ⅰ级	基础实验室——一级生物安全水平	基础的教学、研究	GMT	不需要；开放实验台
Ⅱ级	基础实验室——二级生物安全水平	初级卫生服务；诊断、研究	GMT 加防护服、生物危害标志	开放实验台，此外需 BSC 用于防护可能生成的气溶胶

续表 1-1

危险度等级	生物安全水平	实验室类型	实验室操作	安全设施
Ⅲ级	防护实验室——三级生物安全水平	特殊的诊断、研究	在二级生物安全防护水平上增加特殊防护服、进入制度、定向气流	BSC 和/或其他所有实验室工作所需要的基本设备
Ⅳ级	最高防护实验室——四级生物安全水平	特殊的诊断、研究	在三级生物安全防护水平上增加气锁入口、出口淋浴、污染物品的特殊处理	Ⅲ级 BSC 或Ⅱ级 BSC 并穿着正压服、双开门高压灭菌器(穿过墙体)、经过滤的空气

BSC:生物安全柜;GMT:微生物学操作技术规范。

第二章　生物安全实验室简介

本章主要内容是描述生物安全实验室的设计、环境参数、工作流程及工作要求。生物安全实验室布局应合理安排房间位置，做到功能分区明确、联系方便、互不干扰、减少交叉污染。通常的做法为：

(1)不同级别的生物安全实验室布置在同一楼层时，应遵循防护级别高的实验室靠近走廊尽头布置，防护级别低的实验室靠外布置，如图 2-1 所示。

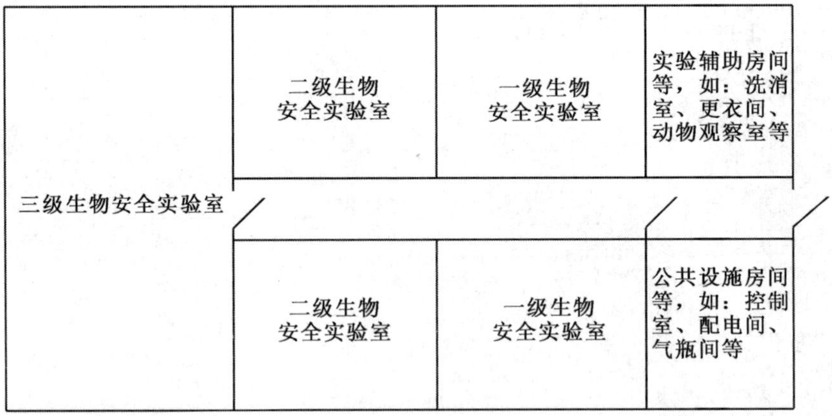

图 2-1　生物安全实验室平面布置示意图

(2)不同级别的生物安全实验室布置在一个建筑的不同楼层时，防护级别高的实验室尽量布置在较高楼层。例如，三级生物安全实验室通常设置在顶层，便于布置排风管道和设置设备层。如图 2-2 所示。

第一节　一级生物安全实验室

一级生物安全实验室适用于操作在通常情况下不会引起人类或者动物疾病的微生物。具体操作的实验活动详见《人间传染的病原微生物名录》(卫生部 2006)和《动物病原微生物活动实验室级别要求》[农业部关于进一步规范高致病性动物病原微生物实验活动审批工作的通知(农医发[2008]27 号)]。

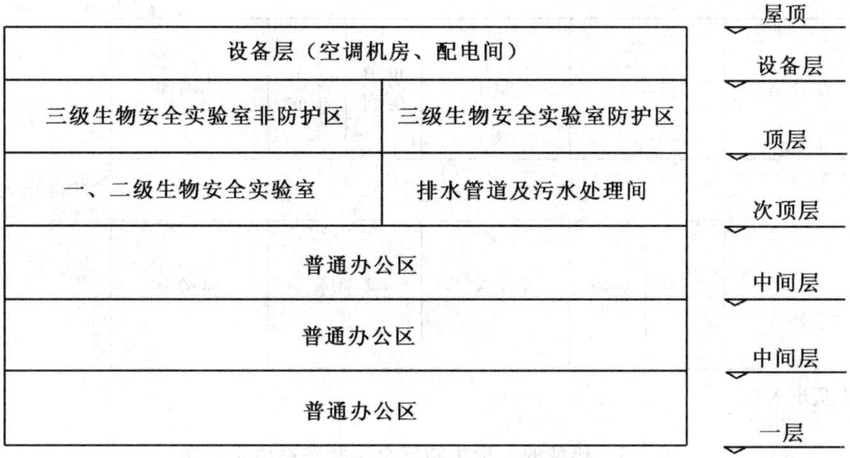

图 2-2　生物安全实验室竖向布置示意图

一、基地选址和总平面设计

(1)仅设置一、二级生物安全实验室的建筑不需要特殊选址。

(2)住宅区不宜建在实验楼区内。当建在同一区域内时，则应相互分隔，另设出入口，并应符合防止污染及干扰的有关规定。

(3)基地的出入口不宜少于两处，人流和物流分开。

二、建筑设计

1. 平面布局

典型的一级生物安全实验室平面见图 2-3。房间结构设计应符合相关规定。

2. 一级生物安全实验室的注意事项

一级生物安全实验室和普通实验室区别不明显，注意的方面有：

- 人员和物品出入口分开；
- 宜设置集中更衣间；
- 实验室靠走廊尽头设置；
- 宜设置集中洗消间；
- 考虑大型仪器的出入口；

如果是动物实验室，还要考虑动物检疫室或隔离观察室、饲料垫料暂存间等辅助房间。

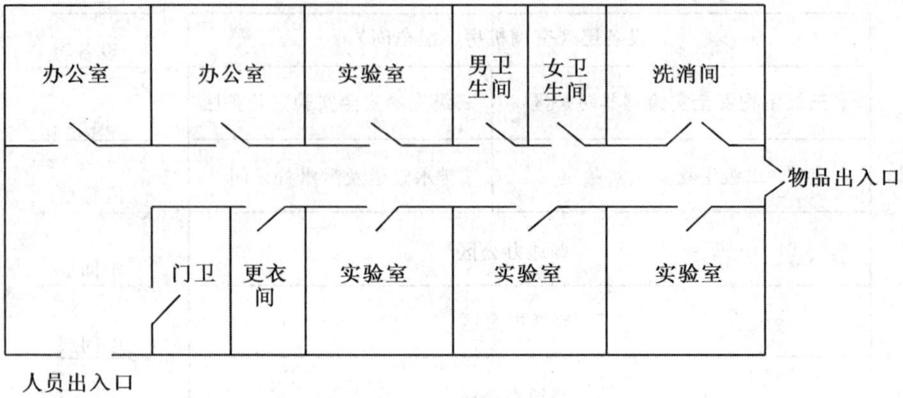

图 2-3　典型的一级生物安全实验室平面示意图

如果实验动物是犬、猴、猪等动物的实验室，还需要考虑动物入口的淋浴。

如果是屏障环境的动物实验室，人员入口应设置二次更衣室，二更可兼做缓冲间，图 2-4 是某实验室平面图。

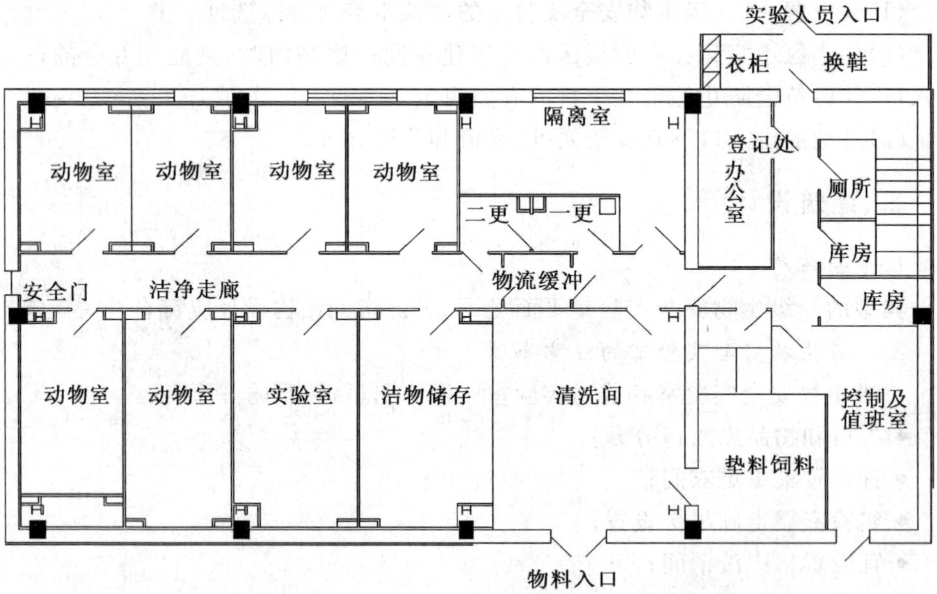

图 2-4　屏障环境动物实验室平面实例图

三、生物安全实验室基本设施的要求

(一)窗

(1)设置采暖及空气调节的实验室,在满足采光要求的前提下,应减少外窗面积。设置空气调节的实验室外窗应具有良好的密闭性及隔热性,且宜设不少于窗面积1/3的可开启窗扇。

(2)底层、半地下室及地下室的外窗应采取防虫及防啮齿动物的措施。

(3)动物屏障环境实验室不应设置可开启外窗。

(二)门

(1)门洞宽度不应小于1.0 m,高度不应小于2.10 m;实验室门尽量设置子母门,即两扇门分别宽900 mm和300 mm,运设备时两扇门均开启,平时开启900 mm门扇。

(2)外门应采取防虫及防啮齿动物的措施。

(3)房间门上宜设置观察窗。

(三)室内高度的要求

实验室主要工作间当不设置空气调节时,不宜低于2.80 m;设置空气调节时,不应低于2.40 m。专用实验室的室内净高应按实验仪器设备尺寸、安装及检修的要求确定。设置生物安全柜或通风柜的房间净高不宜低于2.7 m。走道净高不应低于2.20 m。

(四)走廊和楼梯

(1)走廊净宽在单面布置房间时不小于1.3 m;双面布置房间时不小于1.6 m。

(2)走廊地面有高差时,当高差不足二级踏步时,不得设置台阶,应设坡道,其坡度不宜大于1∶8。

(3)楼梯设计必须符合国家现行的建筑设计防火规范的规定。

(4)经常通行的楼梯,其踏步宽度不应小于0.28 m,高度不应大于0.17 m。

(5)四层及以上的实验建筑宜设电梯;两层以上的动物实验室宜设置电梯。

(五)更衣间

宜设更衣间,每人使用面积不宜小于0.60 m^2,更衣间应设更衣柜及换鞋柜。

四、环境参数

室内温度宜控制在18～26℃范围内;相对湿度宜控制在30%～70%范围内。动物生物安全实验室环境参数如表2-1所示。

表 2-1 动物生物安全实验室环境参数

项　目	指　标						
	小鼠、大鼠、豚鼠、地鼠			犬、猴、猫、兔、小型猪			鸡
	普通环境	屏障环境	隔离环境	普通环境	屏障环境	隔离环境	隔离环境
温度/℃	19～26	20～25		16～26	18～26		16～26
最大日温差/℃	4	3		4	3		3
相对湿度/%	40～70						
最小换气次数/(次/h)	8	15	—	8	15	—	—
动物笼具周边处气流速度/(m/s)	≤0.2						
与相通房间的最小静压差/Pa	—	10	50	—	10	50	50
空气洁净度/级	—	7	5～7	—	7	5～7	5～7
沉降菌最大平均浓度/(个/0.5 h・Φ 90 mm 平皿)	—	3	无检出	—	3	无检出	无检出
氨浓度指标/(mg/m^3)	≤14						
噪声/(dB(A))	≤60						
照度/lx　最低工作照度	150						
照度/lx　动物照度	15～20			100～200			5～10
昼夜明暗交替时间/h	12/12 或 10/14						

五、空调通风系统

(1)实验室可以利用自然通风。如果采用机械通风,应避免交叉污染。

(2)普通环境的动物实验室可以自然通风,可设置采暖系统。

(3)屏障环境的动物实验室应设置净化空调系统,排风应考虑除味措施。

(4)如果设置通风柜或外接排风管的生物安全柜,房间风量计算应考虑其排风量,空调负荷计算需要考虑排风负荷。

(5)实验室如果设置多台通风柜,宜单独设置排风管道和排风机。

六、给、排水和污水系统

(一)给、排水系统

(1)从给水干管引入实验室的每根支管上,应装设阀门。

(2)应设洗手池,宜设置在靠近实验室的出口处。洗手池采用非手动开关。

(3)若操作刺激或腐蚀性物质,应在 30 m 内设洗眼装置,必要时应设紧急喷淋装置。当应急眼睛冲洗器水头大于 1 m 时,应采取减压措施。

(二)排水系统

(1)排水宜与其他生活排水分开设置。

(2)动物实验室应设置地漏,屏障环境的动物实验室地漏应采用密闭型。

(三)污水处理系统

实验室建筑通常设置厂区污水处理站,实验室排水进入污水处理站,处理后排入市政排水管道,排放标准应达到《医院污水排放标准》。

七、电气自控系统

(1)应设应急照明装置。

(2)应有足够的电力供应和后背电源。

(3)应有足够的固定电源插座,避免多台设备使用共同的电源插座。应有可靠的接地系统,应在关键节点安装漏电保护装置或监测报警装置。

(4)应配备适用的通讯设备。

八、装修和施工

应根据工作性质和流程合理摆放实验室设备、台柜、物品等,避免相互干扰、交叉污染,并应不妨碍逃生和急救。

(1)实验室的墙壁、天花板和地面应易清洁、不渗水、耐化学品和消毒灭菌剂的腐蚀。地面应平整、防滑,不应铺设地毯。

(2)实验室的门应有可视窗并可锁闭,门锁及门的开启方向应不妨碍室内人员逃生。

(3)如果不设置更衣室,在实验工作间门口处应设存衣或挂衣装置,将个人服装与实验室工作服分开放置。

(4)实验室台柜和坐椅等应稳固,边角应圆滑。

(5)实验室台柜等和其摆放应便于清洁,实验台面应防水、耐腐蚀、耐热和坚固。

(6)实验室应有足够的空间和台柜等摆放实验室设备和物品。

(7)如果有可开启的窗户,应安装可防蚊虫的纱窗。

九、安全设备

(1)若操作有毒、刺激性、放射性挥发物质,应在通风柜内进行。

(2)若使用高毒性、放射性等物质,应配备相应的安全设施、设备和个体防护装备,应符合国家、地方的相关规定和要求。

(3)必要时,应配备适当的消毒灭菌设备。

(4)应配备适用的应急器材,如消防器材、意外事故处理器材、急救器材等。

第二节　二级生物安全实验室

二级生物安全实验室适用于操作能够引起人类或者动物疾病,但一般情况下对人、动物或者环境不构成严重危害,传播风险有限,实验室感染后很少引起严重疾病,并且具备有效治疗和预防措施的微生物。

二级生物安全实验室设计要求,除了满足一级生物安全实验室(见第一节),特殊要求如下:

- 实验室主入口的门应有进入控制措施(如设置门禁系统);
- 应在实验室或其所在的建筑内配备高压蒸汽灭菌器或其他适当的消毒灭菌设备,灭菌设备可以在每间实验室设置一台,也可以每个楼层设置一台或整栋实验楼设置一台灭菌设备,但需要考虑交叉污染的问题;
- 应在操作病原微生物样本的实验间内配备生物安全柜;
- 动物饲养间应在出入口处设置缓冲间;
- 动物饲养间的室内气压应控制为负压,气体应直接排放到所在建筑物外;
- 动物二级生物安全实验室的污水(包括污物)应消毒灭菌处理,并应对消毒灭菌效果进行监测,以确保达到排放要求。

图 2-5 是二级生物安全实验室实例,人员是从右面的交通盒进出的;物品是从左面交通盒进出,应做到合理安排人流和物流通道,减少交叉感染。

二级动物生物安全实验室在布局上比二级生物安全实验室复杂,图 2-6 是屏障环境的 ABSL-2。

平面设计时要考虑人员进出口、动物入口、洁净物品入口和污物出口。具体流程如下:

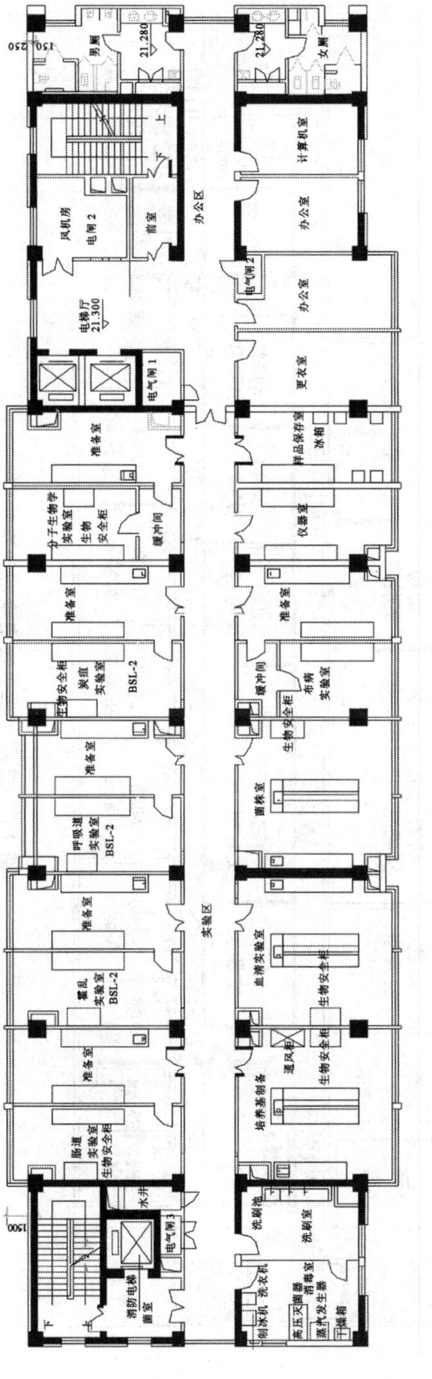

图 2-5　二级生物安全实验室实例

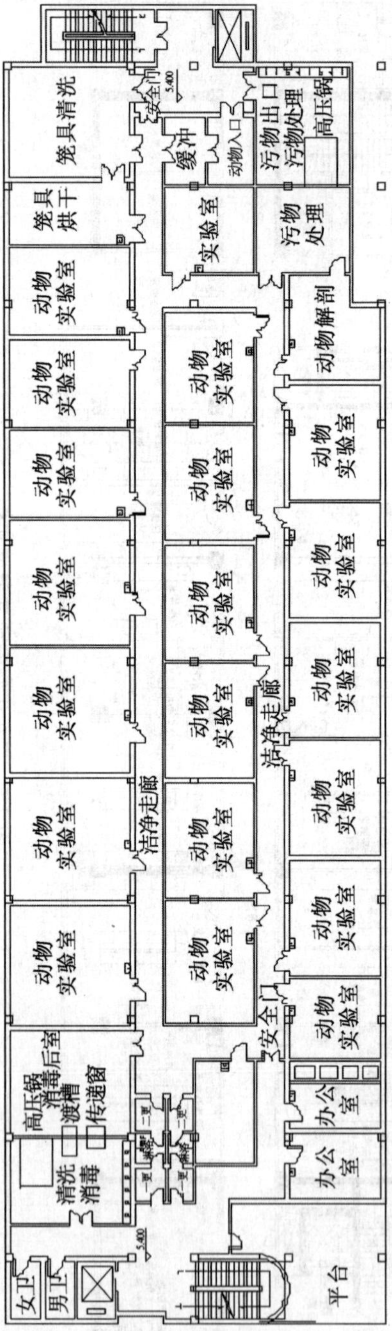

图 2-6 二级动物生物安全实验室实例

1. 人员流线

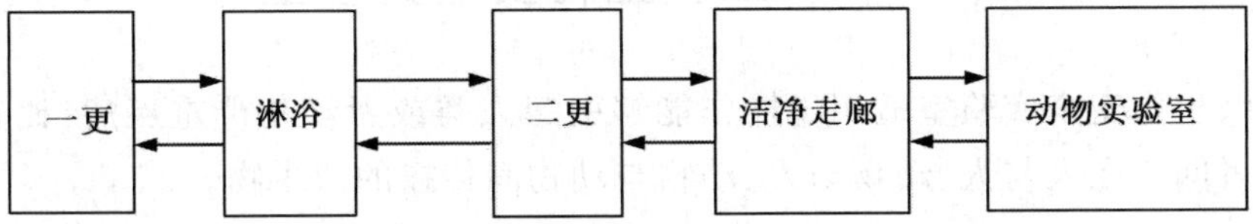

2. 洁净物品流线

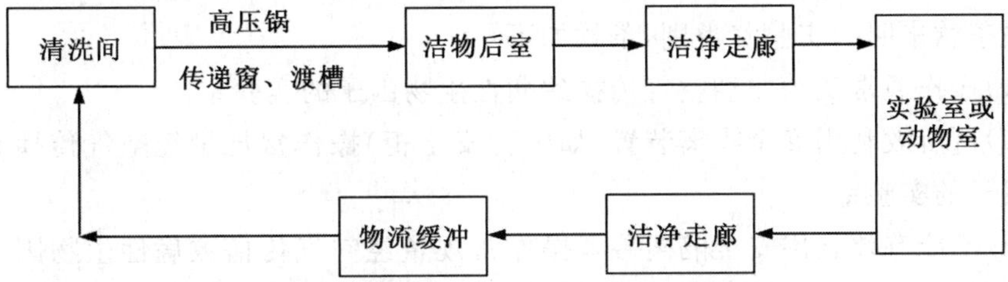

3. 污物流线(回收的)

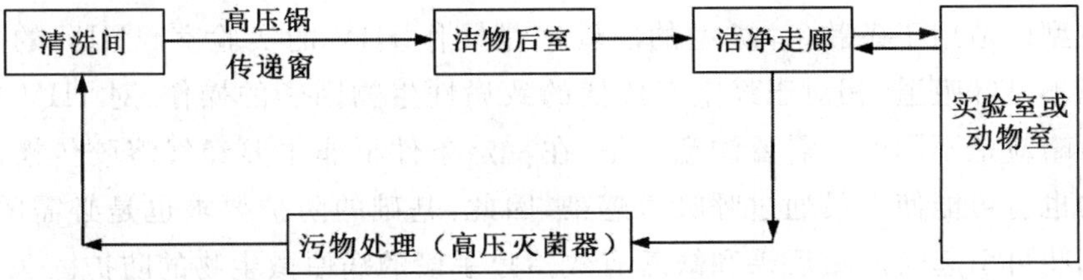

4. 污物或动物尸体流线(不回收的)

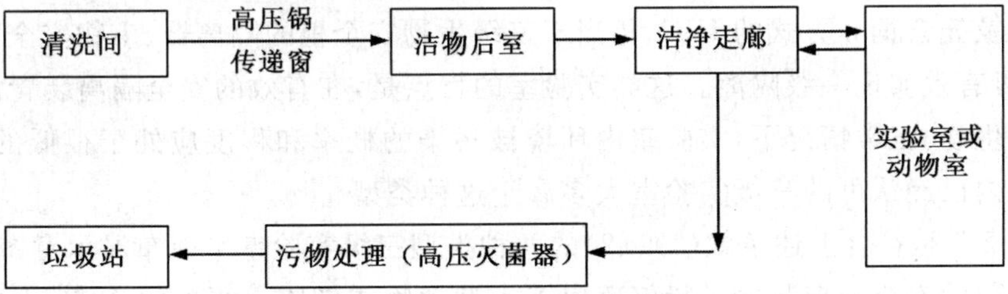

第三节 三级生物安全实验室

三级生物安全实验室适用于操作能够引起人类或者动物严重疾病，比较容易直接或者间接在人与人、动物与人、动物与动物间传播的微生物。

一、平面布局

进行三级生物安全实验室的布局设计前，应该按照 GB 19489—2008 中规定的相关条款来明确实验室类别，条款如下：

(1)操作通常认为非经空气传播致病性生物因子的实验室。

(2)可有效利用安全隔离装置(如生物安全柜)操作常规量经空气传播致病性生物因子的实验室。

(3)不能有效利用安全隔离装置操作常规量经空气传播致病性生物因子的实验室。

(4)利用具有生命支持系统的正压服操作常规量经空气传播致病性生物因子的实验室。

典型的适用于条款(1)类型的实验室是操作 HIV 的实验室。HIV 的主要传播途径不是呼吸道，相对于经空气传播的致病性生物因子的操作，对 HIV 的风险控制策略应是不同的。需要注意的是，在一定条件下非主要经气溶胶传播的病原微生物也有可能使人员通过呼吸道感染，因此，基础的防护要求也是必需的，特别是对那些可引起较严重后果和缺乏有效治疗手段的病原微生物的防护。

可以说，大多数生物安全实验室是适用于条款(2)类型的实验室。近年来，生物安全防护设备和生物安全型的实验室设备发展迅速，如生物安全柜、采用独立通风笼架及笼盒饲养方式的 IVC、相当于三级生物安全柜的隔离器、生物安全型离心机等，可有效实现一级隔离。这类实验室的特点是，在有效的安全隔离装置内操作病原微生物，正常情况下，实验室内环境被污染的概率和程度应处于很低的水平。目前国内已经认可的三级实验室大多属于这种类型。

图 2-7 是符合上述条款(1)、(2)的两种类型三级实验室平面布局示意图。

目前的安全隔离装置一般仅适用于小型动物或细胞水平的操作，对大中型动物的操作只能采用半隔离(仅部分实验过程可以隔离)或开放的方式。图 2-8 是符合条款(1)和(2)类型的三级动物生物安全实验室平面布局实例。

适用于条款(3)的实验室的特点是，实验操作所产生的污染会阶段性或完全进

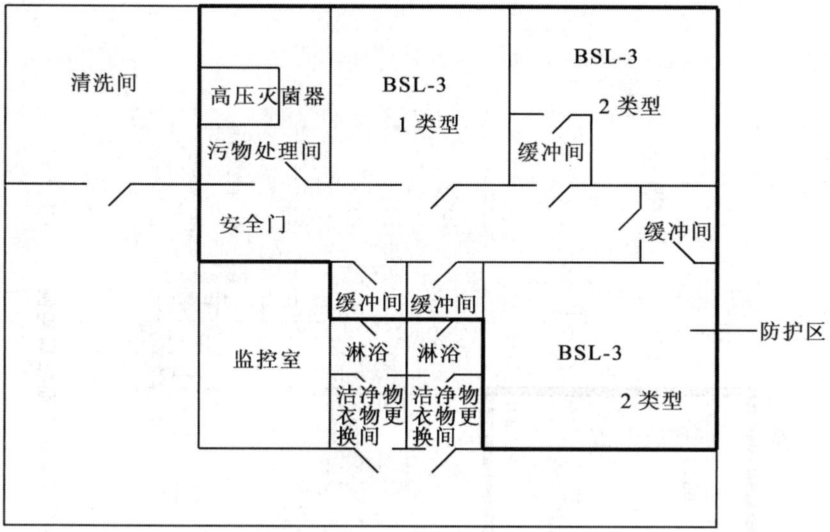

图 2-7　两种三级生物安全实验室平面布局示意图

入实验室内环境。适合条款(3)的生物安全实验室在布局上和适合条款(1)、(2)的相同，只是对房间围护结构密闭性、高效过滤器性能等方面要求又有所不同。

二、结构设计

(1)生物安全实验室的结构设计应符合现行国家标准《建筑结构可靠度设计统一标准》GB 50068 中的规定。三级生物安全实验室的结构安全等级不宜低于一级。

(2)生物安全实验室的抗震设计应符合现行国家标准《建筑抗震设防分类标准》GB 50223 中的规定。三级生物安全实验室宜按甲类建筑设防。

(3)三级生物安全实验室的主体不宜采用装配式结构，四级生物安全实验室的主体不应采用装配式结构。

(4)三级生物安全实验室宜设技术维修夹层，四级生物安全实验室应设技术维修夹层。

(5)适用于条款(3)的动物饲养间及其缓冲间的气密性应达到在关闭受测房间所有通路并维持房间内的温度在设计范围上限的条件下，若使空气压力维持在 250 Pa 时，房间内每小时泄漏的空气量应不超过受测房间净容积的 10%。

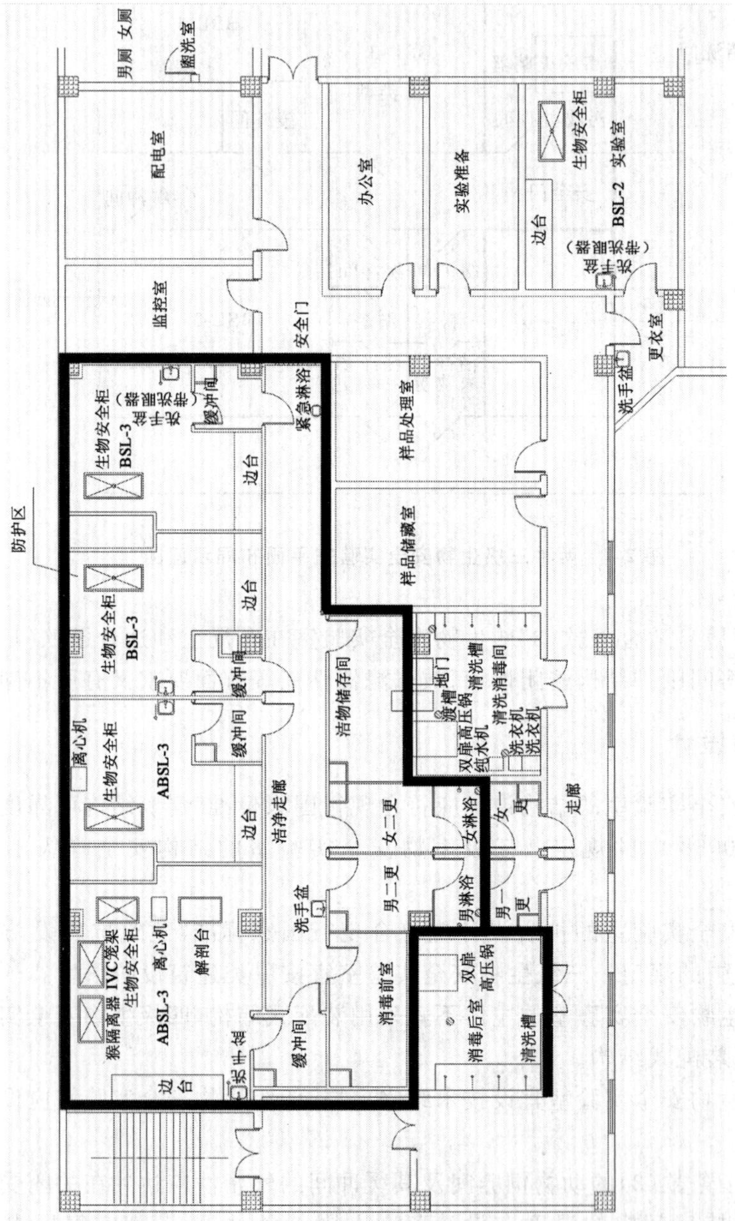

图 2-8 适合条款(1)和(2)类型三级动物生物安全实验室平面布局实例

三、室内环境参数

(一)房间压力

1. 三级生物安全实验室

适合条款(1)的实验室核心工作间的气压(负压)与室外大气压的压差值应不小于 30 Pa,与相邻区域的压差(负压)应不小于 10 Pa。

适用于条款(1)和(2)类型的实验室的核心工作间的气压(负压)与室外大气压的压差值应不小于 40 Pa,与相邻区域的压差(负压)应不小于 15 Pa。

2. 三级动物生物安全实验室

适用于条款(1)和(2)类型的动物饲养间的气压(负压)与室外大气压的压差值应不小于 60 Pa,与相邻区域的压差(负压)应不小于 15 Pa。

适用于条款(3)的动物饲养间的气压(负压)与室外大气压的压差值应不小于 80 Pa,与相邻区域的压差(负压)应不小于 25 Pa。

(二)最小换气次数

最小换气次数应不小于 12 次/h。

(三)温、湿度

实验室的温度宜控制在 18～26℃范围内;实验室的相对湿度宜控制在 30%～70%范围内。

(四)噪声

在安全柜开启情况下,核心工作间的噪声应不大于 68 dB(A)。

(五)洁净度

实验室防护区的静态洁净度应不低于 8 级水平。

四、暖通空调系统

(1)防护区采用全新风空调系统。

(2)气流组织不强制要求上送下排,实验室防护区房间内送风口和排风口的布置应符合定向气流的原则,利于减少房间内的涡流和气流死角。

(3)送风口应采用高效过滤器送风,空调机组设置初、中效过滤器。适用于条款(1)、(3)类型的动物饲养间,应可以在原位对送风 HEPA 过滤器进行消毒灭菌和检漏。

(4)排风口采用高效过滤器排风,应可以在原位对排风 HEPA 过滤器进行消毒灭菌和检漏。

适用于条款(1)、(3)类型的动物饲养间,应根据风险评估的结果,确定其排出的气体是否需要经过两级 HEPA 过滤器的过滤后排出。

(5)实验室的外部排风口应设置在主导风的下风向(相对于送风口),与送风口的直线距离应大于 12 m,应至少高出本实验室所在建筑的顶部 2 m,应有防风、防雨、防鼠、防虫设计,但不应影响气体向上空排放。

(6)HEPA 过滤器的安装位置应尽可能靠近送风管道在实验室内的送风口端和排风管道在实验室内的排风口端。

(7)如在实验室防护区外使用高效过滤器单元,其结构应牢固,应能承受 2 500 Pa 的压力;高效过滤器单元的整体密封性应达到在关闭所有通路并维持腔室内的温度在设计范围上限的条件下,若使空气压力维持在 1 000 Pa 时,腔室内每分钟泄漏的空气量应不超过腔室净容积的 0.1%。

(8)应在实验室防护区送风和排风管道的关键节点安装生物型密闭阀,必要时,可完全关闭。应在实验室送风和排风总管道的关键节点安装生物型密闭阀,必要时,可完全关闭。

(9)生物型密闭阀与实验室防护区相通的送风管道和排风管道应牢固、易消毒灭菌、耐腐蚀、抗老化,宜使用不锈钢管道;管道的密封性应达到在关闭所有通路并维持管道内的温度在设计范围上限的条件下,若使空气压力维持在 500 Pa 时,管道内每分钟泄漏的空气量应不超过管道内净容积的 0.2%。

(10)排风机应该设置备用风机。

五、给、排水和污水系统

除了满足一、二级生物安全实验室要求,还要满足以下要求:

(1)淋浴间或缓冲间的地面液体收集系统应有防液体回流的装置。

(2)实验室防护区内如果有下水系统,应与建筑物的下水系统完全隔离;下水应直接通向本实验室专用的消毒灭菌系统。

(3)应使用可靠的方式处理处置污水(包括污物),并应对消毒灭菌效果进行监测,以确保达到排放要求。

六、电气和自控系统

1. 电力供应系统

(1)生物安全柜、送风机和排风机、照明、自控系统、监视和报警系统等应配备不间断备用电源,电力供应应至少维持 30 min。

(2)应在安全的位置设置专用配电箱。

2. 照明系统

(1)实验室核心工作间的照度应不低于 350 lx,其他区域的照度应不低于 200 lx,宜采用吸顶式防水洁净照明灯。

(2)应避免过强的光线和光反射。

(3)应设不少于 30 min 的应急照明系统。

3. 自控、监视与报警系统

(1)进入实验室的门应有门禁系统,应保证只有获得授权的人员才能进入实验室。

(2)需要时,应可立即解除实验室门的互锁;应在互锁门的附近设置紧急手动解除互锁开关。

(3)核心工作间的缓冲间的入口处应有指示核心工作间工作状态的装置(如文字显示或指示灯),必要时,应同时设置限制进入核心工作间的连锁机制。

(4)启动实验室通风系统时,应先启动实验室排风,后启动实验室送风;关停时,应先关闭生物安全柜等安全隔离装置和排风支管密闭阀,再关实验室送风及密闭阀,后关实验室排风及密闭阀。

(5)当排风系统出现故障时,应有机制避免实验室出现正压和影响定向气流。

(6)当送风系统出现故障时,应有机制避免实验室内的负压影响实验室人员的安全、影响生物安全柜等安全隔离装置的正常功能和围护结构的完整性。

(7)应通过对可能造成实验室压力波动的设备和装置实行连锁控制等措施,确保生物安全柜、负压排风柜(罩)等局部排风设备与实验室送排风系统之间的压力关系和必要的稳定性,并应在启动、运行和关停过程中保持有序的压力梯度。

(8)应设装置连续监测送排风系统 HEPA 过滤器的阻力,需要时,及时更换 HEPA 过滤器。

(9)应在有负压控制要求的房间入口的显著位置,安装显示房间负压状况的压力显示装置和控制区间提示。

(10)中央控制系统应可以实时监控、记录和存储实验室防护区内有控制要求的参数、关键设施设备的运行状态;应能监控、记录和存储故障的现象、发生时间和持续时间;应可以随时查看历史记录。

(11)中央控制系统的信号采集间隔时间应不超过 1 min,各参数应易于区分和识别。

(12)中央控制系统应能对所有故障和控制指标进行报警,报警应区分一般报警和紧急报警。

(13)紧急报警应为声光同时报警,应可以向实验室内外人员同时发出紧急警报;应在实验室核心工作间内设置紧急报警按钮。

(14)应在实验室的关键部位设置监视器,需要时,可实时监视并录制实验室活动情况和实验室周围情况。监视设备应有足够的分辨率,影像存储介质应有足够的数据存储容量。

4. 实验室通讯系统

(1)实验室防护区内应设置向外部传输资料和数据的传真机或其他电子设备。

(2)监控室和实验室内应安装语音通讯系统。如果安装对讲系统,宜采用向内通话受控、向外通话非受控的选择性通话方式。

(3)通讯系统的复杂性应与实验室的规模和复杂程度相适应。

第四节 四级生物安全实验室

生物安全防护水平为四级的实验室适用于操作能够引起人类或者动物非常严重疾病的微生物,以及我国尚未发现或者已经宣布消灭的微生物。

一、平面布局

BSL-4 实验室最好建造在独立的建筑物内,以便于生物安全防护和安全保卫。若 BSL-4 实验室不是独立的建筑物,则应与同一建筑内的其他区域隔离开,在建筑物中必须呈独立的隔离区域。实验室主入口的门应设机械门锁和门禁,只有经授权的人员可以进入实验室工作区域。应设立严格限制进入实验室的门禁措施,应记录所有进出人员的个人资料、进出时间、授权活动区域等信息;对与实验室运行相关的关键区域(如设备层、动力层、污物处理层等)也应有严格和可靠的安保措施,避免非授权进入。

图 2-9 为澳大利亚动物卫生研究所采用的生物安全实验室与办公区等非实验区域之间的隔离门,通过刷卡识别后进入,避免无关人员误入。

适用于本章第三节 1、2 类型的实验室防护区应至少包括防护走廊、内防护服更换间、淋浴间、外防护服更换间和核心工作间,外防护服更换间应为气锁。

适用于条款 4 的实验室的防护区应包括防护走廊、内防护服更换间、淋浴间、外防护服更换间、化学淋浴间和核心工作间。化学淋浴间应为气锁,具备对专用防护服或传递物品的表面进行清洁和消毒灭菌的条件,具备使用生命支持供气系统的条件。

适用于条款 2 的 BSL-4 实验室俗称安全柜型 BSL-4 实验室,须使用Ⅲ级生物安全柜或相当的安全隔离装置操作致病性生物因子,不要求配备生命支持系统和

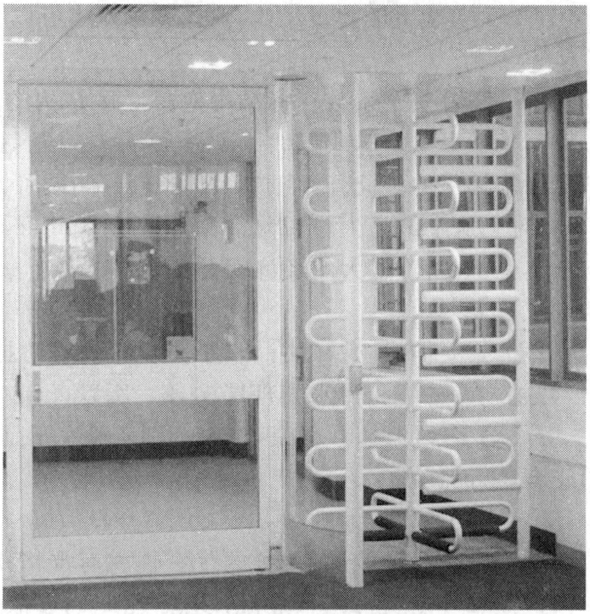

图 2-9　澳大利亚动物卫生研究所生物安全实验室与办公区之间的隔离门

正压防护服。

适用于条款 4 的 BSL-4 实验室俗称正压服型 BSL-4 实验室，须配备生命支持系统和正压防护服，可使用Ⅱ级生物安全柜或相当的安全隔离装置操作致病性生物因子，同时必须具备对正压服进行消毒的化学淋浴间。由于利用正压服提高对人员的保护水平，因此，在条款 3 的基础上，增加了化学淋浴间以消毒正压服。为防止有害气溶胶扩散，与 BSL-3 实验室相比，增加了防护走廊，要求 BSL-4 实验室的核心工作间应尽可能设置在防护区的中部或设置隔离空间，不得直接与其他公共区域相邻。

规定 BSL-4 实验室防护区的墙体应离开实验室建筑物的外墙，是以防止外墙体破坏导致的与 BSL-4 实验室防护区的直接贯通，避免高致病性病原微生物泄漏的风险或安保问题。此外，也有利于保证 BSL-4 实验室内环境参数的稳定。

BSL-4 实验室是防护级别最高的一类生物安全实验室，不应在普通实验楼的基础上改建，而是应与实验室所在建筑同时设计，全面考虑，充分论证。应避免一些因设计或空间问题导致的功能减低，比如核心工作区，如果周围没有次级屏障，就会增加风险。

根据目前各国 BSL-4 实验室的建设经验，业内专家基本有以下共识：

1.“盒中盒”原则

安全需要主动防御，需要安全系数。标准中对核心区结构的气密性要求并未达到绝对不泄漏，特别是在一些特殊或偶然情况下，泄漏难以避免，因此，从安全角度考虑，次级防护屏障是必要的。此外，增加次级防护屏障，既可方便工作，也不会过多增加建设成本。对于从事最高生物风险活动的实验室，切不可存有一丝侥幸心理，对于生物安全实验室而言，最大的经济就是安全。

2.“水平”防护和“垂直”防护

可以看出，“盒中盒”是立体概念。通常，水平防护可通过防护走廊、功能间等实现；在垂直方向，可通过设备层和污水处理层实现。所以，国际上大多数实验室的建筑结构采用三层或更多层的结构，但是，也有个别实验室不是严格的“盒中盒”结构，并有一定的安全运行经验。

3.“气密”原则

既然采用了“盒中盒”原则，自然，对盒子的气密性就有严格要求，其道理不言而喻。实验室运行时，依靠气压“密封”，即所谓动态“密封”；在故障、停运、熏蒸消毒、事故等时，依靠结构的物理密封保证与外界的隔离，即所谓静态“密封”。

四级生物安全实验室对我国是新生事物，建设者和使用者均无经验。此外，我国实验室多为从事疾病控制的综合性实验室，所从事研究的对象不确定性大，因而要求实验室的适用性广。为确保安全，GB 19489 的要求比国外的同类标准更细致和明确，显然，灵活性也会降低。读者应注意，标准是与国家的发展阶段和社会的认知程度密不可分的，执行国家的规定和要求是实验室应做的。从社会安全的角度考虑，显然，对类似于一些关于是否多一个房间的争论，答案就不辩自明了。小心驶得万年船，四级生物安全实验室源性感染是不可接受的风险。

图 2-10(A)和(B)是有关防护走廊的示意图，可以看出防护走廊是次级防护的概念，不一定是环形的，其功能可以由其他功能间替代，但是，次级防护对于 BSL-4 实验室而言是必要的。

图 2-11 是日本国立卫生研究所的安全柜型 BSL-4 实验室平面图，可供读者参考。

二、结构设计

实验室防护区围护结构的气密性应达到在关闭受测房间所有通路并维持房间内的温度在设计范围上限的条件下，当房间内的空气压力上升到 500 Pa 后，20 min 内自然衰减的气压小于 250 Pa。

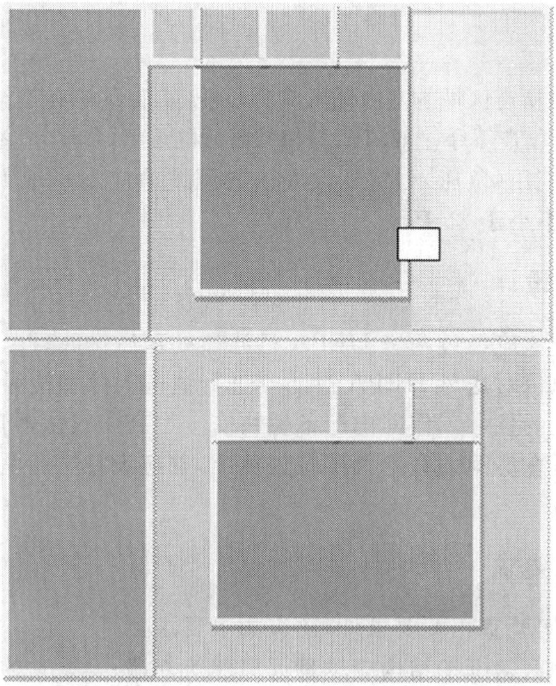

图 2-10 (A)实验室平面(局部,无环形走廊)示意图
(B)实验室平面(局部,带环形防护走廊)示意图

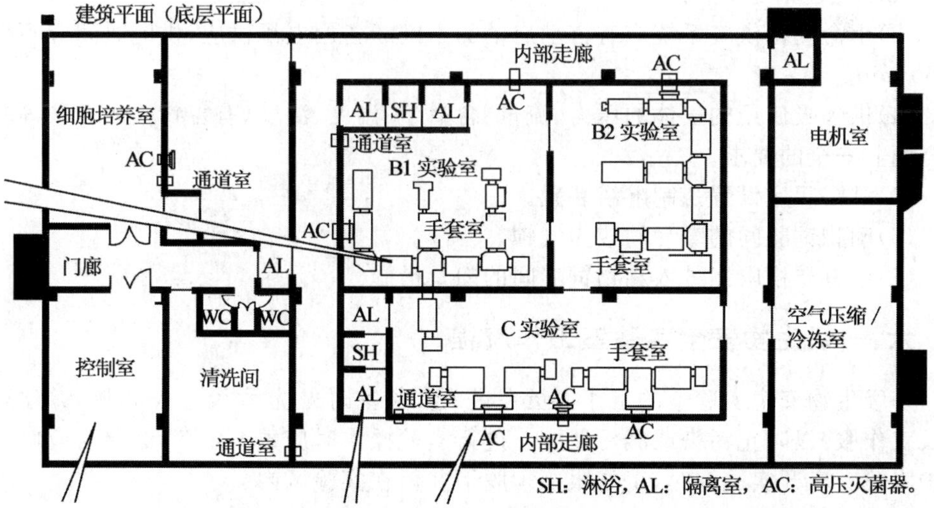

图 2-11 日本国立卫生研究所安全柜型 BSL-4 实验室平面图

(引自 Anthology of Biosafety Ⅴ. BSL-4 laboratory)

三、室内参数

实验室防护区内所有区域的室内气压应为负压，实验室核心工作间的气压(负压)与室外大气压的压差值应不小于60 Pa，与相邻区域的压差(负压)应不小于25 Pa。

动物饲养间的气压(负压)与室外大气压的压差值应不小于 100 Pa；与相邻区域的压差(负压)应不小于 25 Pa。

四、暖通空调设计

(1)实验室的排风应经过两级 HEPA 过滤器处理后排放。

(2)应可以在原位对送风 HEPA 过滤器进行消毒灭菌和检漏。

(3)应在实验室的核心工作间内配备生物安全型高压灭菌器；如果配备双扉高压灭菌器，其主体所在房间的室内气压应为负压，并应设在实验室防护区内易更换和维护的位置。

五、其他特殊要求

除了满足三级实验室相关要求外，还有如下要求：

(1)实验室防护区的围护结构应尽量远离建筑外墙；实验室的核心工作间应尽可能设置在防护区的中部。

(2)要求的实验室应同时配备紧急支援气罐，紧急支援气罐的供气时间应不少于 60 min/人。

(3)生命支持供气系统应有自动启动的不间断备用电源供应，供电时间应不少于 60 min。

(4)供呼吸使用的气体的压力、流量、含氧量、温度、湿度、有害物质的含量等应符合职业安全的要求。

(5)淋浴间应设置强制淋浴装置。

(6)动物饲养间的缓冲间应为气锁。

(7)应有严格限制进入动物饲养间的门禁措施。

六、一级生物安全实验室工作流程

一级生物安全实验室的工作人员在进入实验室时先洗手，穿上工作服，并建议穿长工作服，以防止污染或溅污便服。进行实验操作时应戴上手套，必要时应佩戴防护眼镜。离开实验室时，工作服必须脱下并留在实验区内。

(一)标准操作

动物实验室工作人员需经专业培训才能进入实验室。人员进入前，要熟知工作中潜在的危险，并由熟练的安全员指导。

动物实验室要有适当的医疗监督措施。

制定安全手册，工作人员要认真贯彻执行，知悉特殊危险。

在动物实验室内不允许吃、喝、抽烟、处理隐形眼镜和使用化妆品、储藏食品等。

所有实验操作过程均须十分小心，以减少气溶胶的产生和外溢。

实验中，病原微生物意外溢出及其他污染时要及时消毒处理。

从动物室取出的所有废弃物，包括动物组织、尸体、垫料，都要放入防漏带盖的容器内，并焚烧或做其他无害化处理，焚烧要合乎环保要求。

对锋利物要制定安全对策。

工作人员在操作培养物和动物以后要洗手消毒，离开动物设施之前脱去手套、洗手。

在动物实验室入口处都要设置生物安全标志，写明病原体名称、动物实验室负责人及其电话号码，指出进入本动物实验室的特殊要求（如需要免疫接种和呼吸道防护）。

（二）特殊操作

无特殊操作。

七、二级生物安全实验室工作流程

一级生物安全实验室工作人员在进入实验室时应穿工作服，工作服外加穿罩衫或穿防护服，戴帽子、口罩。根据具体的实验要求将试验材料进行消毒（高压等），在生物安全柜内进行操作，当实验不能在生物安全柜内操作时，为防止感染性材料溅出或雾化危害，必须使用面部保护装置（护目镜、面罩、个体呼吸保护用品等）。实验完毕后，应对实验台进行消毒并将废弃物做无害化处理，离开实验室前，脱去实验服、帽子、口罩等（一次性用品消毒后丢弃），洗净双手，工作服定期清洗消毒。

（一）标准操作

设施制度除了制定紧急情况下的标准安全对策、操作程序和规章制度外，还应依据实际需要制定特殊的对策。把特殊危险告知每位工作人员，要求他们认真贯彻执行安全规程。

尽可能减少非熟练的新成员进入动物室。为了工作或服务必须进入者，要告知其工作潜在的危险。

动物实验室应有合适的医疗监督，根据实验微生物或潜在微生物的危害程度，决定是否对实验人员进行免疫接种或检验（例如狂犬病疫苗和TB皮试）。如有必要，应该实施血清监测。

在动物室内不允许吃、喝、抽烟、处理隐形眼镜和使用化妆品、储藏个人食品。

所有实验操作过程均须十分小心，以减少气溶胶的产生和防止外溢。

操作传染性材料以后所有设备表面和工作台表面用有效的消毒剂进行常规消毒，特别是有感染因子外溢和其他污染时更要严格消毒。

所有样品收集放在密闭的容器内并贴标签，避免外漏。所有动物室的废弃物(包括动物尸体、组织、污染的垫料、剩下的饲料、锐利物和其他垃圾)应放入密闭的容器内，高压蒸汽灭菌，然后建议焚烧。焚烧地点应是远离城市、人员稀少、易于空气扩散的地方。

对锋利物的安全操作(见前面所述)。

工作人员操作培养物和动物以后要洗手，离开设施之前脱掉手套并洗手。

当动物室内操作病原微生物时，在入口处必须有生物危害的标志。危害标志应说明使用感染病原微生物的种类、负责人的名单和电话号码。特别要指出对进入动物室人员的特殊要求(如免疫接种和面罩)。

严格执行菌(毒)种保管制度。

(二)特殊操作

对动物管理人员和实验人员应进行与工作有关的专业技术培训，必须避免微生物暴露，了解评价暴露的方法。每年定期培训，保存培训记录，当安全规程和方法变化时要进行培训。一般来讲，感染危险可能性增加的人和感染后果可能严重的人不允许进入动物设施，除非有办法除去这种危险。

只允许用做实验的动物进入动物实验室。

所有设备拿出动物室之前必须消毒。

造成明显病原微生物暴露的实验材料外溢事故，必须立刻妥善处理并向设施负责人报告，及时进行医学评价、监督和治疗，并保留记录。

八、三级生物安全实验室工作流程

(一)人流组织

P3 实验室核心区进、出人流组织：

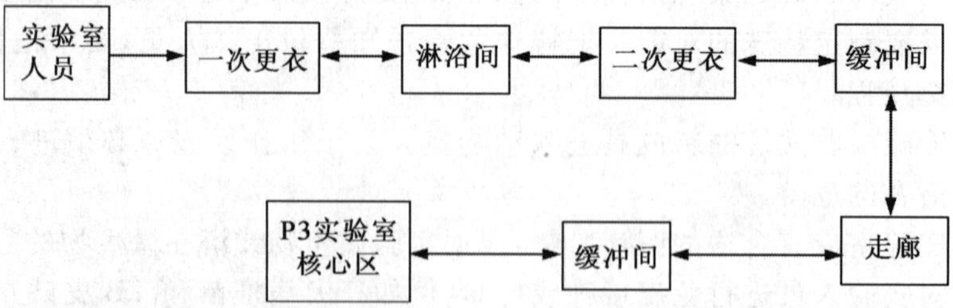

(二)物流组织

进出 P3 实验室核心区的物流组织：

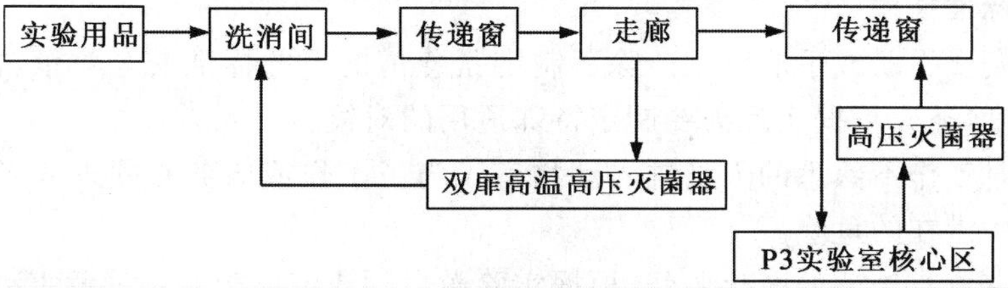
实验用品
洗消间
传递窗
走廊
传递窗
高压灭菌器
双扉高温高压灭菌器
P3实验室核心区

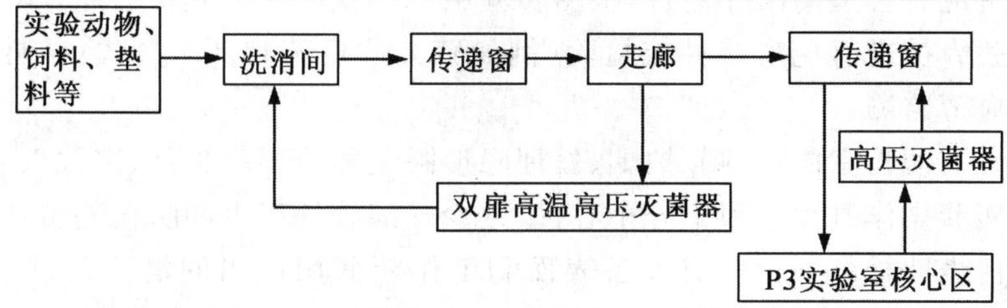
实验动物、饲料、垫料等
洗消间
传递窗
走廊
传递窗
高压灭菌器
双扉高温高压灭菌器
P3实验室核心区

(三)实验室具体技术流程

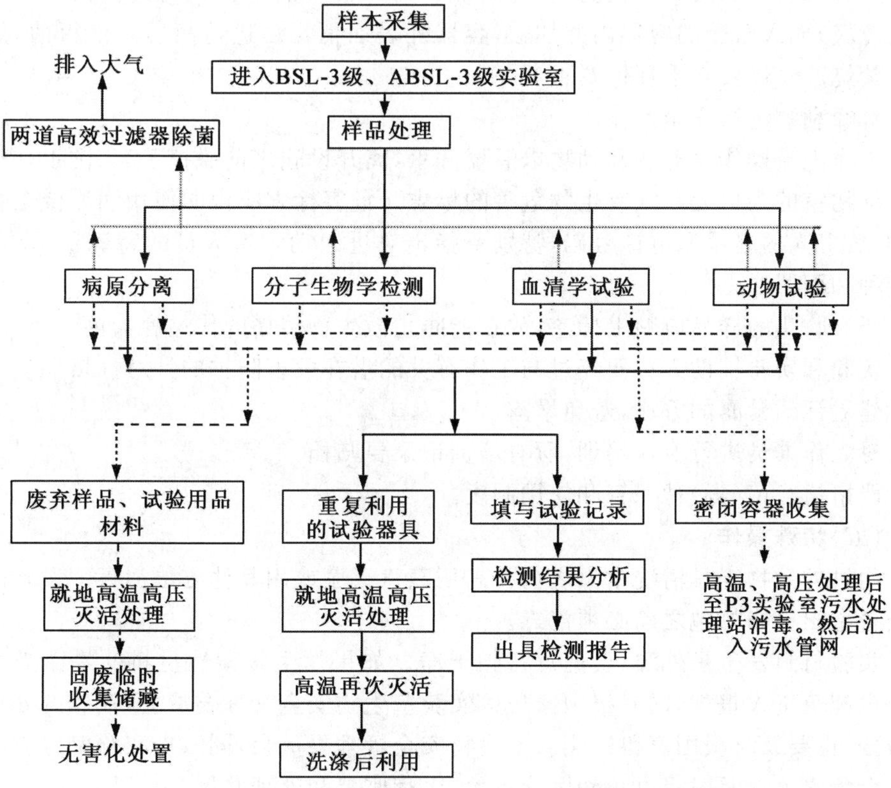
样本采集
排入大气
进入BSL-3级、ABSL-3级实验室
两道高效过滤器除菌
样品处理
病原分离
分子生物学检测
血清学试验
动物试验
废弃样品、试验用品材料
重复利用的试验器具
填写试验记录
密闭容器收集
就地高温高压灭活处理
就地高温高压灭活处理
检测结果分析
高温、高压处理后至P3实验室污水处理站消毒。然后汇入污水管网
固废临时收集储藏
高温再次灭活
出具检测报告
无害化处置
洗涤后利用

(四)标准操作

制定安全手册或手册草案。除了制定紧急情况下的标准安全对策、操作程序和规章制度,还应根据实际需要制定特殊适用的对策。

限制对工作不熟悉的人员进入动物室。为了工作或服务必须进入者,要告知他们工作中潜在的危险。

动物室应有合适的医疗监督,根据实验微生物或潜在微生物的危害程度,决定是否对实验人员进行免疫接种或检验(例如狂犬病疫苗和 TB 皮试)。如有必要,应该实施血清监测。

不允许在动物室内吃、喝、抽烟、处理隐形眼镜和使用化妆品、储藏人的食品。

所有实验操作过程均须十分小心,以减少气溶胶的产生和防止外溢。

操作传染性材料以后所有设备表面和工作台面用适当的消毒剂进行常规消毒,特别是有传染性材料外溢和其他污染时更要严格消毒。

所有动物室的废弃物(包括动物组织、尸体、污染的垫料、动物饲料、锋利物和其他垃圾)放入密闭的容器内并加盖,容器外表面消毒后进行高压蒸汽灭菌,然后建议焚烧。焚烧要合乎环保要求。

对锋利物进行安全操作。

工作人员操作培养物和动物以后要洗手,离开设施之前脱掉手套、洗手。

动物室的入口处必须有生物危害的标志。危害标志应说明使用病原微生物的种类,负责人的名单和电话号码,特别要指出对进入动物室人员的特殊要求(如免疫接种和面罩)。

所有收集的样品应贴上标签,放在能防止微生物传播的传递容器内。

实验和实验辅助人员要经过与工作有关的潜在危害防护的针对性培训。

建立评估暴露的方法,避免暴露。

对工作人员进行专业培训,所有培训记录要归档。

严格执行菌(毒)种保管和使用制度。

(五)特殊操作

用过的动物笼具清洗拿出之前要高压蒸汽灭菌或用其他方法消毒。设施内仪器设备拿出检修打包之前必须消毒。

实验材料发生了外溢,要消毒打扫干净。如果发生传染性材料的暴露必须立刻向设施负责人报告,同时报国家兽医实验室生物安全管理委员会,最后的处理评估报告,也要及时报国家兽医实验室生物安全管理委员会,同时报实验室生物安全委员会负责人。及时提供正确医疗评价、医疗监督和处理并保存记录。

所有的动物室内废弃物在焚烧或进行其他最终处理之前必须高压灭菌。

与实验无关的物品和生物体不允许带入动物实验室。

九、四级生物安全实验室工作流程

四级生物安全实验室的工作流程与三级生物安全实验室基本相同，在建筑和布局上有着特殊的设计和工艺。

（一）标准操作

应该制定特殊的生物安全手册或措施。除了制定紧急情况下的对策、程序和草案外，还要制定适当的针对性对策。

未经培训的人员不得进入动物实验室。因为工作或实验必须进入者，应对其说明工作的潜在危害。

所有进入 ABSL-4 设施的人必须建立医疗监督，监督项目必须包括适当免疫接种、血清收集及暴露危险等有效性协议和潜在危害预防措施。一般而言，感染危险性增加者或感染后果可能严重的人不允许进入动物设施，除非有特殊办法能避免额外危险。这应由专业保健医师做出评价。

负责人要告知工作人员工作中特殊的危险，让他们熟读安全规程并遵照执行。

设施内禁止吃、喝、抽烟、处理隐形眼镜、使用化妆品和储藏食品。

所有操作均须小心，尽量减少气溶胶的产生和外溢。

传染性工作完成之后，工作台面和仪器表面要用有效的消毒液进行常规消毒，特别是有传染性材料溢出和溅出或其他污染时更要严格消毒。

外溢污染一旦发生，应由具有从事传染性实验工作训练和有经验的人处理。外溢事故明显造成传染性材料暴露时要立即向设施负责人报告，同时报国家兽医实验室生物安全管理委员会，最后的处理评估报告，也要及时报国家兽医实验室生物安全管理委员会，同时报实验室生物安全委员会负责人。及时提供正确医疗评价、医疗监督和处理并保存记录。

全部废弃物（含动物组织、尸体和污染垫料）、其他处理物和需要洗的衣服均需用安装在次级屏障墙壁上的双扉高压蒸汽灭菌器消毒。废弃物要焚烧。

要制定使用利器的安全对策。

传染性材料存在时，设施进口处标示生物安全符号，标明病原微生物的种类、实验室负责人的名单和电话号码，说明对进入者的特殊要求（如免疫接种和呼吸道防护）。

动物实验室工作人员要接受与工作有关的潜在危害的防护培训，懂得避免暴露的措施和暴露评估的方法。每年定期培训，操作程序发生变化时还要增加培训，所有培训都要记录、归档。

动物笼具在清洗和拿出动物实验室之前要进行高压灭菌或用其他可靠方法消毒。用传染性材料工作之后，对工作台面和仪器应用适当的消毒剂进行常规消毒。特别是传染材料外溅时更要严格消毒。仪器修理和维修拿出之前必须消毒。

进行传染性实验必须指派2名以上的实验人员。在危害评估的基础上，使用能关紧的笼具，操作动物要对动物麻醉，或者用其他的方法，必须尽可能减少工作中感染因子的暴露。

与实验无关的材料不许进入动物实验室。

严格执行菌（毒）种保管和使用制度。

（二）特殊操作

必须控制人员进入或靠近设施（24小时监视和登记进出）。人员进出只能经过更衣室和淋浴间，每一次离开设施都要淋浴。除非紧急情况，不得经过气锁门离开设施。

在安全柜型实验室中，工作人员的衣服在外更衣室脱下保存。穿上全套的实验服装（包括外衣、裤子、内衣或者连衣裤、鞋、手套）后进入。在离开实验室进入淋浴间之前，在内更衣室脱下实验服装。服装洗前应高压灭菌。在防护服型实验室中，工作人员必须穿正压防护服方可进入。离开时，必须进入消毒淋浴间消毒。

进入设施的实验用品和材料要通过双扉高压锅或传递消毒室。高压灭菌器应双门互连锁，不排蒸汽，冷凝水自动回收灭菌，避免外门处于开启状态。

建立事故、差错、暴露、雇员缺勤报告制度和动物实验室有关潜在疾病的医疗监督系统，这个系统要附加以潜在的和已知的与动物实验室有关疾病的检疫、隔离和医学治疗设施。

定期收集血清样品进行检测并把结果通知本人。

第五节 生物安全管理

一、基本管理

1.生物安全实验室内的布置和准入制度

（1）在主实验室应合理设置清洁区、半污染区和污染区；

（2）非实验有关人员和物品不得进入实验室；

（3）在实验室内不得进食和饮水，或者进行其他与实验无关的活动；

（4）实验室工作人员、外来合作者、进修和学习人员在进入实验室及其岗位之前必须经过实验室主任的批准。

2. 生物安全实验室工作人员的管理和培训

(1)实验室主任(对实验室直接负责的人员)负责制订和采用生物安全管理计划以及安全或操作手册。

(2)实验室主管(向实验室主任汇报)应当保证提供常规的实验室安全培训。实验室的工作人员必须是受过专业教育的技术人员。在进行独立工作前还需在中高级实验技术人员指导下进行培训,达到合格标准,方可开始工作。

(3)确保实验室人员了解生物安全实验室的特殊危害,阅读并熟知生物安全或操作手册,并严格遵循标准的操作和规程。实验室内应备有可供取阅的安全或操作手册。

(4)应当制订节肢动物和啮齿动物的控制方案。

(5)如有必要,应为所有实验室人员提供适宜的医学评估、监测和治疗,并应妥善正确保存相应的医学记录。如有疫苗必须进行免疫注射。

二、特殊管理

为避免和处理由于不安全操作引起的意外事故,必须严格执行以下原则:

(1)针对可能的危险因素,设计保证安全的工作程序。

(2)事前必须进行有效的培训和意外事故模拟训练。

(3)要能够提供包括紧急救助或专业性保健治疗的措施,足以应付紧急情况。

(4)实验室事故处理:工作人员在操作过程中发生意外,如针刺和切伤、皮肤污染、感染性标本溅及体表和口鼻眼内、衣物污染、污染试验台面等均视为安全事故。应视事故类型等不同情况,立即进行紧急处理。具体措施必须形成书面文件并严格遵守执行。在紧急处理的同时必须向有关专家和领导汇报,并详细记录事故经过和损伤的具体部位和程度等,由专家评估是否需要进行相应的预防性治疗。应填写正式的事故登记表,并按规定报告给国家相应级别的卫生主管部门。

附表　致病微生物的生物安全等级

安全水平	病原微生物	操作	安全设备（一级屏障）	设施（二级屏障）	备注
BSL-1	对个体和群体危害程度低，已知的不能对健康成年人和动物致病。包括所有一、二、三类动物疫病的不涉及活病原的血清学检测以及疫苗用新城疫、猪瘟等弱毒株。 危害1级	标准微生物操作： 实验室诊断，病原的分离、鉴定（毒型和毒力），动物试验等及相关试验研究和操作	无要求	要求开放台面，有洗手池	
BSL-2	对个体危害程度为中度，对群体危害较低，主要通过皮肤、黏膜、消化道传播。对人和动物有致病性，但对实验人员、动物和环境不会造成严重危害，具有有效的预防和治疗措施。 BSL-1含的病原微生物外，还包括三类动物疫病，二类动物疫病（布病、结核病、狂犬病、马传贫、马鼻疽及炭疽病等芽孢杆菌引起的疫病除外）。 危害2级	实验室诊断，病原的分离、鉴定（毒型和毒力），动物实验等及相关试验研究和操作。 BSL-1操作加： ◇ 限制进入； ◇ 生物危害标志； ◇ "锐器伤"预防； ◇ 生物安全手册应明确废弃物的去污染处理和监督措施	一级屏障包括：对引起传染性飞溅物或气溶胶的病原体的所有操作使用的Ⅰ或Ⅱ级生物安全柜或其他防护设备。 个人防护装备： 必需的实验室工作外套和手套，必要时要有防护面罩	BSL-1实验室加： ◇ 高压灭菌	猪瘟等疫病的免疫荧光、免疫组化试验可在本级实验室进行

续附表

安全水平	病原微生物	操作	安全设备（一级屏障）	设施（二级屏障）	备注
BSL-3	对个体危害程度高，对群体危害程度较高。通过气溶胶传播的，起严重的或致死性疫病。对人引发的疾病具有有效的预防和治疗措施。除 BSL-2 含的病原微生物外，还包括一类动物疫病（口蹄疫、猪水泡病、猪瘟、非洲猪瘟、非洲马瘟、牛瘟、牛传染性胸膜肺炎、牛海绵状脑病、痒病、蓝舌病、小反刍兽疫、绵羊痘和山羊痘、高致病性禽流感、鸡新城疫等）、二类动物疫病中布病、结核病、狂犬病、马传贫、马鼻疽及炭疽等芽孢杆菌引起的疫病、所有新发病和部分外来病。从事外来病的调查和可疑病料的处理分析。 危害 3 级	实验室诊断，病原的分离、鉴定（毒型和毒力），动物实验等及相关试验研究和操作。 BSL-2 操作加： ◇ 控制进入； ◇ 所有废弃物去污染； ◇ 实验室衣服在清洗之前需灭菌； ◇ 工作人员保留血清本底样品	一级屏障包括：用于操作病原体的Ⅰ或Ⅱ级生物安全柜或其他防护设备。 个人防护装备：必需的实验室工作外套和手套，必要时要有呼吸防护面罩	BSL-2 实验室加： ◇ 与走廊通道物理隔离； ◇ 有连锁门的缓冲间； ◇ 全新风通风系统； ◇ 室内负压	
BSL-4	对个体和群体的危害程度高，通常引起严重疫病的、暂无有效预防和治疗措施的动物疫病。通过气溶胶传播的，引起高度传染性、致死性的动物致病；或导致未知的危险的疫病。与 BSL-4 微生物相近或有抗原关系的微生物也应在此种水平条件下进行操作，直到取得足够的数据后才能决定，是继续在此种安全水平下工作还是在低一级安全水平下工作，以及从事外来病病原微生物的研究分析。国家根据防治规划和计划需要另有规定的。即除 BSL-3 含的病原微生物外，还包括一部分外来病（如裂谷热病毒、尼帕病毒、埃博拉病毒）等疫病。 危害 4 级	实验室诊断，病原的分离、鉴定（毒型和毒力），动物实验等及相关试验研究和操作。 BSL-3 操作加： ◇ 进入之前更换衣物； ◇ 在出口处淋浴； ◇ 实验室拿出的所有材料在出口处消毒灭菌	一级屏障包括：所有操作应在Ⅲ级生物安全柜或穿上全身正压供气的个人防护服使用Ⅰ或Ⅱ级生物安全柜	BSL-3 实验室加： ◇ 独立建筑物或隔离带； ◇ 专用供气、排气、真空和净化系统； ◇ 全新风通风系统和消毒灭菌设备等	

第三章　生物安全实验室主要设备及操作

生物安全实验室设备包括防护设备和科学研究设备。防护设备用于防止环境、人员和实验室对象的污染，包括屏障设备（如生物安全柜、负压隔离装置、高效过滤器、个体防护装备等）和消毒灭菌设备（高压灭菌器、污水处理系统、焚烧炉等）。实验室在选用防护设备时要充分考虑实验室的实验活动以及所操作病原体的特点。实验室在选用科学研究设备时要充分考虑生物安全风险，尽可能选用具有生物安全防护功能的科学研究设备。实验室应有设备管理的政策和程序，包括设备的完好性监控指标、巡检计划、使用前核查、安全操作、使用限制、授权操作、消毒、禁止事项、定期维护、安全处置、运输、存放等。本章主要介绍了生物安全实验室常用的几种设备如生物安全柜、负压柜与排风罩、隔离器、消毒设备（双扉高压锅、高压灭菌器、熏蒸器、污水处理器）、洗眼器、应急喷淋装置以及实验室主要实验仪器（离心机、培养箱、显微镜等）的管理要求。

第一节　生物安全柜

一、生物安全柜的定义

在进行感染性的病原微生物操作中，如对琼脂平板划线接种、对组织进行匀浆或涡旋振荡、对液体进行摇动倾注或离心以及进行动物实验操作时均可能产生感染性气溶胶（悬浮于气体介质中的粒径一般为 0.001～100 μm 的固态或液态微小粒子形成的相对稳定的分散体系）。由于肉眼无法观察到气溶胶的存在，因此实验人员通常会忽略这种微小的感染性物质，当防护措施不当可能会吸入或交叉污染工作台面的其他材料。生物安全柜（biological safety cabinet，BSC）是为操作具有感染性的实验材料如原代培养物、菌（毒）株及诊断性标本时，用来保护操作者、实验室环境及实验材料，使其避免暴露于上述操作过程中可能产生的感染性气溶胶和溅出物而设计的具有过滤作用的负压排风装置。已经表明，正确使用生物安全柜可以有效减少与气溶胶暴露所造成的实验室感染以及培养物交叉污染。

注：水平和垂直方向流出气流的工作柜（超净工作台）不属于生物安全柜，也不能应用于生物安全操作。

二、生物安全柜防护原理

生物安全柜排风系统的 HEPA 过滤器对于直径 0.3 μm 的颗粒截留效率为 99.97%，对于更大或更小颗粒截留效率为 99.99%，从而确保排出的是完全不含有微生物的空气，从而保护环境；进入生物安全柜内的空气送至工作台面前经 HEPA 过滤器从而在柜内形成百级洁净度的环境，从而保护了样品；经生物安全柜前窗口进入的空气与柜内下送风在前窗口共同形成气幕，从而保护了操作者本人与操作对象不被交叉污染。

三、生物安全柜分类与通风连接

(一)生物安全柜的分类与选择

1. 生物安全柜的分类

根据送排风方式、正面气流速度，将生物安全柜分为Ⅰ级、Ⅱ级、Ⅲ级三个类型。具体分类与相互间差异见表 3-1。

表 3-1　Ⅰ级、Ⅱ级、Ⅲ级生物安全柜之间的差异

生物安全柜	正面气流速度/(m/s)	气流百分数/%		排风系统
		重新循环部分	排出部分	
Ⅰ级	0.36	0	100	硬管
Ⅱ级 A1 型	0.38～0.51	70	30	排到房间或套管连接处
外排风式Ⅱ级 A2 型	0.51	70	30	排到房间或套管连接处
Ⅱ级 B1 型	0.51	30	70	硬管
Ⅱ级 B3 型	0.51	0	100	硬管
Ⅲ级	不适用	0	100	硬管

2. 生物安全柜的选择

主要根据下列所需保护的类型来选择适当的生物安全柜：实验对象保护；操作危险度 1～4 级微生物时的个体防护；暴露于放射性核素和挥发性有毒化学品时的个体防护；或上述各种防护的不同组合(表 3-2)。

操作挥发性或有毒化学品时，不应该使用将空气重新循环排入房间的生物安全柜，即不与建筑物排风系统相连接的Ⅰ级生物安全柜，或Ⅱ级 A1 型及Ⅱ级 A2 型生物安全柜。Ⅱ级 B1 型安全柜可用于操作少量挥发性化学品和放射性核素。Ⅱ级 B2 型安全柜也称为全排放型安全柜，在需要操作大量放射性核素和挥发性化学品时，必须使用这一类型的安全柜。

表 3-2 不同保护类型及生物安全柜的选择

保护类型	生物安全的选择
个体防护、直对危险度 1～3 级微生物	Ⅰ级、Ⅱ级、Ⅲ级生物安全柜
个体防护、直对危险度 4 级微生物，手套箱型实验室	Ⅲ级生物安全柜
个体防护、直对危险度 4 级微生物，防护服型实验室	Ⅰ级、Ⅱ级生物安全柜
实验对象保护	Ⅱ级生物安全柜，柜内气流是层流的Ⅲ级生物安全柜
少量挥发性放射性核素/化学品的防护	Ⅱ级 B1 型生物安全柜，外排风式Ⅱ级 A2 型生物安全柜
挥发性放射性核素/化学品的防护	Ⅰ级、Ⅱ级 B2 型、Ⅲ级生物安全柜

(1) Ⅰ级生物安全柜。Ⅰ级生物安全柜的工作原理如图 3-1 所示。

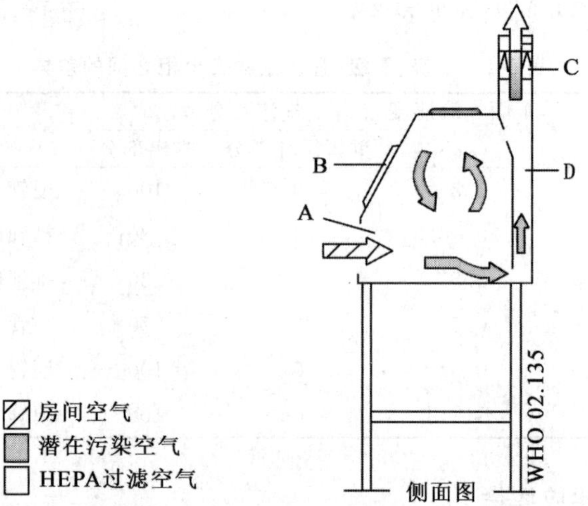

图 3-1 Ⅰ级生物安全柜原理图

A:前窗口;B:窗口;C:排风 HEPA 过滤器;D:压力排风系统

房间空气从前面的开口处以 0.38 m/s 的低速率进入生物安全柜，空气经过工作台表面，并经排风管排出安全柜。定向流动的空气可以将工作台面上可能形成的气胶迅速带离实验室工作人员而被送入排风管内。操作者的双臂可以从前面的开口伸到安全柜内的工作台面上，并可以通过玻璃窗观察工作台面的情况。安全柜的玻璃窗还能完全抬起来，以便清洁工作台面或进行其他处理。

安全柜内的空气可以通过 HEPA 过滤器按下列方式排出：a. 排到实验室中，然后再通过实验室排风系统排到建筑物外面；b. 通过建筑物的排风系统排到建筑物外面；c. 直接排到建筑物外面。HEPA 过滤器可以装在生物安全柜的压力排风系统(the exhaust plenum)里，也可以装在建筑物的排风系统里。有些Ⅰ级生物安全柜装有一体式排风扇，而其他的则是借助建筑物排风系统的排风扇。

Ⅰ级生物安全柜是最早得到认可的，并且由于其设计简单，目前仍在世界各地广泛使用。鉴于以上原理，Ⅰ级生物安全柜能够为人员和环境提供保护，但因未灭菌的房间空气通过生物安全柜正面的开口处直接吹到工作台面上，因此Ⅰ级生物安全柜对操作对象不能提供切实可靠的保护。除用于感染性实验操作外，Ⅰ级生物安全柜也常见用于操作放射性核素和挥发性有毒化学品。

(2)Ⅱ级生物安全柜。在应用细胞和组织培养物来进行病毒繁殖或其他培养时，未经灭菌的房间空气通过工作台面是不符合要求的。Ⅱ级生物安全柜在设计上不但能提供个体防护，而且能保护工作台面的物品不受房间空气的污染。Ⅱ级生物安全柜有 4 种不同的类型(分别为 A1、A2、B1 和 B2 型)，它们不同于Ⅰ级生物安全柜之处为，只让经 HEPA 过滤的(无菌的)空气流过工作台面。Ⅱ级生物安全柜可用于一、二、三级生物安全实验室。在使用正压防护服的条件下，Ⅱ级生物安全柜也可用于四级生物安全实验室。

①Ⅱ级 A1 型生物安全柜：Ⅱ级 A1 型生物安全柜如图 3-2 所示。内置风机将房间空气(供给空气)经前面的开口引入安全柜内并进入前面的进风格栅。在正面开口处的空气流入速度至少应该达 0.38 m/s。然后，供气先通过供风 HEPA 过滤器，再向下流动通过工作台面。空气在向下流动到距工作台面 6～18 cm 处分开，其中的一半会通过前面的排风格栅，而另一半则通过后面的排风格栅排出。所有在工作台面形成的气溶胶立刻被这样向下的气流带走，并经两组排风格栅排出，从而为实验对象提供最好的保护。气流接着通过后面的压力通风系统到达位于安全柜顶部、介于供风和排风过滤器之间的空间。由于过滤器大小不同，大约 70% 的空气将经过供风 HEPA 过滤器重新返回到生物安全柜内的操作区域，而剩余的 30% 则经过排风过滤器进入房间内或被排到外面。

Ⅱ级 A1 型生物安全柜排出的空气可以重新排入房间里，也可以通过连接到专用通风管道上的套管或通过建筑物的排风系统排到建筑物外面。

安全柜所排出的经过加热和/或冷却的空气重新排入房间内使用时，与直接排到外面环境相比具有降低能源消耗的优点。有些生物安全柜通过与排风系统的通风管道连接，还可以进行挥发性放射性核素以及挥发性有毒化学品的操作

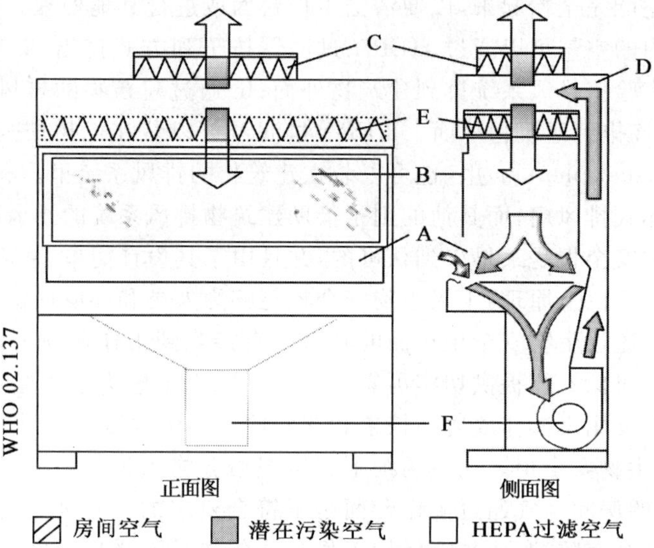

图 3-2 Ⅱ级 A1 型生物安全柜

A:前窗口; B:窗口; C:排风 HEPA 过滤器; D:后面的压力排风系统;E:送风 HEPA 过滤器;F:风机

(表 3-2)。

②外排风式Ⅱ级 A2 型以及Ⅱ级 B1 型和Ⅱ级 B2 型生物安全柜:外排风式Ⅱ级 A2 型以及Ⅱ级 B1 型(图 3-3)和Ⅱ级 B2 型生物安全柜都是由Ⅱ级 A1 型生物安全柜变化而来。生物安全柜设计上的每一种变化可以使不同的类型适用于特定的目的(表 3-2)。

这些生物安全柜相互间都有一定的差异,包括从前面的开口吸入空气的速度、在工作台面上再循环空气的量以及从安全柜中排出空气的量、安全柜的排风系统(是通过专门的排风系统还是通过建筑物的排风系统? 是排到房间内还是排到建筑物的外面?)以及压力设置(安全柜是负压状态下的生物学污染管道和压力通风系统,还是由负压管道和压力通风系统所包围的生物学污染管道和压力通风系统?)。

不同类型的Ⅱ级 A 型和Ⅱ级 B 型生物安全柜的详细介绍见参考文献,也可参考生产商的说明手册。

(3)Ⅲ级生物安全柜。Ⅲ级生物安全柜用于操作危险度 4 级的微生物材料,可以提供最好的个体防护。安全柜的所有接口都是“密封的”,其送风经 HEPA 过

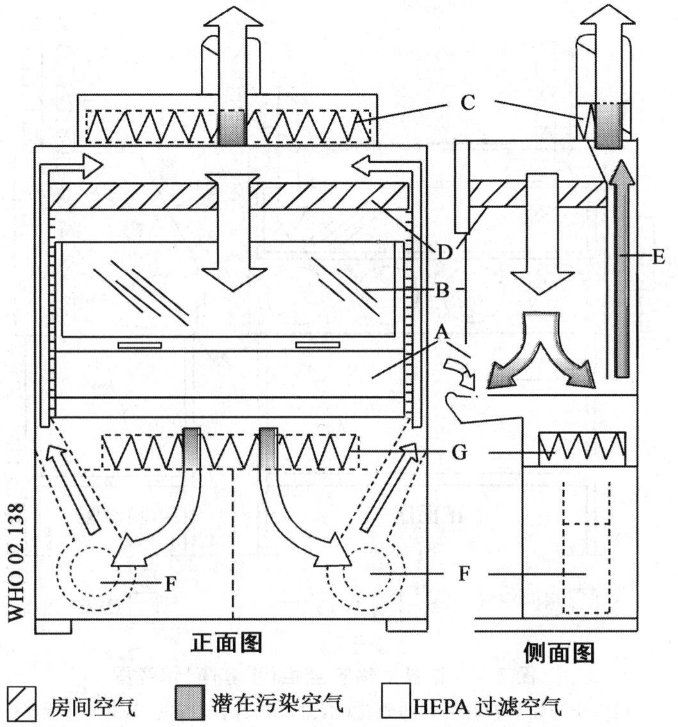

图 3-3　Ⅱ级 B1 型生物安全柜原理图

A:前窗口;B:窗口;C:排风 HEPA 过滤器;D:供风 HEPA 过滤器;

E:负压压力排风系统;F:风机;G:送风 HEPA 过滤器。

安全柜需要有和建筑物排风系统相连接的排风接口

滤,排风则经过两个 HEPA 过滤器(图 3-4)。

Ⅲ级生物安全柜由一个外置的专门的排风系统来控制气流,使安全柜内部始终处于负压状态(大约 124.5 Pa)。只有通过连接在安全柜上的结实的橡胶手套,手才能伸到工作台面。Ⅲ级生物安全柜应该配备一个可以灭菌的、装有 HEPA 过滤排风装置的传递箱。Ⅲ级生物安全柜可以与一个双开门的高压灭菌器相连接,并用它来清除进出安全柜的所有物品的污染。可以将几个手套箱连在一起以增大工作面积。Ⅲ级生物安全柜适用于三级和四级生物安全水平的实验室。

3. 生物安全柜的通风连接

Ⅱ级生物安全柜的 A1 型和外排风式 A2 型设计使用了“套管(thimble)”或“伞形罩(canopy hood)”连接。套管安装在安全柜的排风管上,将安全柜中需要排

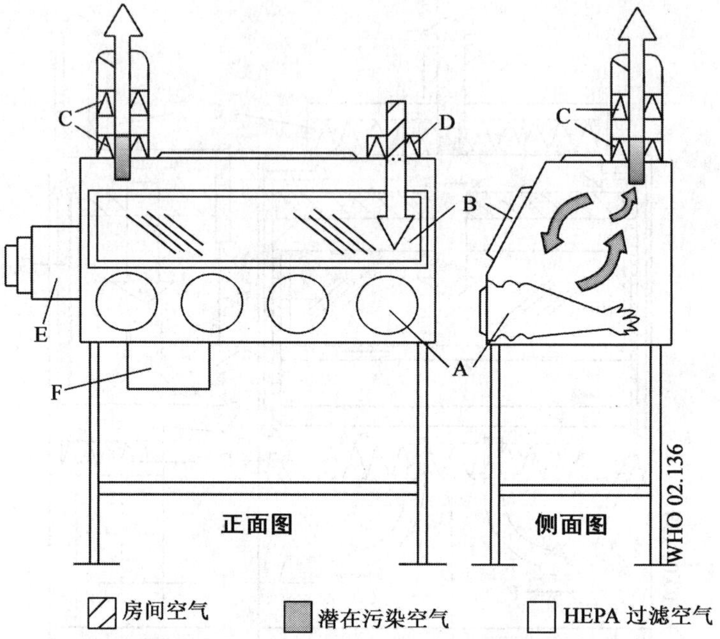

图 3-4 Ⅲ级生物安全柜(手套箱)示意图

A:用于连接等臂长手套的舱孔;B:窗口;C:两个排风 HEPA 过滤器;

D:送风 HEPA 过滤器;E:双开门高压灭菌器或传递窗;F:化学浸泡槽

注:安全柜需要有与独立的建筑物排风系统相连接的排风接口

出的空气引入建筑物的排风管中。在套管和安全柜排风管之间保留一个直径差通常为 2.5 cm 的小开口,以便让房间的空气也可以吸入到建筑物的排风系统中。建筑物排风系统的排风能力必须能满足房间排风和安全柜排风的要求。套管必须是可拆卸的,或者设计成可以对安全柜进行操作测试的类型。一般来讲,建筑物气流的波动对套管连接型生物安全柜的功能不会有太大的影响。

Ⅱ级 B1 型和Ⅱ级 B2 型生物安全柜通过硬管,亦即没有任何开口地、牢固地连接到建筑物的排风系统,或者最好是连接到专门的排风系统。建筑物排风系统的排风量和静压必须与生产商所指定的要求正好一致。对硬管连接的生物安全柜进行认证时,要比将空气再循环送回房间或采用套管连接的生物安全柜更费时。

4. 生物安全实验室生物安全柜的使用与维护

(1)位置。空气通过前开口进入生物安全柜的速度大约为 0.45 m/s。这样速度的定向气流是极易受到干扰的,包括人员走近生物安全柜所形成的气流、打开窗户、送风系统调整以及开关门等都可能造成影响。因此，最理想的是，生物安全柜应位于远离人员活动、物品流动以及可能会扰乱气流的地方。在安全柜的后方以及每一个侧面要尽可能留有 30 cm 的空间，以利于对安全柜的维护。在安全柜的上面应留有 30～35 cm 的空间，以便准确测量空气通过排风过滤器的速度，并便于排风过滤器的更换。

(2)操作。生物安全柜如果使用不当，其防护作用就可能大大受到影响。操作者在移动双臂进出安全柜时，需要小心维持前面开口处气流的完整性，双臂应该垂直地缓慢进出前面的开口。手和双臂伸入到生物安全柜中等待大约 1 min，以使安全柜调整完毕并且让里面的空气“扫过”手和双臂的表面以后，才可以开始对物品进行处理。要在开始实验之前将所有必需的物品置于安全柜内，以尽可能减少双臂进出前面开口的次数。

(3)物品放置。Ⅱ级生物安全柜前面的进气格栅不能被纸、仪器设备或其他物品阻挡。放入安全柜内的物品应采用 70％酒精来清除表面污染。可以在消毒剂浸湿的毛巾上进行实验，以吸收可能溅出的液滴。

所有物品应尽可能地放在工作台后部靠近工作台后缘的位置，并使其在操作中不会阻挡后部格栅。可产生气溶胶的设备(例如混匀器、离心机等)应靠近安全柜的后部放置。像有生物危害性的废弃物袋、盛放废弃吸管的盘子以及吸滤瓶等体积较大的物品，应该放在安全柜内的某一侧。

在工作台面上的实验操作应该按照从清洁区到污染区的方向进行。

耐高压灭菌的生物危害性废弃物袋以及吸管盛放盘不应放在安全柜的外面，否则在使用这些物品时双臂就必须频繁进出安全柜，这样会干扰安全柜空气屏障的完整性，从而影响对人员和物品的防护。

(4)操作和维护。生物安全柜的设计允许 24 h 不间断工作。同时据报道，连续工作有助于控制实验室中灰尘和颗粒的水平。向房间中排风或通过套管接口与专门的排风管相连接的Ⅱ级 A1 型及Ⅱ级 A2 型生物安全柜，在不使用时是可以关闭的。其他如Ⅱ级 B1 型和Ⅱ级 B2 型生物安全柜，是通过硬管安装的，就必须始终保持空气流动以维持房间空气的平衡。在开始工作以前以及完成工作以后，应至少让安全柜工作 5 min 来完成“自我净化”的过程，亦即应留出将污染的空气排出安全柜的时间。

生物安全柜的所有维修工作应该由有资质的专业人员来进行。在生物安全柜操作中出现的任何故障都应该报告，并应在再次使用之前进行维修。

(5)紫外灯。生物安全柜中不需要紫外灯。如果使用紫外灯的话，应该每周进行清洁，以除去可能影响其杀菌效果的灰尘和污垢。在安全柜重新认证时，要检查紫外线的强度，以确保有适当的光发射量。

房间中有人时一定要关闭紫外灯，以保护眼睛和皮肤，避免因不慎暴露而造成伤害。

(6)明火。在生物安全柜内所形成的几乎没有微生物的环境中，严禁使用明火。使用明火不仅会对气流产生影响，并且在处理挥发性物品和易燃物品时，也易造成危险。在对接种环进行灭菌时，可以使用微型燃烧器或电炉，而不能使用明火。

(7)溢出。实验室中要张贴如何处理溢出的实验室操作规则，每一位使用实验室的成员都要阅读并理解这些规程。一旦在生物安全柜中发生有生物学危害的物品溢出时，应在安全柜处于工作状态下立即进行清理。要使用有效的消毒剂，并在处理过程中尽可能减少气溶胶的生成。所有接触溢出物品的材料都要进行消毒和/或高压灭菌。

(8)认证。在安装时以及每隔一定时间以后，应由有资质的专业人员按照生产商的说明对每一台生物安全柜的运行性能以及完整性进行认证，以检查其是否符合国家及国际的性能标准。安全柜防护效果的评估应该包括对安全柜的完整性、HEPA 过滤器的泄漏、向下气流的速度、正面气流的速度、负压/换气次数、气流的烟雾模式以及警报和互锁系统进行测试。还可以选择进行漏电、光照度、紫外线强度、噪声水平以及振动性的测试。在进行这些测试时，检测人员要经过专门的培训，采用专门的技术和仪器设备。

强烈建议由有资质的专业人员来进行测试。

(9)清洁和消毒。由于剩余的培养基可能会使微生物生长繁殖，因此在实验结束时，包括仪器设备在内的生物安全柜里的所有物品都应清除表面污染，并移出安全柜。

在每次使用前后，要清除生物安全柜内表面的污染。工作台面和内壁要用消毒剂进行擦拭，所用的消毒剂要能够杀死安全柜里可能发现的任何微生物。在每天实验结束时，应擦拭生物安全柜的工作台面、四周以及玻璃的内外侧等部位来清除表面的污染。在对目标生物体有效时，可以采用漂白剂溶液或 70％酒精来消毒。在使用如漂白剂等腐蚀性消毒剂后，还必须用无菌水再次进行擦拭。

推荐将安全柜一直维持运行状态。如果要关闭的话，则应在关机前运行5 min以净化内部的气体。

(10)清除污染。生物安全柜在移动以及更换过滤器之前，必须清除污染。最常用的方法是采用甲醛蒸气熏蒸。应该由有资质的专业人员来清除生物安全柜的污染。

(11)个体防护装备。在使用生物安全柜时应穿着个体防护服。在进行一级和二级生物安全水平的操作时,可穿着普通实验服。前面加固处理的反背式实验隔离衣具有更好的防护效果,应在进行三级和四级生物安全水平(防护服型实验室除外)的操作时使用。手套应套在隔离衣的外面,可以戴加有松紧带的套袖来保护研究人员的手腕。有些操作可能还需要戴口罩、安全眼镜甚至正压呼吸防护装置。

(12)警报器。生物安全柜一般装备有两种警报器。窗式警报器只能装在带有滑动窗的安全柜上。发出警报时表明操作者将滑动窗移到了不当的位置。处理这种警报时,只要将滑动窗移到适宜的位置就可以了。气流警报器报警时,表明安全柜的正常气流模式受到了干扰,操作者或物品当即处于危险状态。当气流警报响起时,应立刻停止工作,并通知实验室主管。生产商的说明手册中将提供更详细的资料,在生物安全柜的使用培训中也应包括这一方面的内容。

(13)补充资料。选择正确类型的生物安全柜,进行安装并正确使用,同时每年进行认证,这是一个复杂的程序。强烈推荐在经过良好培训并具有丰富生物安全操作经验的专家监督下来进行上述工作。该专家应非常熟悉“参考文献”部分中所列出的相关文献,并且经过了有关生物安全柜各方面的培训。操作者应接受生物安全柜操作和使用的正规培训。

第二节 排 风 罩

气溶胶是一种重要的传染源,应小心操作以减少气溶胶的形成和扩散范围。许多实验室操作都可能生成有害的气溶胶,例如在对感染性物质进行掺和、混合、研磨、振摇、搅拌、超声处理以及离心的时候。因此,即使使用了安全设备,可能时也最好在经认证的生物安全柜中进行这些操作。有关生物安全柜及其使用和测试的问题在第一节已经进行了讨论。只有训练有素的操作者在采用正确的技术时,才能保证安全设备起到保护作用。同时,应该定期对安全设备进行测试以确保其持续安全的运行。负压柜与排风罩属于安全设备范畴。

排风罩是在安全柜原理基础上制作的一些简易安全装置,一般用在常规的生物安全柜不能或不适合安装或维护的现场。是一种对生物学危害性材料提供最佳防护的基本防护装置。该装置可以装在移动架上,将工作空间用透明聚氯乙烯(PVC)完全包裹起来悬挂在钢架结构上,并使隔离装置的内压始终维持在低于大气压力的水平。该装置入口处的空气要经一个 HEPA 过滤器过滤,而出口处的空气则要通过两个 HEPA 过滤器过滤,因此不必用管道将空气排到建筑物外面。该隔离装置可以配备培养箱、显微镜和其他实验室仪器,例如离心机、动物笼具、加热设备等。实验物品通过进样和取样口运入或运出隔离装置，而不影响其微生物学特性。操作时戴套袖外加一次性手套隔离。隔离装置内的压力要安装压力计进行检测。

第三节　隔离器与独立通风笼具系统

一、隔离器

隔离器是一种从微生物学的角度与外界隔离，可饲养无菌动物的装置，一般采用密闭箱的形状，隔离器根据隔离室内与外界的气压差分成正压隔离器与负压隔离器两大类，正压隔离器用于饲养无菌动物、悉生动物等；负压隔离器主要用于饲养感染动物、放射性同位素污染动物等。从材质上分为钢质隔离器和塑料隔离器、钢质隔离器还分成自身具有高压蒸汽灭菌功能的封闭式隔离器和将隔离器放入高压蒸汽灭菌器处理的开放式隔离器两种；塑料隔离器分成硬质塑料隔离器和软质塑料隔离器，后者即所谓的塑料薄膜隔离器。

钢质隔离器因其重量较重，不便处理，价格较高，除小型开放式隔离器以外，目前已几乎不用。目前作为正压隔离器一般常用透明、质软、量轻、价低的塑料薄膜隔离器。主要由传入传出的灭菌舱或灭菌渡槽、送风机、空气过滤器、排风阀等构成(图 3-5)。

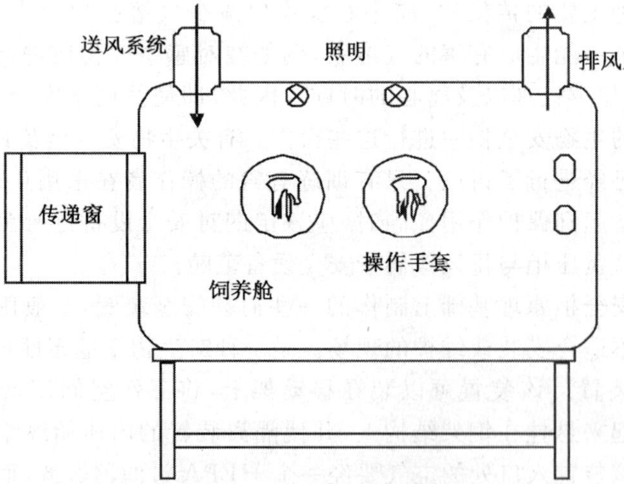

图 3-5　负压隔离器

空气由送风机进入,经空气过滤器无菌化处理以后送入隔离室内。隔离室上装有橡胶手套,内部的操作都是利用这个手套进行。排风经排风系统风机带动经高效过滤器后排出。灭菌渡舱室附有内、外2个盖子的圆筒状小室,在这里用过氧乙酸或其他消毒剂对物品的表面进行灭菌。

隔离器的灭菌包括空气过滤器和隔离室内两个部分,将空气过滤器的外罩装好后,将外罩与隔离室的连接部用薄膜封闭,放入高压蒸汽灭菌器或气体灭菌器内进行灭菌,将灭菌过的空气过滤器装到隔离室上之后,再对隔离室用过氧乙酸喷雾进行灭菌。然后封闭灭菌渡舱的外盖,放置1～2 h。灭菌结束后划破空气过滤器与隔离室连接处的薄膜,用送风机进行通风、排气。塑料薄膜隔离器为保持隔离室内的正压以降低微生物污染的危险性,在通风开始以后不得停止送风机的运转。开放式的小型钢质隔离器其基本结构与塑料隔离器相同,但因采用耐热材质制成,可将隔离器整体进行灭菌。使用塑料薄膜隔离器时,可将饲养所需的器材放入灭菌罐用高压蒸汽灭菌,也可在灭菌渡槽内用过氧乙酸等进行喷雾灭菌。因为过氧乙酸是很强的氧化剂,在使用时必须用橡胶手套及放酸性气体用口罩。

二、独立通风笼具系统

独立通风笼具系统是从意大利引入国内,该系统采用笼具水平的微隔离技术,通过在笼内部输送经过高效空气过滤器过滤的空气以保证动物免受微生物的污染。独立通风笼具系统具有以下的特点:

(1)长方形立体结构节省面积,轻便灵巧,带可方便移动的滚轮。

(2)产品符合国际实验室动物饲料与使用标准,通过中华人民共和国实验动物检测中心的严格检测。

(3)采用无菌级可达99.999%的高效过滤提供动物最好的保护,笼内低NH_3、CO_2,专利笼体设计保证笼内无气流死角。

(4)用户可自行调整笼内每小时最佳次数的换气,笼内气体经高效过滤后排往室外,保护操作人员不被感染,从而保证了健康。

(5)低速的气体扩散,笼内空气流速小于0.13 m/s,动物水平一般为0.02～0.04 m/s,运行噪声低于49 dB。

(6)笼内正负压可进行数字监测和调节,完全保护动物及环境安全。

(7)自动关闭排风通道,保证笼具的一体化和绝对密封,预留停电防窒息通道。

(8)外置饮水瓶。自动关闭供水管道,保证在尽量减少打开笼具次数的情况下,不断给动物提供新鲜饮水。

(9)笼具规格齐全,提供包括小鼠、大鼠、豚鼠全系列尺寸,可定制。考虑到啮齿类动物的生活习性,可采用透明、琥珀色的动物笼具,使动物始终有一个舒适的环境。

(10)笼具选用优质 PEI 材质,可耐高温高压、耐酸碱腐蚀、抗变形,使用寿命可达 10 年。

(11)提供高低压报警及电源终止报警。

(12)主机可以连接 2～4 架通风笼具,可根据房间情况自由排列。

第四节　消 毒 设 备

生物安全实验室中的消毒灭菌设备主要为高压蒸汽灭菌器、熏蒸器、紫外线灯管、污水处理器等。高压蒸汽灭菌器能够把所有具有感染性的固体废弃物和液体废弃物彻底灭菌。熏蒸器和紫外线消毒多用于室内包括传递窗和生物安全柜的表面和实验室室内空气消毒。污水处理器主要用于实验过程中产生的废弃液体的处理,能够杀灭消毒灭菌后废液中残余的微生物,并降解其中的有害物质。

一、高压灭菌器

利用热力灭活微生物以防止疾病传播的处理方式是最古老的一种消毒方法。"干"热没有腐蚀性,可用于处理实验器材中许多可耐受 160℃或更高温度 2～4 h 的物品。燃烧或焚烧也是一种干热方式。压力蒸汽灭菌法由于热力对细菌的穿透力较好,故是杀菌能力最强的热力灭菌方法。压力蒸汽灭菌器是所有灭菌器中历史最久、应用最广、价格最便宜的灭菌设备之一,适用于耐高温、耐高湿物品的灭菌,也适合处理微生物污染的废水和固体废弃物。在微生物实验室,压力蒸汽灭菌器是最基础的设备,为更好地在实验室应用好压力蒸汽灭菌器,现将有关知识介绍如下。

(一)压力蒸汽灭菌器的种类

压力蒸汽灭菌器根据其工作原理、结构构造的差异等可进行不同的分类。

1. 根据灭菌器运作过程中冷空气的排放的不同方式分类

可以分为排气式压力蒸汽灭菌器、预真空式压力蒸汽灭菌器和燃料加热压力锅式压力蒸汽灭菌器三大类。对于生物安全实验室,压力蒸汽灭菌器冷空气的排放必须进行控制,必须在排气管道上安装消毒处理装置,一般采用 HEPA 过滤器,也可以加装消毒剂进行原位消毒。

下排气式压力蒸汽灭菌器也称为中立置换式压力蒸汽灭菌器,其灭菌器进、排气过程是利用重力置换原理，由于热蒸汽比冷空气轻，热蒸汽在压力作用下由灭菌器内顶部的进气口进入，将冷空气由灭菌器内底部的排气口(装有 HEPA 过滤器)排出，经过几次置换后使灭菌器内充满饱和蒸汽，并进一步升高饱和蒸汽的压力达到灭菌温度后对物料进行灭菌。

预真空式压力蒸汽灭菌器的进排气过程则是利用机械抽真空的方法，在蒸汽进入前将冷空气从灭菌器中经过 HEPA 过滤器抽出，从而使灭菌器内形成一个近似真空的环境。然后通过压力作用将热蒸汽注入灭菌器，达到预定压力和温度后对物料进行灭菌。通过这种模式排除冷空气后，灭菌器内蒸汽的饱和度更高，穿透力更强，达到的灭菌温度更高如 134℃，所以灭菌效果更佳。根据抽真空次数的多寡，可分为预真空和脉动真空两种，后者由于多次抽真空，冷空气排除更彻底，灭菌效果更加可靠。

燃料加热压力锅式压力灭菌器是在没有重力置换式压力灭菌器的情况下才使用的一种灭菌器。从灭菌器顶部装载物料，通过燃气、电力或其他燃料来加热。通过加热容器底部的水来产生蒸汽，从下向上混合灭菌器内冷空气，并经排气口排出。当所有的空气排出后，关闭排气口的阀门，缓慢加热使压力和温度上升到预定水平进行灭菌。此类灭菌器构造简洁、操作简易，在对清洁物品无菌处理中应用较广泛，但由于达到的灭菌温度较低，所以一般不作为高危害性传染性病原的灭菌应用。

2. 根据蒸汽来源分类

根据蒸汽来源可分为管道外来蒸汽和自体锅炉产汽两种。一般来说，外来管道蒸汽的集中供汽，汽源较充足，适于较大型的压力蒸汽灭菌器。自体锅炉产汽构造较简洁，便于安装，适于小型的压力蒸汽灭菌器。

3. 按照灭菌器操作门的数目分类

按照灭菌器操作门的数目可分为单侧门灭菌器和双侧门灭菌器。传统灭菌器均为单侧门，便于灭菌操作。对于无菌操作要求较高时，如三级生物安全实验室以及无菌动物实验室等，实验室分有清洁区和污染区，此时要求灭菌器必须有清洁侧门和污染侧门。所以，双侧门压力蒸汽灭菌器是三级生物安全实验室必须具备的仪器设备。

4. 根据灭菌器的形状分类

从外形的不同可以分为立式、卧式、台式、移动式压力蒸汽灭菌器等。

(二)压力蒸汽灭菌器的操作流程

1. 清洁

由于灭菌物料表面的污垢直接会影响灭菌效果，所以除了污物和液体外，物料在进行灭菌前应先清洁干净。对于生物安全实验室，为了防止污染物扩散，灭菌前一般不对物料进行清洁。

2.包装

包装材料应允许物品内部空气的排出和蒸汽的透入。市售普通铝饭盒与搪瓷盒，不得用于装放待灭菌的物品，应用自动启闭式或带通气孔的器具装放。

常用的包装材料包括全棉布、一次性无纺布、一次性复合材料（如纸塑包装）、牛皮纸、带孔的金属或玻璃容器等。新包装材料在使用前，应先用生物指示物验证灭菌效果后方可使用。包装材料使用前应仔细检查有无残缺破损。

下排气式的物品包，体积不得超过 30 cm×30 cm×25 cm；预真空的物品包，体积不得超过 30 cm×30 cm×50 cm。否则应该延长灭菌时间。

盘、盆、碗等器皿类物品，尽量单个包装；包装时应将盖打开；若必须多个包装在一起时，所用器皿的开口应朝向一个方向；摞放时，器皿间用吸湿毛巾或纱布隔开，以利于蒸汽渗入。

灭菌物品能拆卸的必须拆卸，如对注射器进行包装时，管芯应抽出。必须暴露物品的各个表面（如剪刀和血管钳必须充分撑开）以利于灭菌因子接触所有物体表面。有筛孔的容器，应将盖打开，开口向下或侧放物品捆扎不宜过紧，确保蒸汽能够穿透进去。

3.装载

灭菌器内物品的装载应遵循下列原则。

（1）下排气灭菌器的装载量不得超过柜室内容量的 80%；预真空灭菌器的装载量不得超过柜室容积的 90%，且不得小于柜室容积的 10%和 5%，以防止“小装量效应”。

（2）应尽量将同类物品放在一起灭菌，若必须将不同类物品装放在一起，则以最难达到灭菌物品所需的温度和时间为准。物品装放时，上下左右相互间均应间隔一定距离以利于蒸汽置换空气。

（3）使用大型灭菌器时，物品应放于柜室或推车上的载物架上；无载物架的中小型灭菌器，可将物品放于网篮中。

（4）难以灭菌的物品放在上层，较易灭菌的物品放在下层；金属物品放下层，织物包放上层，物品装放不能贴靠门和四壁，以防吸入较多的冷凝水。

（5）金属包应平放，盘、碟、碗等应处于竖立的位置；纤维织物应使折叠的方向与水平面呈垂直状态；玻璃瓶等应开口向下或侧放以利于蒸汽进入和空气排出。

（6）启闭式筛孔容器，应将筛孔的盖打开。

4. 灭菌

(1)蒸汽的质量是影响灭菌效果的主要因素，其质量应该符合要求，水源一般要求蒸馏水。必须安装气水分离器，使灭菌过程中蒸汽的饱和度合格。

(2)灭菌操作程序应按压力蒸汽灭菌器生产厂家的操作使用说明书的规定进行；灭菌一般包括排气、灭菌、干燥等过程。

(3)压力蒸汽灭菌温度和时间的对应关系见表 3-3。

表 3-3　压力蒸汽灭菌温度和时间的对应关系

物料种类	灭菌时间/min	
	121℃下排气	132℃脉动真空
硬物(裸露)	15	3
硬物(包裹)	20	4
纺织物	30	4
液体	30	4

5. 灭菌后处理

(1)检查包装的完整性，若有破损不可作为无菌物品使用。

(2)湿包和有明显水渍的包不作为无菌包使用；启闭式容器，检查筛孔是否已关闭。

(3)每批灭菌处理完成后，应按流水号登册，记录灭菌物品包的种类、数量、灭菌温度、作用时间和灭菌日期与操作者等。有温度，时间记录装置的，应将记录纸归档备查。

(4)合格的灭菌物品，应标明灭菌日期，合格标志。

(5)灭菌后的物品，应放入洁净区的柜橱(或架子上，推车内)；柜橱或架子应由不易吸潮、表面光洁的材料制成，表面再涂以不易剥蚀脱落的涂料，使之易于清洁和消毒。

(6)储存的有效期受包装材料、封口的严密性、灭菌条件、储存环境等诸多因素影响。对于棉布包装材料、牛皮纸和开启式容器，建议温度在 25℃以下时保存 7～14 d，潮湿多雨季节应缩短天数。对于一次性无纺布、一次性包装纸和纸塑包装材料，其有效期为一年以上。

6. 灭菌过程监测

(1)实时监测。应该对灭菌锅内、套层内和蒸汽输送管道内的温度、压力等因素进行实时监测。应该对灭菌各步骤的时间进行记录。

(2)化学指示卡(管)监测方法。将既能指示蒸汽温度，又能指示温度持续时间的化学指示管(卡)放入物品包中央,经一个灭菌周期后,取出指示管(卡),根据其颜色及性状的改变判断是否达到灭菌条件。

(3)生物监测法。将内含式压力蒸汽灭菌监测管置于试验包中心部位。经一个灭菌周期后取出,挤破管中的培养基,经(56±1)℃培养至说明书规定时间,观察培养基颜色变化。检测时设阴性对照和阳性对照。

二、熏蒸器

熏蒸器是用来将消毒剂如甲醛、过氧化氢等加热形成气雾形态然后进行消毒灭菌的仪器。在生物安全实验室内,熏蒸器主要用于对局部空间和安全柜等仪器的消毒。目前国内应用较广的熏蒸器均具有遥控和自动中和功能,能够减少对环境和人体的危害。

1. 熏蒸消毒局部环境

熏蒸器可以通过加热多聚甲醛或煮沸福尔马林所产生的甲醛熏蒸清除房间和仪器的污染。这是一项需要由专门培训的专业人员来进行的、非常危险的操作。产生甲醛蒸气前,房间的所有开口(如门窗等)都应用密封带或类似物加以密封。熏蒸应当在室温不低于21℃且相对湿度70%的条件下进行。清除污染时气体需要与物体表面至少接触8 h。熏蒸后,该区域可以采用气态的碳酸氢铵或氨水来中和甲醛。必须在彻底通风后才能允许人员进入该区域。在通风之前需要进入房间时,必须佩戴适当的防毒面具。

采用过氧化氢溶液对小空间进行气雾熏蒸同样有效,但需要专门的熏蒸器。

2. 熏蒸消毒生物安全柜

清除Ⅰ级和Ⅱ级生物安全柜的污染时,要使用能让甲醛气体独立发生、循环和中和的熏蒸器。将适量的多聚甲醛(空气中的终浓度达到0.8%)放在熏蒸器的甲醛槽内。然后将含有比多聚甲醛多10%的氨水或碳酸氢铵溶液置于熏蒸器的另外一个中和槽内。如果安全柜内相对湿度低于70%,在使用强力胶带密封前部挡板前,还要在安全柜内部放置一个开口的盛有热水的容器。将熏蒸器置于生物安全柜内,用遥控器接通甲醛槽电源,当多聚甲醛完全蒸发时,断开电源,静置6~8 h。然后用遥控器接通中和槽电源,使氨水蒸发进行中和约30 min。中和过程中应短暂启动生物安全柜排风两次以协助气体中和。中和完毕后,启动生物安全柜排风约30 min后,擦拭安全柜表面上的残渣后方可使用。

三、紫外线灯管

紫外线杀菌消毒原理是利用适当波长的紫外线能够破坏微生物机体细胞中的

DNA(脱氧核糖核酸)或 RNA(核糖核酸)的分子结构,造成生长性细胞死亡和(或)再生性细胞死亡,达到杀菌消毒的效果。经试验,紫外线杀菌的有效波长范围可分为 4 个不同的波段:UVA(400～315 nm)、UVB(315～280 nm)、UVC(280～200 nm)和真空紫外线(200～100 nm)。

1.紫外线消毒灯和紫外线消毒器

(1)消毒使用的紫外线是 C 波紫外线,其波长范围是 200～275 nm,杀菌作用最强的波段是 250～270 nm,消毒用的紫外线光源必须能够产生辐照值达到国家标准的杀菌紫外线灯。

(2)要求用于消毒的紫外线灯在电压为 220 V、环境相对湿度为 60%、温度为 20℃时,辐射的 253.7 nm 紫外线强度(使用中的强度)不得低于 70 $\mu W/cm^2$(普通 30 W 直管紫外线灯在距灯管 1 m 处测定,特殊紫外线灯在使用距离处测定,使用的紫外线测强仪必须经过标定,且在有效期内;使用的紫外线强度监测指示卡,应取得卫生许可批件,并在有效期内使用)。

(3)紫外线灯使用过程中其辐照强度逐渐降低,故应定期测定消毒紫外线的强度,一旦降到要求的强度以下时,应及时更换。

(4)紫外线消毒灯的使用寿命,即由新灯的强度降低到 70 $\mu W/cm^2$ 的时间(功率≥30 W),或降低到原来新灯强度的 70%(功率＜30 W)的时间,应不低于 1 000 h。紫外灯生产单位应提供实际使用寿命。

2.适用范围及条件

(1)紫外线可以杀灭各种微生物,包括细菌繁殖体、芽孢、分枝杆菌、病毒、真菌、立克次体和支原体等,凡被上述微生物污染的表面,水和空气均可采用紫外线消毒。

(2)紫外线辐照能量低,穿透力弱,仅能杀灭直接照射到的微生物,因此消毒时必须使消毒部位充分暴露于紫外线。

(3)用紫外线消毒纸张、织物等粗糙表面时,要适当延长照射时间,且两面均应受到照射。

(4)紫外线消毒的适宜温度范围是 20～40℃,温度过高、过低均会影响消毒效果,可适当延长消毒时间,用于空气消毒时,消毒环境的相对湿度低于 80%为好,否则应适当延长照射时间。

(5)用紫外线杀灭被有机物保护的微生物时,应加大照射剂量。空气和水中的悬浮粒子也可影响消毒效果。

3.使用方法

(1)照射方式。最好使用便携式紫外线消毒器近距离移动照射,也可采取紫外灯悬吊式照射。对小件物品可放紫外线消毒箱内照射。

(2)照射剂量和时间。不同种类的微生物对紫外线的敏感性不同,用紫外线消毒时必须使用照射剂量达到杀灭目标微生物所需的照射剂量。通常情况下,对未知目标微生物进行消毒时,一般采用大于 60 W 紫外线灯,照射时间不低于 30 min。

4.注意事项

(1)在使用过程中,应保持紫外线灯表面的清洁,一般每两周用酒精棉球擦拭 1 次。

(2)用紫外线灯消毒室内空气时,房间内应保持清洁干燥,减少尘埃和水雾,温度低于 20℃或高于 40℃,相对湿度大于 60%时应适当延长照射时间。

(3)用紫外线消毒物品表面时,应使照射表面受到紫外线的直接照射,且应达到足够的照射剂量。

(4)不得使紫外线光源照射到人,以免引起损伤。

第五节 洗眼器、应急喷淋装置

一、洗眼器

根据《实验生物安全通用要求》(GB 19489—2008)的规定,应在实验室(BSL-2和 BSL-3)工作区配备洗眼装置。洗眼装置应安装在室内明显和易取的地方,并保持洗眼水管的通畅,便于工作人员紧急时使用。工作人员应掌握其操作方法。当在实验工作中遵循了所有应注意的事项以后,如发生腐蚀性液体或生物危害液体喷溅至工作人员的眼睛时,工作人员应该(或在同事的帮助下)在就近的洗眼台(洗眼装置)用大量缓流清水冲洗眼睛表面至少 15～30 min。

二、淋浴和应急喷淋装置

应急喷淋装置应保持管道的通畅,必须告知工作人员这些装置的摆放位置并培训其操作方法。在使用中可用大量冷水淋洗污染的部位,至少需要 20 min。如果为化学物品溅出污染,需要大量急水冲洗。

第六节　实验室主要实验仪器

一、离心机的使用和保养

(1)所有的离心机应处于正常的工作状态并具有合格的机械性能，以避免伤害事故的发生。根据厂家的说明书进行操作，并应制定标准操作程序。

(2)离心机应放到适宜的位置和高度，以便工作人员能看见离心桶并便于进行更换转头、放好离心管、拧紧转头盖等各项操作。

(3)用于离心的离心管和标本容器应该根据厂家要求选用，最好使用塑料制品，而且在使用前应检查有无破损。要注意所使用的离心管或容器必须能耐受所设定的离心力或速度，以防止离心管或标本容器破裂。用于离心的离心管和标本容器应始终盖严，要尽量用螺旋盖。操作感染性物质必须在安全柜内打开盖子。

(4)使用转头时应注意转头盖与转头型号是否匹配。

(5)操作病原微生物时，离心桶的转载、平衡、密封和打开必须在生物安全柜内进行。

(6)离心管放到恰当位置后，离心桶要配平，以保持平衡。空离心桶配平时应该用蒸馏水，不应使用盐水和次氯酸盐溶液。离心管内液面水平，距管口应留出一定空隙，以确保离心过程中液体不会溢出，尤其是使用角转头时更要注意。操作高致病性病原微生物必须使用封闭的离心桶(安全杯)。

(7)应该每天检查在特定的转速下，离心杯或转头的内表面有无污物，如果有的话，则需要重新评估离心的规程。离心转头和离心桶应每天检查有无腐蚀点以及极细的裂隙，以确保安全。离心桶、转头和离心机腔每次用后都应该消毒。每次用后，应该把离心桶或转头倒放，以排净离心配平的液体或防止冷凝水残留。

(8)为保证安全，对于高致病性病原微生物，必须要高度警惕离心过程中产生的气溶胶风险。应尽量使用生物安全型离心机。如果离心机为非生物安全型，那么大型离心机上应加装负压罩，以及时吸出离心机排除的气体，并排至实验室的过滤通风系统，在 BSL-3 及以上级别实验室尤其注意。小型离心机则可放在生物安全柜内离心，但要注意其对安全柜气流的影响。如果不能在安全柜内离心也无负压罩，则必须将密封的转头在安全柜内打开。所有的离心管必须带盖密封，其开启应在安全柜内进行。

二、培养箱的使用和保养

(1)所有的培养箱都应具备合格的产品质量，以保证能够正常工作，以因故障而造成的生物安全事故的发生。根据厂家的说明书进行操作，并应制定标准操作程序，避免人为操作造成的仪器故障。

(2)培养箱应放置在适当的高度以及水平的位置，以便于培养物品的取放，同时确保培养物品放置处于水平状态。

(3)培养箱如果需要通气(CO_2)时，必须确保管道通畅并且不发生泄漏，气源最好由清洁区供应。在生物安全实验室内用于高致病性病原微生物使用的培养箱，必须在通气管道末端加装 HEPA 过滤装置，以防止进气口暴露时发生病原微生物的泄漏。

(4)如果在培养箱内发生病原微生物泼洒喷溅，应及时对培养箱内污染部位进行消毒处理。通过生物学检测，未发现病原微生物后，方可继续使用培养箱。

(5)实验工作结束后，应对培养箱内部进行终末消毒，并进行微生物检测，以确保培养箱内没有病原微生物残余，从而避免发生病原微生物污染的事故。

(6)每年必须对培养箱温度控制和通气控制进行检定一次以上。

三、冰箱和速冻器的使用和保养

(1)冰箱、低温冰箱和固体干冰盒要定期除霜和清扫。其中所有的物品在储存过程中发生破裂的要及时取走。在清扫的过程中应佩戴面部保护装置并戴手套，清扫后，对仪器内表面进行消毒处理。

(2)所有保存在冰箱里的容器，都应该有清楚的标签，并且标签上有内容物的名称、储存日期和储存人姓名。无标签的和过期的材料应高压灭菌后丢弃。对于冰箱内的储存物应有详细的目录。

(3)除非有防爆措施，严禁将易燃液体保存在冰箱里，冰箱的门上应张贴标准操作程序和注意事项。

(4)对于储存高致病性病原微生物菌毒种的冰箱应实行双人双锁，并且必须在等到实验室负责人同意后方可开取。严格控制高致病性病原微生物菌毒种，确保不发生人为外泄事件。

第四章　个人防护装备

生物安全实验室内使用的个人防护装备(personal protective equipment, PPE)是指用于防止工作人员受到物理、化学和生物等有害因子伤害的器材和用品。在高等级生物安全实验室的工作环境中，个人防护装备主要是防治与感染性材料的直接接触，从而避免因暴露引起的感染，个人防护装备的正确选择和使用是预防实验生物及其他有害因素综合措施中的第一级预防，是保证实验室生物安全、应对突发事件、维护实验操作人员的安全和健康的重要物质保障。

人体各个部位都有相应的防护设备，包括：面罩、防护目、口罩镜、呼吸器、听力保护器、防护服、手套、防护鞋、鞋套等(表 4-1)。

个人防护装备的选择根据实验环境和实验对象的性质来确定选用个人防护用品。在生物安全实验室中，这些器材和用品主要是保护实验人员免于暴露于生物危害物质(气溶胶、喷溅物以及意外接种等)危险的一种物理屏障。需要注意的是，选择适当的防护设备，使得实验在安全和便于操作的前提下进行。

使用个人防护装备时应当注意：

第一，个人防护用品应符合国家规定的有关标准；

第二，使用前应仔细检查，不使用标志不清、破损或泄漏的防护用品；

第三，在危害评估的基础上，按不同级别的防护要求选择适当的个人防护装备；

第四，正确使用个人防护用品，使其发挥有效的防护作用。

表 4-1　各级生物安全实验室的个人防护要求

实验室级别	头面部	呼吸道	身体	手部	足部
BSL-1	防护目镜(必要时)		工作服	手套	
BSL-2	防护目镜(必要时) 帽子	口罩	工作服	手套	鞋套
BSL-3	防护目镜或面罩 帽子	N95 口罩 正压呼吸器	连体衣 反穿衣	两层手套	鞋套或靴套
BSL-4	护目镜或面罩	正压呼吸器	正压工作服 反穿衣	两层手套	鞋套或靴套

第一节 生物防护装备

生物防护装备主要是对生物有害因子进行防护的器材和用品，根据病原微生物的分类分级、实验使用剂量和感染剂量、所进行的实验活动、可能的感染途径和暴露结果等危险因素，确定相适应的生物安全等级实验室进行实验，并进行相应等级的个人防护。

一般来讲，通过呼吸道传播的病原微生物，或进行容易产生气溶胶的实验活动时，就必须采用适当的呼吸防护器；通过接触传染（如皮肤破损、黏膜等）的病原微生物，或操作有锐器等的实验活动，则必须加强手、眼、口鼻的防护。下面就对生物安全实验室常用的个人防护装备的原理、使用方法及注意事项进行介绍。

一、呼吸防护装备

一般的呼吸防护用品根据防尘原理可分为两大类：一类是过滤式呼吸防护器，主要是使空气通过过滤装置，滤去污染的物质而使空气净化；另一类是供气式呼吸防护器或称隔离式呼吸防护器，此类呼吸防护器吸入的空气不是现场空气，而是另外供给。

（一）口罩

以佩戴者自身呼吸为动力，将佩戴着吸入和呼出的气体都予以过滤净化，从而达到对佩戴者自身和样品都进行防护。适用于空气中有害物质浓度不高，并且空气中氧含量不低于18%的环境。

1. 普通口罩

普通实验室内使用一次性使用的无纺布口罩，结构简单，阻尘率低，无法对形成气溶胶的感染性生物因子进行有效防护，实验室内使用主要是作为第一道物理屏障，对感染性液体的飞溅进行初步防护。

2. N95 口罩

生物安全实验室内另一种广泛使用的是 N95 口罩，它是 NIOSH（美国国家职业安全健康协会）认证的 9 种防颗粒物口罩中的一种，N 代表其材质仅适用于过滤非油性粉尘，95 代表其过滤效能达至少达 95%效能。N95 口罩防护作用的发挥依赖口罩的正确使用，尤其需要注意的是，口罩的罩面是过滤层，只有当吸入的空气完全通过口罩罩面过滤才能达到有效的滤过率，换言之，口罩必须与佩戴者脸部紧密贴合，避免空气通过口罩和脸部的缝隙进入。所以，佩戴 N95 口罩需要注意：需要进行培训和口罩密合性测试；不要在低氧的环境及感染性病原微生物浓度过高的环境中(如产生大量气溶胶的意外事故时)使用;佩戴完毕时,个人深吸气时口罩应该略有塌陷;在口罩失效时及时更换口罩。

3.呼吸全面罩

呼吸全面罩,仍然是以佩戴者的呼吸作为呼吸器的主要动力。当考虑到对眼部和面部的保护时,如进行容易发生液体飞溅的操作时,或对泼溅事故处理时,可以使用呼吸全面罩,呼吸全面罩的有效防护作用也是依赖于面罩的正确佩戴,需要面罩边缘与面部有良好的贴合,确保空气只能通过过滤装置进行过滤。需要注意的是,带入实验室的呼吸全面罩未经有效消毒不得随意带出实验室。面罩上的过滤盒需要及时更换。

4.正压呼吸面罩

当进行高浓度的病原微生物的操作,进行感染性动物实验,或者是发生离心管破裂、泼洒等事故时,实验室内可能存在大量感染性气溶胶时,需要选择正压呼吸面罩或正压防护服。选择正压呼吸器时,除了考虑空气过滤器方面的要求外,还需要考虑选择使用方便,能够使得实验操作行动自如,装置的体积、重量以及电池使用时间,佩戴是否舒适等各方面进行选择。

一般正压呼吸面罩包括面罩和电动送风呼吸防护设备两个部分。使用时需要注意:检查设备应完好、无损、安装正确,如有任何损坏或有缺陷部件,及时更换;根据使用说明对面罩、电机、供电、送风做使用前检查;在第一次使用前进行校准,并且每间隔一段时间进行校准一次;一段时间未使用呼吸器时,必须对供电进行检查,如使用电池,则必须重新充电;常规性检查过滤装置、送风流量;注意防止呼吸管卷绕在突出的物体上;使用过程中如发现气流降低等警报,或感觉有异味,应立即撤出污染区,检查故障原因。

二、躯体防护装备

根据不同级别的生物安全防护实验室配备了不同防护水平的防护服供实验所需。防护服包括:普通实验服、隔离衣、连体衣、围裙及正压防护服。进入实验区域前必须换上清洁的防护服,并正确穿着;离开实验区域时,必须按流程脱去防护服,或放置于专门的存放处,或者进入消毒灭菌程序。在实验过程中,如防护服不慎被污染,必须进行更换,并将被污染的防护服置入消毒灭菌袋中,防止污染扩散。反复使用的防护服,必须按实验室规定按清洁消毒,一次性使用的防护服必须消毒灭菌后丢弃。

(一)普通实验服

普通实验服大多是反复使用,仅作为初步的物理屏障防护,选择合身并且舒适的即可，按时清洁或消毒，只在实验区域穿着，与平时衣物分开放置。可作为普通实验室清洁，维护时使用，或在一级生物安全实验室内进行实验操作时使用。

（二）连体衣

连体衣由于上下装的连合，使之有完整的防护物理屏障，有些连体衣还连合了帽子和鞋套，使得防护更全面和完整。并根据防护环境的要求，选用特殊面料或对面料进行特殊处理后，使得连体衣有防水、防气溶胶、防病原体污染穿透、防化及防辐射等。针对防气溶胶的防护服，还有胶条型的连体衣，保证防护服的边缝结构的密封，防护能力更强。

（三）防护服在使用过程需要注意

（1）选择适合个人体型的防护服尺码。穿着后向上伸直手臂，以袖子不回缩为宜，如回缩明显，则需要更换大一号的防护服。

（2）穿戴者应该检测线缝和侧翼的完整性。线缝开裂意味着防护性的降低；一旦被污染、磨损或破损，应该立即脱去防护服并及时适当地进行处理。

（3）如果需要加强正面的防水防护时，可以选择使用有塑料涂层的反穿衣或围裙，如感觉连体衣衣袖不够长时，可以加用防水袖套等。

三、手部防护装备

在实验室内，手是与病原微生物最直接的接触部分，也是最容易被污染的部分，对手部的防护需要注意防护的强度和保持手部操作的灵活性之间的平衡。在实验室内，容易对手部造成的危害有：锐器、污染样品、动物的抓咬、化学品、辐射、冷和热等。针对不同的伤害可以选用不同功能的手套进行实验操作，如按功能分隔热手套、防冻手套、防化手套、防刺穿手套等；按材料分乳胶手套、丁腈手套、橡胶手套、特殊材料等。一般实验室实验人员主要选择符合防水、耐腐蚀、防渗透、灵活、舒适、握牢、耐撕、耐扎等要求的手套。在实验前应对实验人员进行正确戴脱手套的培训。

（一）手套的选择

生物安全实验室一般操作选用医用级别的乳胶手套，如考虑到实验室内空气过滤器对个人防护无尘的要求，则选择无尘手套，并且根据不同实验人员的手部大小选用大小合适的手套，如进行有血液传播或破损皮肤传播疾病的病原体操作，可选择更为耐扎的丁腈手套、混合材料手套或金属丝手套。进行液氮等的操作时，需要更换防冻手套。进行烘箱等具有高温设备操作时，更换隔热手套。

（二）手套的使用

按自己手的大小，选择合适的手套尺寸；在佩戴前，检查手套是否存在破损；低等级生物安全实验室内使用单层手套，高等级生物安全实验内使用双层手套；手套腕部覆于防护服袖口部分；在操作过程中，如发生手套污染，则及时消毒并更换；在实验过程中，戴手套的手不随意接触头、面部及其他身体部位；实验过程中，戴手套的手不进行一切不必要的动作，避免接触门、点灯开关、电话、书籍等；整个实验过程都必须保证戴手套进行，实验结束，摘掉手套后，及时清洁手部。

（三）手套的检查

手套是手部的防护，其有效的防护作用基于手套完整无损，所以在使用前一定要检查手套的完整性，检查手套是否清洁，有无退色、穿孔等。最常用的方法就是通过充气试验来检查手套的质量，一般建议实验人员在戴手套之前向手套内进行吹气检查，简单地检查手套是否漏气及是否仍然保持良好的弹性。

四、眼部防护装备

（一）防护目镜

在生物安全实验室内，考虑到对感染性气溶胶的污染眼结膜的预防，或意外泼溅的发生，实验室在不使用全面罩的时候，会选用防护目镜。目镜选择防化、防冲击、防雾、重量轻、佩戴舒适、视野开阔、无色透明的防护目镜。实验过程中目镜如被污染，则立即停止实验，脱下目镜，更换目镜或离开污染区域。实验完毕，应对目镜进行消毒，如使用消毒剂，则应考虑对病原体有效且不破坏目镜材料的消毒剂进行消毒。不得随意带离实验区域。

（二）洗眼装置

根据《实验室生物安全通用要求》(GB 19489—2004)的规定，二级及三级生物安全实验应当配备洗眼装置，在发生泼溅意外时，如样品进入眼睛内，应及时使用洗眼装置，大量洗眼水冲洗。在实验室内，洗眼装置必须放置在实验室的固定位置，并且容易到达，并告知所有实验室人员，熟记洗眼装置的位置和使用方法。对长期未使用的洗眼装置，做好清洁消毒工作，并且定时更换洗眼水。

五、其他个人防护装备

（一）足部防护装置

在实验室内最后更换实验专用鞋，保证防水、防腐蚀、防老化，同时能够达到舒适的要求。实验专用鞋应定期清洁消毒。在二级和三级生物安全实验室内要求使用鞋套或靴套，在意外泼洒发生时，及时更换。在实验完毕时，脱去鞋套或靴套，置于消毒灭菌袋中，统一消毒灭菌。

(二)听力防护装置

一般实验室为保持通讯不使用阻碍听力的装置,如在高分贝环境下,如超声处理细胞时,应当佩戴耳塞或耳罩。在污染区域的听力防护装置,不得随意带出,必须通过消毒灭菌后方可带出。

第二节 化学防护装备

在生物安全实验室内,除了病原微生物的风险因素外,还存在危险化学品的危害,由于化学品的毒副作用和暴露途径以及操作、储存这些化学品的相关危险,在实验室内进行相关危险化学品操作时,必须注意穿戴化学防护装备。

根据化学品的分类:爆炸品、压缩气体和液化气体、易燃液体、易燃固体、自燃物品和遇湿易燃物品、氧化剂和有机过氧化物、毒害品、腐蚀品、放射性物品,要求防护装备具有防爆、防毒、防火、防腐蚀、防辐射等功能。

防化防护装备的分类:头部防护、足部防护、眼面部防护、呼吸防护、手部防护、身体防护等。

一般在生物安全实验室内需要配备的防护装备:危险品标识、防火设备(包括灭火器、火警预警装置)、防化手套、防毒面具、防化防护服、防化鞋、逃生呼吸器等。最常用的即为呼吸系统防护用品、眼睛的防护用品、身体防护品和手部防护。如过滤式防毒面具(防尘口罩)、化学防护目镜、橡胶连体衣、乳胶手套等。

需要注意的是,化学防护装备必须有固定位置放置,并让每位实验室人员知晓。平时处理化学品时,必须更换衣服,佩戴手套,处理危险化学品时,选戴防护目镜或面罩。当事故发生时,必须及时和正确使用化学防护装备。实验室内定期进行个人防护装备的使用培训和质量检查。选择正确的个人防护还有赖于对化学品性质的了解,如对挥发性化学品处理时,应当注意呼吸道的防护,所以,不断强化实验室人员对化学品知识的了解,也是预防的基础。

第三节 其他防护装备

一、防辐射防护装备

在实验室内从事放射性核素的实验活动时,具有发生电离辐射污染的危害,所有涉及放射性核素的实验活动都必须遵守《放射性核素与射线装置放射防护条例》。个人防护装备对放射性核素的阻碍并不完全，一般的防毒面具、防毒服、防毒手套和防毒靴套具有阻挡放射性灰尘的伤害。在使用防辐射防护装备时，仍然需要注意尽可能减少辐射暴露的时间，尽可能增加与辐射源之间的距离，使用高密度铅进行辐射防护时，注意保证实验的可操作性。实验室对进行那个操作放射性核素的区域应当有醒目的标识，实验过程中，严禁徒手操作、饮水等。实验结束，用辐射测量计检测防护装备的辐射情况并做记录。

二、其他防护装备

生物安全实验室内使用电气设备、紫外线和激光设备、噪声等都可产生损害实验人员的危害。在具有危害的环境中工作，必须注意对个人的保护，个人防护用品是对个人健康的保护，保证实验安全的重要装备。对危害因素进行正确的风险评估，采取适当的个人防护，在安全的环境中进行工作是实验室工作的基础。在紫外线环境下工作需要注意对眼部的防护，即正确和及时佩戴护目镜。对电气设备危害的预防，要求实验人员按要求穿防护服，戴面罩、手套等。需要注意的是，各种防护目的的个人防护装备必须有固定的放置地点、严禁挪作他用。个人防护装备的正确使用也需要实验室提供长期的培训。

第五章　生物安全实验室危险标识

危险标识是在实验场所及其相关场所的危险生物、化学品及特殊场地，用简单、明了、易于理解的文字、图形、数字的组合形式表述其危险特性及注意事项等的一种警示标志。除上述说明的地点需要注明危险标识以外，实验室以及与实验室有关的其他场所也应注明相应的危险标识，如非吸烟场所、有可能污染的区域以及与水、电等危险有关的闸门、线路和仪器、设备等都必须有明显的危险标识。

第一节　概　　述

生物安全实验室危险标识是在实验场所及其相关场所的危险生物、化学品及特殊场地，用简单、明了、易于理解的文字、图形、数字的组合形式表述其危险特性及注意事项等的一种警示标志。

同国际标准组织的有关标准接轨，我国关于安全标志、危害警示标识也制定了一系列标准，规定了需要使用安全标志、危害警示标识的条件以及使用规范。

生物安全实验室是专门从事具有生物危害的病原微生物的场所，必然涉及感染性因子所引起的生物危害，同时还存在其他职业危害因素。国家标准GB 19489—2004《实验室生物安全通用要求》中已经规定："实验室的每个出口和入口应可分辨，入口处应有标记，标记应包括国际通用的危险标志(如生物危险标志、火险标志和放射性标志)以及其他有关的规定的标志。""通向工作区的所有进出口都应标明存在其中的危险，尤其应注意火险以及易燃、有毒、放射性、有害和生物危险材料。实验室管理层应负责定期评审和更新危险标识系统以确保其适用现有的危险。该活动每年应至少进行一次。"

第二节　图 形 标 识

一、生物危害标识的使用

(1)生物安全实验室所在的建筑物入口、实验室入口及核心工作间均应粘贴标生物危害的国际通用标志，危害标志应说明正在操作的病原微生物种类，负责人的名单和电话号码，特别要标示出对进入生物安全实验室人员的防护要求。有时还应指出不适合进入生物安全实验室的特殊人员（诸如没有免疫接种、孕妇和易感人员）。

（2）凡是盛装生物危害物质的容器、运输工具、进行生物危险物质操作的仪器和专用设备等都应粘贴标有相应的生物危害标识。

二、图形标识的分类

参照 GB 2894—1996《安全标志》、GBZ 158—2003《工作场所职业病危害警示标识》等，危险标识系统的图形标识分为禁止标识、警告标识、指令标识和提示标识。

禁止标识——禁止不安全行为的图形，如“禁止入内”标识。

警告标识——提醒对周围环境需要注意，以避免可能发生危险的图形，如“当心中毒”标识。

指令标识——强制做出某种动作或采用防范措施的图形，如“戴防毒面具”标识。

提示标识——提供相关安全信息的图形，如“救援电话”标识。

此外，世界卫生组织（World Health Organization，WHO）和联合国危险物品运输委员会（Union Nations Committee on the Transport of Dangerous Goods）等国际组织规定了生物安全危害标识和危险品运输标识，为了与国际标准协调一致，便于国际交流与合作，我国有关主管部门也规定了与国际通用的生物安全危害标识和危险品运输标识相一致的有关标识。

（一）禁止标识

禁止标识的图形为圆环加斜线，安全色为红色，背景色为白色，标识图色为黑色，用于禁止不安全的行为。如表 5-1 所示。

表 5-1　生物安全实验室常用禁止标识

编号	图形标志	名称	说明
1-1		禁止吸烟 No smoking	生物安全实验室作为工作场所禁止吸烟

续表 5-1

编号	图形标志	名称	说明
1-2		禁止启动 No starting	生物安全实验室可能引起各种危害的设备暂停使用或维修时，如设备检修、更换零件等。设置在该设备附近
1-3		禁止入内 No entering	高危工作区工作时，如 BSL-4 核心工作间；或维护、检修存在危害的装置时，如更换过滤器；或实验室发生意外时，如生物危害物质泄漏时；根据现场实际情况设置
1-4		禁止通行 No thoroughfare	类似于 1～3 的情形，置于相关危险源通道口

(二)警告标识

警告标识的图形为等边三角形，安全色为黄色，背景色为黑色，标识图色为黑色，用于提醒对周围环境引起注意，以避免可能发生的危险。如表 5-2 所示。

表 5-2　生物安全实验室常用警告标识

编号	图形标志	名称	说明
2-1		注意安全 Caution, danger	生物安全实验室相对危险区域
2-2		当心火灾 Caution, fire	易燃易爆化学品存放处

续表 5-2

编号	图形标志	名称	说明
2-3		当心爆炸 Caution, explosion	易燃易爆化学品存放处；压力设备附近
2-4		当心腐蚀 Caution, corrosion	存在腐蚀性物质的场所
2-5		当心中毒 Caution, poisoning	使用有毒物品的场所
2-6		当心感染 Caution, infection	存在病原微生物样本的场所，包括操作、存放病原微生物样本的仪器设备，病原微生物样本的包装
2-7		当心电离辐射 Caution, ionizing radiation	产生电离辐射危害的场所
2-8		当心绊倒 Caution, stumbling	管道设备层

(三)指令标识

指令标识的图形为圆，安全色为蓝色，背景色为白色，标识图色为白色，用于强制做出某种动作或采用防范措施。如表 5-3 所示。

表 5-3 生物安全实验室常用指令标识

编号	图形标志	名称	说明
3-1		必须戴防护眼镜 Must wear protective goggles	对眼睛有危害的工作场所，如可能有化学品或固体液体喷溅的情况，操作眼黏膜传播的感染性物质时
3-2	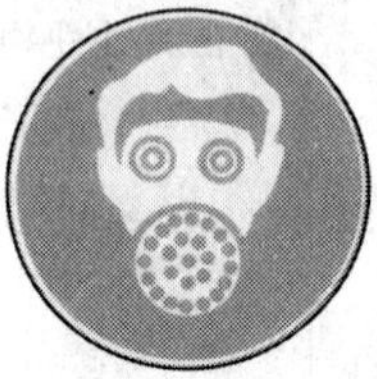	必须戴防毒面具 Must wear gas defence mask	可能产生吸入中毒的工作场所，特别是化学气体或气溶胶
3-3	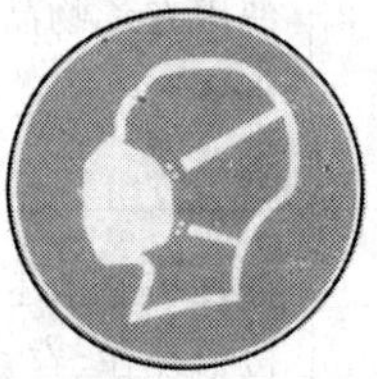	必须戴防护口罩 Must wear dustproof mask	需要呼吸道防护的工作场所，特别是呼吸道传播的感染性物质操作时
3-4		必须戴护耳器 Must wear ear protector	噪声超过国家标准的工作场所，如设备层
3-5		必须戴安全帽 Must wear safety helmet	需要头部防护的场所，如设备层
3-6		必须戴防护帽 Must wear protective cap	BSL-2 及以上工作区

续表 5-3

编号	图形标志	名称	说明
3-7		必须戴防护手套 Must wear protective gloves	需对手部进行保护的工作场所，所有 BSL 实验室工作区
3-8		必须穿防护鞋 Must wear protective shoes	需对脚部进行保护的工作场所，如动物饲养室
3-9		必须穿防护服 Must wear protective clothes	具有放射、高温及其他需穿防护服的工作场所，BSL-1 和 BSL-2 需要穿专用工作服，BSL-3 和 BSL-4 需要穿专用防护服
3-10		必须加锁 Must be locked	感染性样本存放设备

(四)提示标识

提示标识的图形为正方形和长方形，安全色为绿色，背景色为白色，标识图色为白色，用于向人们提供某种信息(如标明安全设施或场所等)。如表 5-4 所示。

提示标识提示目标的位置时要加方向辅助标志。按实际需要指示左向或下向时，辅助标志应放在图形标志的左方，如指示右向时，则应放在图形标志的右方，如图 5-1 所示。

(五)生物危险标识

我国 GB 50346—2004《生物安全实验室建筑技术规范》正文规定，“在二级至四级生物安全实验室的入口，应明确标示出操作所接触的病原体的名称、危害等级、预防措施负责人姓名、紧急联络方式等，同时应标示出国际通用生物危险符号，如图 5-2 所示。生物危险符号的颜色应为黑色，背景为黄色。”在 GB 50346—2004 的条文说明中，进一步对标识的制作和使用作出了解释：“二级至四级生物安全实验室的操作对象都不同程度地对人员和环境有危害性，因此根据国际相关标准，生物安全实验室入口处必须明确标示出国际通用生物危险符号（我国生物危险标识与国际通用的生物危险标识相一致）。生物危险符号可参照图 5-2a 绘制。在生物危险符号的下方应同时标明实验室名称、预防措施负责人、紧急联络方式等有关信息，可参照图 5-2b。”

图 5-1 应用方向辅助标志示例

表 5-4 生物安全实验室常用提示标识

编号	图形标志	名称	说明
4-1		紧急出口 Emergent exit	指示逃生路线，要求在黑暗中能够辨识。通常需要加方向辅助标志，见图 5-1。

生　物　危　害

授权人员方可进入

生物安全水平：________________

责任人：________________

紧急联系电话：________________

白天电话：__________　家庭电话：__________

必须得到上述责任人的授权方可进入

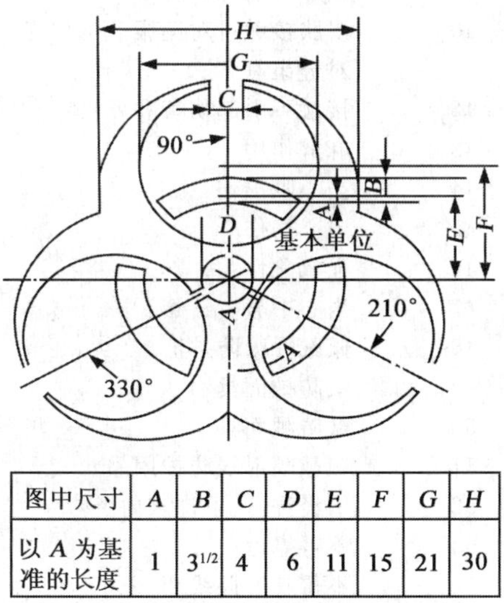

图中尺寸	*A*	*B*	*C*	*D*	*E*	*F*	*G*	*H*
以 *A* 为基准的长度	1	$3^{1/2}$	4	6	11	15	21	30

a

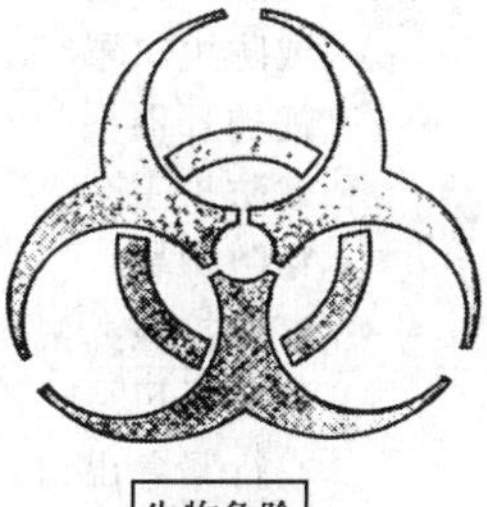

生物危险

非工作人员严禁入内

实验室名称		预防措施负责人	
病原体名称		紧急联络方式	
生物危害等级			

b

图 5-2　WHO 推荐的张贴于实验室门上的生物危害警告标识

a. 生物危险符号的绘制方法；b. 生物危险符号及实验室相关信息

第三节　警示语句和文字

警示语句和文字是一组表示禁止、警告、指令、提示或描述工作场所职业病危害的词语。GBZ 158—2003《工作场所职业病危害警示标识》附录C收录的基本警示语句见表5-5。

表 5-5　基本警示语句

编号	语句内容	编号	语句内容
1	禁止入内	29	刺激皮肤
2	禁止停留	30	腐蚀性
3	禁止启动	31	遇湿具有腐蚀性
4	当心中毒	32	窒息性
5	当心腐蚀	33	剧毒
6	当心感染	34	高毒
7	当心弧光	35	有毒
8	当心辐射	36	有毒有害
9	注意防尘	37	遇湿分解放出有毒气体
10	注意高温	38	当心有毒气体
11	有毒气体	39	接触可引起伤害
12	噪声有害	40	皮肤接触可对健康产生危害
13	戴防护镜	41	对健康有害
14	戴防毒面具	42	接触可引起伤害和死亡
15	戴防尘口罩	43	麻醉作用
16	戴护耳器	44	当心眼损伤
17	戴防护手套	45	当心灼伤
18	穿防护鞋	46	强氧化性
19	穿防护服	47	当心中暑
20	注意通风	48	佩戴呼吸防护器
21	左行紧急出口	49	戴防护面具
22	右行紧急出口	50	戴防溅面具
23	直行紧急出口	51	佩戴辐射线防护用品
24	急救站	52	未经许可，不许入内
25	救援电话	53	不得靠近
26	刺激眼睛	54	不得越过此线
27	遇湿具有刺激性	55	泄险区
28	刺激性	56	不得触摸

实验室应根据实际状况进行选用。除以上基本警示语句外，在特殊情况下，可自行编制适当的警示语句。

警示语句既可单独使用，又可组合使用，也可构成完整的句子。

第四节　生物安全实验室标识系统认可评价标准

《实验室生物安全通用要求》(GB 19489—2008 报批稿)中在多处对标识提出了要求："在实验室入口处设置生物危险标识"，"动物饲养室的入口处设置醒目的标识并实行严格的准入制度"，"应设计紧急撤离路线，紧急出口应有明显的标识"，"发生生物危险物质溢洒时……关门并张贴"禁止进入"、"溢洒处理"的警告标识"，并且在第七章"管理要求"第四节"安全管理体系文件"中，单独对标识系统提出了要求，针对生物安全实验室标识系统的认可评价标准如下：

- 实验室用于标示危险区、警示、指示、证明等的图文标识是管理体系文件的一部分，包括用于特殊情况下的临时标识，如"污染"、"消毒中"、"设备检修"等。
- 标识应明确、醒目和易区分。只要可行，应使用国际、国家规定的通用标识。
- 应系统而清晰地标示出危险区，且应适用于相关的危险。在某些情况下，宜同时使用标识和物理屏障标示出危险区。
- 应清楚地标示出具体的危险材料、危险，包括生物危险、有毒有害、腐蚀性、辐射、刺伤、电击、易燃、易爆、高温、低温、强光、振动、噪声、动物咬伤、砸伤等；需要时，应同时提示必要的防护措施。
- 应在需验证或校准的实验室设备的明显位置注明设备的可用状态、验证周期、下次验证或校准的时间等信息。
- 实验室入口处应有标识，明确说明生物防护级别、操作的致病性生物因子、实验室负责人姓名、紧急联络方式和国际通用的生物危险符号；适用时，应同时注明其他危险。
- 实验室所有房间的出口和紧急撤离路线应有在无照明的情况下也可清楚识别的标识。
- 实验室的所有管道和线路应有明确、醒目和易区分的标识。
- 所有操作开关应有明确的功能指示标识，必要时，还应采取防止误操作或恶意操作的措施。
- 实验室管理层应负责定期(至少每 12 个月一次)评审实验室标识系统，需要时及时更新，以确保其适用现有的危险。

第六章　理化和消防安全

安全管理的危险源通常来自于工作环境。为建立合理等级的生物安全所需配套的安全、有效的支撑环境，安全因素需要考虑包括化学品、辐射、电器及消防安全管理四方面的最低要求。这些支撑性基本条件既衔接实验室生物安全涉及的相关法规、标准及技术规范的原则与要求，又要充分考虑具体实施要点、工作环境认证认可的要求。实验室生物安全体系的建设应对所有拟从事活动的风险进行评估，对化学、物理、辐射、电气、水灾、火灾、自然灾害等的风险进行有效的预防和控制。

第一节　化学安全

国际劳工组织第170号化学品公约为化学品所下的定义是："化学品是指各类化学元素、化合物和混合物，无论其为天然的或人造的。"实验室是化学品使用率较集中的地方，涉及化学品的运输、储存和使用。化学品，特别是危险化学品都有不同的毒性作用，可能对人体呼吸系统、血液、肺、肝脏、肾脏和胃肠道系统以及其他器官和组织造成不良影响或严重损害，并可产生致癌性或致畸性。一些可溶性蒸气在吸入后有急性毒性作用或呈慢性发作，其中可包括协调性差、嗜睡及类似症状。长期反复接触许多液态有机溶剂可能造成皮肤损害，或者出现过敏和腐蚀症状。实验室化学品操作不当会引起火灾、爆炸等事故。实验室所排放的化学品废气、废水和固体废弃物如果不进行任何预处理就排放到环境中去，不仅影响人员的健康，而且严重污染环境。

一、危险化学品的种类与危险性

"化学品中符合有关危险化学品(物质)分类标准规定的化学品(物质)属于危险化学品。"目前，国际通用的危险化学品分类标准有《联合国危险货物运输建议书》与《危险化学品鉴别分类的国际协调系统(GHS)》。国内标准包括GB 13690—92《常用危险化学品分类与标志》与GB 6944—86《危险货物分类与品名编号》、GB 12268—90《危险货物品名表》。按照国务院第344号令《危险化学品安全管理条例》与GB 13690—92，八大类危险化学品分别是：①爆炸品，②压缩气体和液化气体，③易燃液体，④易燃固体，⑤自燃物品和遇湿易燃物品，⑥氧化剂和有机过氧化物，⑦有毒品和⑧腐蚀品。

二、不相容化学品

(1)不相容化学品的一般原则。为避免剧烈化学反应发生火灾或爆炸，表 6-1 中左边一栏的物质在储存和操作中应避免接触表 6-1 中右边一栏里相对应的物质。表 6-2 所列的是常见的不相容化学品。

表 6-1　关于不相容化学品的一般原则

化学物质类别	不相容化学品
碱金属，如钠、钾、铯以及锂	二氧化碳、氯代烃、水
卤素	氨、乙炔、烃
醋酸、硫化氢、苯胺、烃、硫酸	氧化剂，如铬酸、硝酸、过氧化物、高锰酸盐

表 6-2　不相容化学品一览

乙酸	铬酸，硝酸，氢氧化物，乙二醇，高氯酸，过氧化物，过锰酸盐
乙酸酐	氢氧化物
丙酮	硝酸，硫酸混合物，过氧化氢
乙炔	氯，溴，铜，银，氟，水银
碱性金属(钠，钾，镁，钙)	二氧化碳，四氯化碳，其他氯代烃类
无水氨水	水银，氯，次氯酸钙，碘，溴，氟化氢，无机酸
硝酸铵	酸，金属粉末，易燃液体，氯酸盐，亚硝酸盐，硫，有机粉末，易燃物
苯胺	硝酸，过氧化氢
五硫化二锑	氯酸盐，硝酸盐，其他氧化剂，酸类
溴	氨，乙炔，丁二烯，丁烷，钠电石，松节油，苯，细金属
次氯酸钙	酸，水
氧化钙	水
碳	次氯酸钙，其他氧化剂
氯酸盐(氯化钾)	铵盐，氨基酸，金属粉末，硫，次磷酸盐，机粉末，易燃物
氯	氨，乙炔，丁二烯，丁烷，其他石油气体，氢，碳氢化合物，钠，电石，松节油，苯，金属粉末

续表 6-2

二氧化氯	氨,一氧化碳,汞,甲烷,磷化氢,硫化氢
氯磺酸	水,金属
铬酸和铬酸酐	乙酸,萘,莰酮,甘油,松节油,酒精,其他易燃液体
铜	乙炔,过氧化氢
异丙苯过氧化氢	脂肪酸
氰化物	酸,硝酸盐或亚硝酸盐,熔融钾或钠盐
水合肼	过氧化氢,硝酸,任何氧化剂
碳氢化合物(苯,丁烷,丙烷,汽油,松节油等)	氟,氯,溴,铬酸,过氧化物
盐酸	硝酸,氯酸盐,其他氧化剂,普通金属
氢氰酸	硝酸,碱
氢氟酸(无水),氟化氢	氨(含水或无水)
过氧化氢	铜,铬,铁,大多数金属或其盐类,任何易燃液体或易爆材料,苯胺,硝基甲烷
硫化氢	烟硝酸,氧化气体,其他氧化物质
碘	乙炔,氨(含水或无水),氢
汞	乙炔,雷酸,氨
硝酸(浓缩)	乙酸,丙酮,乙醇,苯胺,铬酸,氢氰酸,硫化氢,易燃液体、气体,苦味酸盐,氯酸盐,松节油,碳化物,金属粉末
硝基烷	无机碱,胺
发烟硫酸	水
草酸	银和汞及其盐类
氧	油,油脂,氢,易燃液体、固体、气体
高氯酸	醋酸酐,铋及其合金,酒精,纸张,木材,油脂,有机油,脱水剂
过氧化物	脂肪酸
苦味酸	金属
白磷	空气,氧
五氧化二磷	酒精,强碱,水
氯酸钾	酸
高氯酸钾	酸

续表 6-2

高锰酸钾	甘油，乙二醇，甲醛，硫酸，酒精，醚，易燃气体及可燃材料
银及其盐类	乙炔，草酸，酒石酸，雷酸，氨化合物，苦味酸
钠	二氧化碳、氯代烃、水
亚氯酸钠	可燃材料，硫，酸
亚硝酸钠和硝酸	硝酸铵和其他季铵盐
过氧化钠	任何氧化物质如乙醇，甲醇，冰醋酸，醋酸酐，甲醛，二硫化碳，甘油，乙二醇，醋酸乙酯，醋酸甲酯，糠醛
硫酸	氯酸盐，氯酸盐，高锰酸盐，硫化物，亚硝酸盐，硝酸盐，氟化物，溴化物，碘化物，雷酸，金属粉末，碳化物，苦味酸盐，其他可燃材料
硫	氯酸盐，硝酸盐，其他氧化物
钛	钛火灾切勿用水，四氯化碳，泡沫或干粉化学剂
锌粉	酸，氢氧化钠，氢氧化钾
锆	锆火灾切勿用水，四氯化碳，泡沫或干粉化学剂

(2)可从化学品生产商和/或供应商处获取有关的物质安全资料表(material safety data sheets，MSDS)或其他有关化学危害的资料。在使用这些化学品的场所，应可方便查阅上述资料，并可将其作为安全手册或操作手册的一部分。

三、危险化学品的危险源

危险化学品本身性质或操作过程相关的危险源又可以分为以下几部分。

1. 危险化学品的物质特性和种类

每种危险化学品都有物质安全资料表(MSDS)，其中详细介绍危险化学品的各种特性，包括：

(1)化学品名称。

(2)成分/组成信息。

(3)危险性概述。

(4)消防措施。

(5)泄漏应急处理。

(6)操作处置与贮存。

(7)接触控制/个体防护。

(8)理化特性。

(9)稳定性和反应活性。

(10)毒理学资料。

(11)生态学资料。

(12)废弃处置。

(13)运输信息。

(14)法规信息。

(15)其他信息等。

2 危险化学品的物质数量

根据 GB 18218—2000《重大危险源辨识》规定，各爆炸性物质、易燃物质、活性化学物质和有毒物质都有其临界量，当该物质的数量等于或超过相应的临界量，则定为重大危险源。

3. 实验室中毒事故的危险源因素

可能导致实验室中毒事故的危险源因素，大致可分 5 项。

(1)危险化学品泄漏。

(2)缺乏危险化学品标识。

(3)工作人员操作不当。

(4)废弃物排放与泄漏控制。

(5)缺乏防护措施。

4. 实验室腐蚀及烧烫伤事故的危险源因素

(1)放热和吸热反应。

(2)低温和高温。

(3)危险化学品泄漏。

(4)设备工艺存在缺陷。

(5)工作人员操作不当。

(6)缺乏防护措施。

四、医用化学品的暴露与贮存

1. 医用化学品的暴露

(1)吸入。

(2)接触。

(3)食入。

(4)针刺。

(5)通过破损皮肤。

2. 医用化学品的贮存

(1)医用化学品贮存场所符合国家标准《建筑设计防火规范》(GB 50016—2006)、《爆炸危险场所安全规定》和《仓库防火安全管理规则》,符合《常用危险化学品贮存通则》(GB 15603—1995)的规定。

(2)实验室应该只保存满足日常使用量的化学品。大量的化学品应贮存在专门指定的房间或建筑物内。化学品不应按字母顺序存放。

(3)化学试剂要按其物理性质、化学性质分类贮存,并防止试剂标签脱落。

(4)剧毒化学试剂要保存于温度变化不大、通风良好、干燥、防潮、无光线直接照射的库房内,并且与易燃、易爆试剂分开。根据毒性程度分类存放,剧毒试剂保存于双锁箱或保险柜。剧毒试剂、麻醉品的贮存要设专职保管人员。

(5)医用压缩气体钢瓶和液化气容器的贮存。

①避免压缩性气体缸倒置或放在一起。

②压缩性气体缸应用运输工具运送。

③压缩性气体缸贮存或使用时,应该安全地固定(例如用铁链锁住)在墙上或坚固的实验台上。

④压缩性气体缸不应贮存于近热源处。

⑤氧化性气体或还原性气体应分开存放。

⑥确保阀门保护装置。

⑦汽缸阀门使用开口扳手。

⑧所有压缩性气体缸应标识。

⑨易燃性汽缸的调节阀应置于地。

⑩汽缸内气体不应完全释放完。

⑪空汽缸应有标识。

⑫不试图重灌汽缸。

⑬不同汽缸间不换用调节阀。

五、化学品溢出管理程序

1. 溢出清理物品

将化学品溢出处理的示意图张贴在相应场所显著的位置,并应配备下列溢出用清理物品。

(1)化学品溢出处理工具盒。

(2)防护服,例如耐用橡胶手套、套鞋或橡胶靴、防毒面具。

(3)铲子和簸箕。

(4)用于夹取碎玻璃的镊子。

(5)拖把、擦拭用的布和纸、桶。

(6)用于中和酸及腐蚀性化学品的碳酸钠或碳酸氢钠。

(7)沙子(用于覆盖碱性溢出物)。

(8)不可燃的清洁剂。

2. 溢出清理措施

(1)通知有关人员。

(2)疏散现场的闲杂人员。

(3)密切关注可能受到污染的人。

(4)如果溢出物是易燃性的,则应熄灭所有明火,关闭该房间中以及相邻区域的煤气,打开窗户(可能时),并关闭那些可能产生电火花的电器。

(5)避免吸入溢出物品所产生蒸气。

(6)如果安全允许,启动排风设备。

六、化学品操作安全程序

(一)操作前

1. 化学品

化学品信息:可经安全技术说明书(MSDS、HSFS)查阅;所有化学品可能暴露人员均应经化学品危害与化学品安全培训,培训内容应当包括 MSDS 或 HSFS。每一工作人员均可获得相关 MSDS 或 HSFS 资料;培训使用合理结果下的危险程度最轻及剂量最小的化学品。

2. 设备

每一工作人员均应获得相关设备信息,明确安全操作要素。

3. 标准操作规程

编制相应的化学品操作规程,以指令方式减少操作错误的发生。

4. 操作预备

审核操作规程;检查所需化学品及其信息;检查所用设备及其信息,包括个人防护设备;检查实验区域安全情况。

(二)操作中

1. 个人暴露

首要安全目标是防止操作的化学品进入体内。

(1)避免使化学品直接接触手、脸、衣服;若有皮肤接触,在离开实验室前清洗脸、手及手臂。

(2)不品尝化学品或在化学品容器内吸气。

(3)不在实验室饮食、饮水、吸烟及使用化妆品。

(4)在合适的通风处操作危险化学品。

(5)若有明显的吸入、摄入或皮肤接触发生，立即通知相关人员，寻求紧急帮助。

2. 容器操作

(1)所有化学品容器均有清晰标识。

(2)将化学品从容器内取出前应仔细阅读标识。

(3)小心打开容器盖子。

(4)正确拿放烧杯、量筒、玻璃管、玻璃瓶等。

3. 倾倒

(1)加入液体或粉末时不要将瓶口对向自身。

(2)瓶口小使用漏斗等工具。

(3)试剂加入要缓慢，并仔细观察。

(4)合并液体时，通常将浓度更高的液体加入浓度低的液体或水。

(5)正确使用搅拌棒。

(6)腐蚀性化学品如氢氟酸等处理时应穿工作服、戴手套及护目镜。

4. 吸取

不用嘴吸液，使用吸出器。

5. 贮存

(1)操作台上的化学品应尽可能地少，不立即使用的化学品应正确贮存。

(2)不将不相容的化学品放置过近。

(3)大容量的试剂应贮存在底层。

(4)分装腐蚀性液体小包装，使用不大于 500 mL 的抗腐蚀容器。

(5)冰箱。

①家用冰箱不能用于贮存化学品，特别是易燃或不稳定的化学品。

②宜使用防爆冰箱。

③从冰箱中取放物品时，不要吸入可能产生的气体。

④冰箱内所有存放的化学品均应密封，标识物品名称、存放时间、存放者。

⑤经常清理冰箱。

⑥贮存化学品的冰箱不能同时放置食物。

(6)易燃品的贮存。

①易燃品应存放于特制的安全容器，无法获得时可予经警示标识的玻璃瓶

替代。

②确定实验室易燃化学品的最大存放量。

③易燃品的贮存柜应予警告标识。

④易燃品的贮存柜应保护易燃品远离外部火源。

(7)酸性化学品贮存柜应耐腐蚀。

6. 化学品的库存

实验室应列出所有化学品的表单。表单应指明每一容器、化学名、CAS 号、容器容量。

7. 运输

(1)大容量玻瓶应用相应的运输工具运送。

(2)所有容器在运输时瓶口均应紧密封闭。

(3)不以单手拖住瓶底运送。

(4)在接近任何门前均应小心。

(5)若容器运输时掉地或破碎,有责任通知溢出及清洁相关人员。

(三)操作后

1. 清洁

(1)实验操作后应包括清洁步骤。清洁包括实验员及其衣服、实验区域、设备及容器。

(2)清洗玻璃器具时,一次少量。

(3)以合适的原料清洗管道或设备,查阅 MSDS 或 HSFS 等参考。

2. 废物处置

(1)实验室容器或玻璃器件处置。

(2)危害化学品的处置。

①干粉或固体化学品应予硬质容器处置。

②含有重金属或其他毒性物质的液态废弃物应予玻璃瓶内处置。

③酸和碱可废弃于水槽,并予水冲洗。

④有机溶剂应分开存放于容器。

(四)危险化学品的防护补充

1. 常见危险化学品的防护

(1)挥发性化学品应封盖并在通风柜操作。

(2)不将头伸入干冰容器内,以免窒息。

(3)化学品归位前应清洗容器表面。

(4)不使用无标识的化学品。

(5)除非有专人指导,不使用氢氟酸。若与体表接触,立即予医学处理。

(6)不稳定的化学品如乙醚等容易降解导致爆炸。未开封的乙醚容器一年后宜废弃。开封后的乙醚容器半年内宜废弃。保存期后的乙醚宜废弃。

2.易爆化学品操作要求

(1)参考标识及MSDS以确定是否是易爆化学品。

(2)易爆化学品或振动敏感的化学品应记录接收日期与开封日期。

(3)开封容器6个月后废弃,密封容器一年后废弃。

(4)使用合适的个人防护装置再进行操作。

(5)小剂量操作。

3.有毒物质操作要求

尽量以低毒物质替代剧毒物质。并应在通风良好的无加热实验的通风橱中操作。

4.每种化学品的废弃和安全处置程序

应按照GB 19489—2004《实验室生物安全通用要求》中第20节“废弃物处置”的有关要求进行。

七、化学安全应急预案

实验室应制定化学品安全计划操作规程;若有意外事故发生,立即停止操作,保护生命、健康与财产安全。

(1)离开危险区域。

(2)报告安全人员或紧急电话;说明报告者的身份、事故的地点与性质、可能需要的救护设备、联系方式等。

(3)报告后,尽力保护损伤人员的生命与健康:

①宜由经急救培训的人员开展救助。

②如果伤者意识不清,不明原因前不要进入该区域,直接报告寻求帮助。

③保持伤者呼吸通畅。

④控制出血。

(4)心肺复苏术保持循环(宜由经急救培训的人员)。

(5)化学品暴露处理。

(6)休克处理。

第二节 辐射安全

由于人类活动造成物料、人体、场所、环境介质表面或者内部出现超过国家标准的放射性物质或者射线称为放射性污染。电离辐射产生多种类型的生物效应，如辐射致癌反应、辐射遗传效应、组织反应、非癌症疾病、出生前照射效应等。小剂量(小于 100 mSv)情况下电离辐射照射和辐射诱发人类实体瘤之间存在着线性剂量响应关系。较大剂量照射全身或局部组织情况下产生组织反应(确定性效应)。《中华人民共和国职业病防治法》把放射性危害列为三大职业病危害因素之一。为了保障辐射安全，国内 1989 年颁布的《放射性同位素与射线装置放射防护条例》与 2003 年实施的《中华人民共和国放射性污染防止法》奠定辐射防护管理的框架。卫生部与环保局相继发布的《放射卫生防护基本标准》(GB 4792—84)、《辐射防护规定》(GB 8703—88)、《电离辐射防护与辐射源安全基本标准》GB 18871—2002 进一步确立辐射防护的范围、概念及应用。《医用 X 射线诊断卫生防护标准》(GBZ 130—2002)与《医用 X 射线治疗卫生防护标准》(GBZ 131—2002)是具体面向 X 射线的行业防护标准。

辐射无处不在，实验室是辐射安全事故发生率较高的场所。根据美国原子能委员会的统计，在 1960—1968 年的 9 年间，实验室或实验过程中发生的辐射事故共 65 起，受辐照人数 109 人，分别占全国辐射事故总数的 42.76%和 42.41%；发生辐射事故的次数的排名居第二位(仅次于核制造业)，受照人数排名居第一位。

一个完整的辐射防护知识应包括了解游离辐射的来源、如何监测辐射暴露情形、最适当的辐射防护方式，以及如何恰当的处理辐射废弃物与辐射污染事故等部分。辐射安全的理念在于减少暴露至“合理摄入的最低程度[as low as reasonably achievable(ALARA)]”。需要全面普及辐射防护教育，增进对辐射安全的了解。

一、辐射安全管理

(一)一般性原则

(1)放射性物质工作场所，在选址、实验室分级、场所内分区、布局、辐射屏蔽，以及放射性“三废”处理、操作条件和辐射监测等方面必须符合有关规定。根据 GB 18871—2002《电离辐射防护与辐射源安全基本标准》，放射工作场所分为“控制区”和“监督区”；依据放射性核素日等效最大操作量，把非密封源工作场所划分为甲、乙、丙三级。

(2)应尽量减少医疗照射的使用，遵守实践正当性、辐射防护最优化和个人剂量当量不超过相应规定限值的三项原则。

(3)根据自身特点制订辐射监测与保护制度及实施计划,至少应包括监测内容、监测周期和报告制度以及应急预案等。

(4)配备合格的辐射防护人员和仪器仪表,做好监测记录。管理部门定期检查辐射防护措施的防护效能,作出评价与改善建议。

(5)对工作人员进行安全防护教育和培训考核制度,使之具备相应的辐射防护技能。

(二)辐射防护原则

(1)首选无放射性核素的诊治实验方法;当有其他技术可用时,不应使用放射性核素物质。如果没有替代方法,则应使用穿透力或能量最低的放射性核素。

(2)尽量减少放射性核素的使用量。

①设法用密闭型操作代替开放型操作。

②提高工作人员的操作熟练程度,缩短操作时间。

③使用有效的防护措施。

(3)正确收集和处理放射性“三废”。

(三)个人防护

(1)尽可能减少辐射暴露的时间。辐射剂量=剂量率×时间。

(2)尽可能增大与辐射源之间的距离。大多数 γ 和 X 射线,剂量率=常数/距离^2。

(3)加强屏蔽。在辐射源与人员之间放置用于吸收或减弱辐射能量的防辐射屏蔽。

(4)操作开放型放射性物质的工作人员,在操作时必须正确穿戴好所需的各项有效的个人防护用具。

(5)任何情况下均不允许用裸露的手进行直接接触放射性物质或污染物件的操作。任何情况下,均不允许以用口吸取液体的方式进行操作。

(6)在放射工作场所内严禁进食、饮水、吸烟和存放食物。

(7)工作人员离开工作场所时应仔细进行污染检查与清洗。

(8)个人防护用具应经常清洗,污染超过相应水平时应停止使用。污染的工作服必须在专设的有放射性操作条件的洗衣房或洗衣池内洗涤。

(9)放射性工作场所应根据所操作的放射性物质特点配备适当的医学防护用品和急救药品,供事故时使用。

(10)进行个人辐射剂量监测。

(四)操作安全要求

(1)工作人员从事放射性的工作应具有相应的上岗资质,辐射操作应制订严格的操作程序和安全规程。必要时,对某些操作程序应率先通过“模拟操作”,使操作人员熟练掌握操作技能后才允许正式开展工作。

(2)工作人员操作熟练,在辐射区或实验室停留尽可能少的时间。

(3)操作过程中所用的器械、设备、仪器、仪表和传输管道等应符合辐射防护要求。

(4)对操作中可能出现的各种故障或意外事故,要有充分的假想和预测。并制定相应的对策;对可能的大事故,需制定应急措施并做好相应的应急条件准备。

(5)工作人员操作完毕离开工作场所时应关好放射性工作场所的门窗,关闭气、水和电源。

(6)操作条件。

①辐射区域:只能在指定区域使用放射活性物质;只允许必要的工作人员参与;使用个体防护装备(包括工作服、安全眼镜以及一次性手套等),放射性核素的操作区域应位于远离其他设施的指定区域。

②实验区域:限制放射性核素的用量;辐射容器用辐射标志标示(包括放射性核素种类、活性及检测日期);使用经适当保护的运输容器。

二、实验室辐射安全操作

实验室辐射安全注意辐射时间、距离及屏蔽以控制外照射,去污与通风以控制内照射。

(一)实验室辐射防护

(1)实验室内禁止进食、饮水与吸烟。

(2)禁止嘴巴吸液;将潜在污染的物体放入口中均是不安全的行为。

(3)需要时穿戴防护镜。

(4)穿戴手套进行操作;操作后一次性手套废弃于硬质的放射性废弃物容器;并洗净双手。

(5)注意污染的手套是实验室污染的常见来源,经常更换手套。

(6)所有的新操作前先以非放射性材料进行练习。

(7)使用强贯穿辐射如 β、γ 材料时使用盖革计数器或辐射监测。

(8)使用大剂量强贯穿辐射或操作时间长时,使用远程操作装置。

(9)尽量使用辐射屏蔽。

（10）操作粉状、挥发性、气态放射性材料，或易产生经空气传播的具放射活性物的过程，应在适合的通风柜操作。

（11）操作辐射性材料的时间尽量小。

（12）操作中，怀疑受到污染，应立即进行检测。

（二）辐射监测、记录与去污

（1）每次操作后或每工作日后应检查所有可能污染的表面（表6-3）。

表6-3　辐射污染与清洁处理

污染程度	处理
100 dpm/100 cm^2	不需处理
100～1 000 dpm/100 cm^2	清洁表面
＞1 000 dpm/100 cm^2	清洁区域，重新检查

（2）推荐使用一次性的原、辅料。

（3）高度污染的物件应与轻微或潜在污染的物件分开清洗，清洗水放置于液态放射性废弃物容器，不能倒置于水池。

（4）放射性材料若溢出或释出，立即报告相关人员。

（三）放射性材料的贮存

（1）只允许授权人员接触放射性材料，禁止未授权的运输或废弃。

（2）贯穿性的β、γ材料应通过适当材料屏蔽并存放。

（3）贮存容器应标识核素、总体活性、日期、化学组成及负责人员。

（4）H_3 标识物体存放于冰箱后，放射性污染可能存在于霜；融化的霜应视作液态放射性废弃物处理。

（5）易燃性有机溶剂不应与放射性材料同时存放于冰箱内。

（四）放射性废弃物处理

（1）放射性废弃物应放置于专用标识的容器。

（2）实验室可制定允许使用的可生物降解的闪烁液。

（3）固态放射性废弃物包括干性的粉状或固体放射性材料，受污的纸张、塑料容具、玻璃制品、手套等，置于专用的干性容器。

（4）液态放射性废弃物包括液体放射性废弃物，受污的溶液、洗脱液等，不应包括生物危害性材料，并置于专用的容器。

（5）放射性的液态闪烁液应封闭于管内并经双重透明塑料袋包装。

（6）生物放射性废弃物在视作放射性废弃物处理前应具无生物危害性。

（五）实验室污染

（1）立即通知所有实验室人员，立即报告相关人员；若污染是经空气传播放射性物质，屏住呼吸，离开房间，关上安全门。

(2)污染的皮肤应予水及肥皂彻底冲洗，若有必要淋浴，不应使用有机溶剂以免皮肤吸收污染；溢出物飞溅至衣服，立即脱去衣服并置于塑料袋。

(3)去污应从污染区的周边至中心，不能从边至边以防污染扩散。

(4)污染伤口。

①立即以大量冷水彻底冲洗受损伤口；出血不严重，允许出血以冲刷伤口；通知专业医务人员。

②吞入放射性材料，立即报告专业人员诊治。

③吸入放射性材料，大力咳嗽，深吸干净的非放射性气体有助于清除过程；通知专业医务人员。

④高辐射暴露，立即报告专业人员诊治。

三、辐射安全常用资料

1.电离辐射安全应用的法律、法规依据

(1)《中华人民共和国放射性污染防治法(2003-10-1)》。

(2)《电离辐射防护与辐射源安全基本标准(GB 18871—2002)》。

(3)《放射性同位素与射线装置安全和防护条例(2005-12-1)》。

(4)《放射性同位素与射线装置安全许可管理办法(2006-3-1)》。

(5)《放射诊疗管理规定(自 2006 年 3 月 1 日起施行)》。

(6)《电离辐射防护与辐射源安全基本标准(GB 18871—2002)》有关医疗照射部分。

(7)《GB 8703—88 辐射防护规定》。

(8)《GB 8999 电离辐射监测质量保证一般规定》。

(9)《GB 9133—95 放射性废物分类标准》。

(10)《GB 11806—1989 放射性物质安全运输规定》。

(11)《GB 11928—1989 低、中水平放射性固体废物暂时贮存规定》。

(12)《GB 18871—2002 电离辐射防护与辐射源安全基本标准》。

(13)《GBZ 130—2002 医用 X 射线诊断卫生防护标准》。

(14)《GBZ 131—2002 医用 X 射线治疗卫生防护标准》。

(15)《GB 11930—89 操作开放型放射性物质的辐射防护规定》。

2.辐射暴露极限

(1)外与内照射暴露的最大限值(表 6-4)。

表 6-4 外与内照射暴露的最大限值

受累区域	年剂量/Rem	年剂量/mSv
总体有效剂量	5.0	50
眼部剂量	15.0	150
体表剂量	50.0	500
组织或器官剂量	50.0	500
胚胎或胎儿剂量(怀孕时)	0.50	5

(2)健康成人辐射暴露后症状与体征(表 6-5)。

表 6-5 健康成人辐射暴露后症状与体征

辐射剂量	体　征
10～100 rads 或 0.1～1 Gy	无明显反应,可能有轻微血象改变
100～250 rads 或 1～2.5 Gy	4 h 后呕吐,持续数小时,发热
250～400 rads 或 2.5～4 Gy	1 h 内呕吐,持续 1 d;轻度昏睡,1 周内皮肤变红,2 周内脱发。20%死亡;幸存者恢复期数月
400～600 rads 或 4～6 Gy	1 h 内呕吐,持续 1 d;发热,皮肤变红,脱发;极度乏力;大多数暴露者 1 个月内死亡
600～1 000 rads 或 6～10 Gy	1 h 内呕吐,腹泻严重;发热,皮肤变红;可能 1 周内死亡
>1 000 rads 或>10 Gy	严重辐射病,几天内死亡

第三节 电 器 安 全

电器设备诸如电炉、搅拌器、真空管、电泳装置、加热装置、超声仪、电源等是许多实验室的必要设备。当操作或维护不当时,会构成电力危害。并且许多实验室的电器设备具有高电压或高电流需求,潜在的危害更高。而在电源插头已移去的情况下,激光闪光灯等大型电容设备依然能贮存致死剂量的电能。实验室电气事故主要包括电流伤害事故、电磁场伤害事故、电气火灾和爆炸等。

我国加入世界贸易组织(WTO)后,国家标准化委员会组织制定第一个具有技术法规性质的强制性国家标准(GB 19517—2004)《国家电气设备安全技术规范》,国家认可认证监督管理委员会(CNCA)发布电气电子认证产品目录。实验室电器设备的安全标准,我国对应采用国际电工委员会 IEC 的安全标准系列。如《测量、控制和实验室用电气设备的安全要求第1部分:通用标准》GB 4793.1;并于2008年成立全国测量、控制和实验室电器设备安全标准化技术委员会(SAC/TC338),对口国际电工委员会测量控制和实验室设备的安全技术委员会(IEC/TC66)。并进行《测量、控制和实验室用电气设备的安全要求第2部分:电工测量和试验用手持和手操电流传感器的特殊要求》;《测量、控制和实验室用电气设备的安全要求第3部分:实验室用混合和搅拌设备的特殊要求》;《测量、控制和实验室用电气设备的安全要求第5部分:电工测量和试验用手持探头组件的特殊要求》;《测量、控制和实验室用电气设备的安全要求第6部分:实验室用材料加热设备的特殊要求》;《测量、控制和实验室用电气设备的安全要求第7部分:实验室用离心机的特殊要求》系列国标的编制。实验室员工可通过对设备的认识情况、合理使用与安全操作,免于实验室电器事故的发生。

一、电力危害

电力危害最主要的表现形式是触电事故与电力导致的火灾。触电事故的严重程度取决于电流强度、流经身体的部位、暴露时间、皮肤干或湿等因素。电气设备的火花是易燃易爆物质的火源。

(一)触电事故

指使人体触及电流所发生的人身伤害事故。电流通过人体内部,破坏人的心脏、神经系统、肺部的正常工作造成的伤害。使触电人员出现痉挛、呼吸窒息、心颤、心跳骤停,以致造成人员死亡。其触电方式分为单相触电、两相触电和跨步电压触电。

(1)单相触电是指人体站在地面或其他接地体上,人体某一部位触及一相带电体的触电事故。单相触电时相电压(220 V)几乎全部负荷在人体上,可能造成人员伤亡。

(2)两相触电指人体同时接触带电设备或线路中的两相导体。发生两相触电时,作用于人体上的电压等于线电压(380 V)。两相触电的危险比单相触电更大。

(3)跨步电压触电指当电气设备发生接地故障,接地电流通过接地体向大地流散,在地面上形成分布电位。如人在接地短路点周围行走,两脚之间的电位差就是跨步电压。受到跨步电压作用时,人体虽然没有直接与带电导体接触,但是电流是从人体的脚经胯部又到脚与大地形成通路,导致人体触电。

(二)实验室切断电源后的电力危害

(1)冰箱或冷冻柜停止运行后,化学品升温释放易燃或毒性气体。

(2)通风柜停止运行使蒸气释放入实验室。

(3)磁性或机械搅拌器停止运行,进行试剂混合也有可能导致危害发生。

二、预防实验室电力危害

1. 基本原则

(1)使用前检查设备电线。电线磨损或破坏应立即更换。

(2)避免与带电电路接触。

(3)每次使用电器设备时遵照安全使用条例。

(4)当需要连接电源时操作设备,手臂应干,穿戴不导电绝缘的手套、袜子与鞋子。

(5)了解电气设备开关及断电处;若有火灾,立即关闭设备。

(6)限制使用延长线,只能用于临时使用;同时申请安装新的电线插座。

(7)使用断电保护功能的多插塞式接合器。

(8)潮湿环境下,使用漏电保护器;在冷房内尽量减少电气设备的使用。

(9)将暴露的电导体置于胶质玻璃屏蔽后。

(10)电气设备及其旁尽量减少水或化学品溢出;如果水或化学品溅入设备,关闭设备电源,取下插头。

2. 绝缘

所有电线、设备应有足够的绝缘。

3. 监护

电器设备的带电部件(如电泳装置)应有监护;可使用胶质玻璃屏蔽以保护暴露的带电部件。

4. 接地防护

(1)实验室只使用带三芯电插头的电气设备。

(2)使用保险丝、断路器、漏电保护器等电路保护装置。

(3)实验室使用挥发性易燃材料时,电机驱动的电气设备应使用无火花型或气相电机;不能使用串绕电动机。

三、电气防护安全操作

1. 操作准备

(1)了解配电板及开关位置,以便在有事故发生时迅速切断电源。

(2)定期检查电气设备;维护或修复电气设备前切断电源;应由受训工程师修理高电压或高电流的电气设备。

(3)明确无电时的操作步骤;如电源失效时化学品通风柜等潜在的蒸气释放。

2. 插座出线口应有接地保护；不允许使用多芯转换插座

3. 电源线

(1)检查电源线是否磨损或暴露。

(2)仔细放置电源线，以免与水或化学品接触。

(3)不允许悬挂电源线。

(4)电线不应接触热的表面。

(5)不通过电线举起电器设备或拔出插头。

(6)电源线应有接地插座或双重绝缘。

(7)不允许使用延长线。

4. 电路保护

(1)不允许两个以上的高电流设备如烘箱、微波炉等同时于一个插座供电，以免电路过载。

(2)使用保险丝、断路器防止电线等过热，特别适用于长时开机的搅拌器、烘箱、真空管等。

(3)使用漏电保护器。

5. 易燃材料

(1)易燃材料应远离电气设备。

(2)通风柜内电器设备供电的插座应位于通风柜外。

(3)特别注意可能有易燃气体处的电气设备使用不产生火花。

(4)若需使用冷藏箱，易燃性材料的应贮存于专用的防爆冰箱。

(5)若干烤有机材料时，可产生并释放蒸气。注意防止空气中爆炸性混合物的形成。

第四节 消防安全

实验室水、火等消防因素亦是可能发生生物危害的诱因，不仅可直接使人身安全受到伤害，也可导致感染性病原体的扩散及传播等生物危险。实验室火灾的常见原因包括：①超负荷用电；②电器保养不良，例如电缆的绝缘层破旧或损坏；③供气管或电线过长；④仪器设备在不使用时未关闭电源；⑤使用不是专为环境设计的仪器设备；⑥明火；⑦供气管老化锈蚀；⑧易燃、易爆品处理、保存不当；⑨不相容化学品没有正确隔离；⑩在易燃物品和蒸气附近有能产生火花的设备；⑪通风系统不当或不充分。

导致实验室火灾爆炸事故的危险源因素，大致可分为：①放热和吸热反应；

②低温和高温；③负压和超压；④静电、电气火花、明火；⑤摩擦和撞击；⑥危险化学品泄漏；⑦危险化学品贮存不当；⑧危险化学品处理和输送不当；⑨实验设备工艺存在缺陷；⑩工作人员操作不当；⑪废弃物排放与泄漏没有控制；⑫缺乏消防和安全防爆措施。

发生火警、火灾时，应迅速组织力量扑救，火警号码“119”。

一、消防安全制度

(1)应建立消防安全例会制度，消防设施管理制度。

(2)应建立用电防火安全管理制度，用电安全管理应符合下列要求。

①所有电器设备和线路均必须符合国家电气安全标准和规范。

②电气线路敷设、电气设备安装和维修应由具备职业资质的人员操作。

③不得随意乱接电线，擅自增加用电设备。

④电器设备周围应与可燃物保持 0.5 m 以上的间距。

⑤对电气线路、设备应定期检查、检测，包括接地系统，严禁长时间超负荷运行；在实验室电路中配置断路器和漏电保护器。实验室的所有电器均应接地，最好采用三相插头。

⑥每个电源的插座仅供一台设备使用。

⑦关键场所配备有断电时使用的独立供电系统。

⑧工作结束时，应切断非必要电源。

(3)应当建立用火安全管理制度及消防档案管理制度。

(4)定期开展防火巡查和防火检查。

(5)应建立灭火和应急疏散预案演练制度，通过多种形式开展经常性的消防安全培训。

(6)具备常用消防物资储备。

①急救箱，包括常用的和特殊的解毒剂，预防和治疗药物。

②干粉式灭火器。

③全套防护装备。

④全面罩式防毒面具。

⑤房间消毒设备，如喷雾器和甲醛熏蒸器。

⑥常用工具。

⑦划分危险区域界限的器材和警告标识。

二、水灾害的生物安全

(1)对传染性等病人,保证对每个病员的粪便和医院的污水进行重氯消毒后再排放。

(2)防止放射性物质对水体的污染。

(3)发生水管破裂或下水堵塞时立即报告,尽力将污染物、废弃物放置安全地点以防止传播。

(4)发生水灾时,对潜在的危险物向相关部门与人员通报或报告。保护水源,特别是生活饮水免受污染。用漂白粉或漂白粉精片(净水片)消毒生活用水。

(5)水灾过后对设施设备进行消毒清理维修和试运转、安全参数检测验证合格后方可重新启用。

三、火灾害的生物安全

1.工作设施具备消防安全条件

(1)各场所都应该有火灾预告、说明和逃脱线路的指示。

(2)各场所具备消防报警系统并定期检查。

(3)各场所应配备相应的消防设施,并放置于醒目易取的地点。

(4)保障实验室内外消防供水系统设施。在实验室范围内应设计、布置消防供水系统。

(5)各场所均有紧急出口,所有出口都有合适的黑暗中可见的标识。走廊、流通区域不得放置障碍物。所有出口都能通开阔地带。

2.消防器材

(1)灭火器。见表6-6;移动式灭火器已满载并处于工作状态,并且始终位于指定地点。

表6-6　灭火器的类型和用途

种类	可应用于	不能应用于
水	纸、木质纤维	电路和电器火灾、易燃液体、金属燃烧
CO_2 气体灭火器	易燃液体和气体、电火灾	碱金属、纸
干粉	易燃液体和气体、碱金属、电路和电器火灾	可重复使用的仪器和设备,因为其残渣难以清除干净
泡沫	易燃液体	电火灾

(2)所有消防器材采用适当颜色加以标识以便于查找;具有潜在火灾危险的场

所装备了应急用的灭火器和/或灭火毯。

(3)消防器材(灭火器及软管)应放置在靠近房间的门边,以及走廊和过道的适当位置。灭火器定期进行检查和维护,使用其维持有效期内。

(4)工作人员学会灭火器的使用、维护与保养,并定期演练。

四、灾害时紧急撤离的要求

(1)事故撤离。发生事故时,接触感染物、危险品或放射物者应按正常退出程序,进行消毒去污处理。

(2)紧急撤离。发生火灾、水灾、地震时,按下紧急报警铃,关闭电源。从紧急门撤离。无法按正常的退出程序脱衣、换鞋。人员退出后,应集中在一个房间。

(3)依据《病原微生物实验室生物安全管理条例》第四十六条,应当立即组织当地疾病预防控制机构和医疗机构以及其他有关机构,依法采取下列预防、控制措施。

①封闭被病原微生物污染的实验室或者可能造成病原微生物扩散的场所;

②开展流行病学调查;

③对病人进行隔离治疗,对相关人员进行医学检查;

④对密切接触者进行医学观察;

⑤进行现场消毒。

第七章　实验室管理

病原微生物实验室生物安全管理涉及实验室工作人员和公众的健康安全问题，实验室既是科学研究、实验教学的主要基地，也是病原微生物感染高风险的所在。病原微生物实验室的安全是一切实验工作正常进行的基本保证。从取样开始到病原微生物及相关样品的保存、处理和销毁，生物安全应贯穿于实验的整个过程，在工作中必须明确每个人的责任和义务，严格遵守标准化的操作程序和规程，确保所有实验室工作人员不受实验对象的侵染，保护试验材料不受污染，确保不向周围环境中散播微生物。

实验室生物安全管理目的是为了减少和杜绝实验室人员感染、试验材料不受污染、不向周围环境中散播病原体。管理主要是由管理者根据国家相关的法律法规，针对不同的管理对象运用相应的管理手段，达到预定目标的一种活动。病原微生物实验室管理则由管理者在实验系统范围内，根据国家相关要求，运用管理的基本原则和方法，对实验室的人员、设施设备、实验材料、实验活动等进行管理，使不发生事故情况，并使实验室顺利完成相关目标的活动。当在病原微生物实验室中操作具有感染性的或有潜在感染性的病原体时，为防止实验室人员的感染和感染因子的外泄等，应采取标准化的操作规程，并对实验室的设施及结构等提出特定要求，上述诸因素综合起来进行应用的过程即为实验室生物安全管理。实验室生物安全管理的目的是防止实验室人员感染、防止感染因子外泄而污染环境、保护操作者的同事、家人以及实验室的后勤和服务等相关人员。

本章主要介绍病原微生物实验室的实验对象、仪器设备等的风险等级、评估内容及风险控制的具体措施；实验室人员的职责及培训项目；实验室安全、卫生管理和内务行为的监督、检查与纠正措施；实验室活动管理 SOP 制度的具体内容及安全管理程序的实施步骤；实验室材料的保管使用要求及档案材料的建立、归档要求及管理措施；菌、毒种的采集、保存、使用、运输等的管理方法；仪器设备管理范围、申购、选型、论证和审批程序及管理措施。

第一节　风险评估及控制

CNAS-CL05(2009)中对风险、风险评估和风险控制进行了定义。风险是指危险发生的概率及其后果严重程度的综合。风险评估是指评估风险大小以及确定是否可以接受的全过程。风险控制是指为降低风险而采取的综合措施。对于从事有感染性或潜在感染性的病原微生物时，必须进行风险评估，而这项工作必须由具有丰富工作经验和相关资质的人员进行。

一、病原微生物的风险评估

微生物风险评估是指对实验微生物及其产物可能给人或环境带来的危害进行评估。在建设使用传染性或有潜在传染性材料的实验室前，必须进行微生物危害评估。风险评估是选择适当的防护水平进行微生物学工作的重要步骤。根据微生物危害评估结果，确定微生物应在相应级别的生物安全防护实验室(bioloical safety laboratory)中进行操作，并制定相应的操作规程、实验室管理制度和紧急事故处理办法，必须形成书面文件并严格遵守执行。

(一)病原微生物的风险等级

对不同风险等级的病原微生物进行评估的要求和标准有明显区别，进行病原微生物的风险评估首先必须了解病原微生物的风险等级。

1. 病原微生物危害程度分类的主要依据

(1)微生物的致病性。病原微生物的致病性越强，导致的疾病越严重，其等级越高。

(2)微生物的传播方式和宿主范围。病原微生物可能会受到当地人群已有的免疫水平、宿主群体的密度和流动、适宜媒介的存在以及环境卫生水平等因素的影响。

(3)当地所具有的有效预防措施。包括：通过接种疫苗或给予抗血清(被动免疫)的预防；卫生措施，例如食品和饮水的卫生；动物宿主或节肢动物媒介的控制。

(4)当地所具有的有效治疗措施。包括：被动免疫、暴露后接种疫苗以及使用抗生素、抗病毒药物和化学治疗药物，还应考虑出现耐药菌株的可能性。

2. 国内外病原微生物危害程度分类比较

(1)中国对病原微生物危害程度分类。2005 年颁布的《病原微生物实验室生物安全管理条例》中，根据病原微生物的传染性及感染后对个体或群体的危害程度，将病原微生物分为四类：

第一类，是指能够引起人类或动物非常严重疾病的微生物，以及我国尚未发现或已经宣布消灭的微生物。

第二类，是指能够引起人类或动物严重疾病，比较容易直接或间接在人与人、动物与人、动物与动物间传播的微生物。

第三类，是指能够引起人类或动物疾病，但一般情况下对人、动物或环境不构成严重危害，传播风险有限，实验感染后很少引起严重疾病，且具备有效治疗和预防措施的微生物。

第四类，是指在通常情况下不会引起人类或动物疾病的微生物。

通常所说高致病性病原微生物是指第一类和第二类病原微生物。

(2)加拿大对病原微生物危害程度分类。

第一类，对健康人群或动物不可能引起疾病的生物因子(biological agents)。

第二类，能引起人发病，但在一般情况下对实验室工作人员、社区人群、家畜或环境不会造成严重危害的病原体。实验室暴露很少感染引起严重疾病，并有有效治疗和预防措施，传播风险有限。

第三类，通常引起严重的人类疾病或造成严重的经济损失，但一般不是靠偶然接触从一个个体传播给另一个个体，或引起的疾病能用抗生素或抗寄生虫药物治疗的病原体。

第四类，能够引起非常严重的人类疾病，一般不能治愈。在个人日常接触中容易直接或间接地传播，可以由动物传染给人，或由人传染给动物。

(3)澳大利亚和新西兰对病原微生物危害程度分类。

第一类，不太可能给人类、动植物带来疾病的微生物。

第二类，可能给人类、动植物带来疾病，但是对实验室工作人员与环境的危险不大。实验室暴露可能会带来感染，但是可以得到有效的处理和预防，传播的危险有限。

第三类，高危险的病原微生物，能给人类和动植物带来严重疾病，并可以给实验室工作人员及环境带来较大危害，但是通常能够找到有效的预防措施和处理方法。

第四类，高危险的病原微生物，能给人类和动植物带来严重疾病，并可以给实验室工作人员及环境带来较大危害，不能找到有效的预防措施和处理方法。

(二)病原微生物危害程度分类及其对应的实验室防护水平

1. 实验室生物安全的分级

我国根据实验室对病原微生物的生物安全防护水平，并依照实验室生物安全国家标准的规定，将实验室生物安全防护水平(biosafety level, BSL)分为四级，即BSL-1、BSL-2、BSL-3 和 BSL-4 实验室。动物实验室的生物安全防护水平(animal biosafety level, ABSL)分为四级，以 ABSL-1、ABSL-2、ABSL-3 和 ABSL-4 实验室表示。其防护水平 1 级最低，4 级最高。过去我国“生物安全实验室(biosafety laboratory)”较多沿用美国国立卫生研究院(National Institutes of Health, NIH)

的分级标准，用 P1、P2、P3、P4 级实验室分别对应目前的 BSL-1、BSL-2、BSL-3、BSL-4 实验室，“P”是 physical containment 的简称，其含义是物理封闭水平。而“生物安全实验室”除物理封闭外，还包括一系列生物安全设备和安全操作规程，代表实验室生物安全处理能力，即生物安全水平，两者概念和内涵不同。现美国疾病预防控制中心（the Centers for Disease Control and Prevention，CDC）和国际社会许多国家则采用 BSL 名称。

2. 生物安全水平分级依据

（1）一级生物安全水平。能够安全操作，对实验室工作人员和动物无明显致病性的、对环境危害程度微小的、特性清楚的病原微生物的生物安全水平。

（2）二级生物安全水平。能够安全操作，对实验室工作人员和动物致病性低的、对环境有轻微危害的病原微生物的生物安全水平。

（3）三级生物安全水平。能够安全地从事国内和国外的、可能通过呼吸道感染、引起严重或致死性疾病的病原微生物的生物安全水平，与上述相近的或有抗原关系的、但尚未完全认识的病原体，也应在此种水平条件下进行操作，直到取得足够的数据后，才能决定是继续在此种安全水平下工作还是在其他等级生物安全水平下工作。

（4）四级生物安全水平。能够安全地从事国内和国外的、能通过气溶胶传播、实验室感染高度危险、严重危害人和动物生命和环境的、没有特效预防和治疗方法的微生物的生物安全水平。与上述相近的或有抗原关系的、但尚未完全认识的病原体，也应在此种水平条件下进行操作，直到取得足够的数据后，才能决定是继续在此种安全水平下工作还是在低一级安全水平下工作。

（三）微生物风险评估的内容

1. 病原微生物的致病性和感染数量

不同的微生物种群在致病性方面差异很大，取决于不同的微生物生理学、产生免疫能力的最小剂量、微生物克服自体免疫和其他宿主抵抗的能力等。有些给动物带来危害的微生物对人类无害，但是有些却能给人类带来严重的危害。一般情况下，将这些微生物当作潜在的病原体来对待，需要用标准的微生物技术来处理，以保护环境和操作人员。当处理大剂量的微生物时，感染的危险会增加，需要适当提高物理防护水平。《中国医学微生物菌种保存管理办法》根据菌种的危险性评估，将菌种分为四类：①类危险性最高，如鼠疫耶尔森菌、霍乱弧菌、天花病毒；②类危险性次之，如炭疽芽孢杆菌、肉毒梭菌、结核分枝杆菌、狂犬病病毒、流行性出血热病毒、艾滋病病毒等；③类仅具有一般危险性，能引起实验室感染的概率比较低，如葡萄球菌、链球菌、沙门菌、志贺菌、致病性大肠埃希菌、副溶血弧菌、钩端螺旋体、流感病毒、麻疹病毒、柯萨奇病毒等;4类为生物制品、菌苗、疫苗生产用的各种减毒、弱毒菌种以及不属于上述1、2、3类的各种低致病性微生物菌种。

2.暴露的潜在后果

暴露以后,其后果的轻重取决于病原微生物的致病力和机体的抵抗力,不同属、种、亚种、型的病原微生物,甚至不同株的病原微生物,其致病性各异。同时还取决于感染病原微生物的数量,当大量病原微生物侵袭人体时,潜伏期一般较短,而病情较为严重;反之,则潜伏期较长而病情较轻,或不发病。不同个体被感染后,可产生各种不同的结局,轻者不出现任何症状、重者可发生严重型临床疾病而死亡。对暴露的潜在后果进行评估,应参考教科书并收集相关资料,并突出个体传染过程与结局。主要包括:

(1)隐性感染、不显性感染或亚临床感染。

(2)显性感染或临床症状期,病原微生物侵入机体后,出现临床上可察觉的症状、体征。根据症状、体征的轻重及病程的长短,临床症状期分为轻型、中型、重型和严重型。

(3)出现个体最严重的结局,发生严重型临床症状传染病而死亡。

(4)出现个体间的传播。

3.自然传播途径

病原微生物可通过空气、水、食物、接触、血液、母婴、虫媒和土壤等途径传播。每一种传染病的传播途径不一定相同,同一种传染病在各个具体病例中的传播途径也可以不同,同一种病原微生物也可以有一种以上的传播途径。通过呼吸道传播的病原微生物容易引起多种多样的感染性疾病,因此,气溶胶是引起实验室感染的最重要因素。

4.操作所致的非自然传播途径感染

(1)吸入含病原体的气溶胶。能引起气溶胶的操作或事故主要有:离心、溢出或溅洒、混合、混旋、研磨、超声破碎以及开瓶时两个界面的分离等。

(2)摄入病原体。能造成经口摄入病原体的操作或事故主要有:以口吸吸管,液体溅洒入口,在实验室吃东西、饮水和抽烟以及将手指放入口腔等。

(3)意外接种。见于被污染的针尖刺伤,被刀片或碎玻璃片割伤,动物或昆虫咬伤或抓伤等。

(4)皮下或黏膜透入。见于含有病原体的液体溢出或溅洒在皮肤或黏膜上,皮肤或黏膜接触污染的表面或污染物,以及通过由手到脸的动作造成传播。

5.病原微生物在环境中的稳定性

病原微生物的稳定性是指其抵抗外界环境的存活能力。病原微生物为了维持其种系的生存,可凭借其自身的结构特点以应对外界不利的环境。对病原微生物的稳定性评估除考虑其在自然界中的稳定性外,还应考虑其对物理因素与化学消毒剂的敏感性。病原微生物在自然环境和实验室环境的稳定性越强,以及受理化因素的影响越小,其危害性越大。

6.病原微生物的浓度

病原微生物的感染性与其浓度呈正相关,即病原微生物的浓度越高,其感染性越强,导致疾病的可能性越大。例如,归入危险度2级的微生物因子,通常在安全等级二级的实验室内操作,但是如果特定实验可能发生高浓度的气溶胶时,则需要使用三级生物安全水平,并通过对实验工作场所内气溶胶实施更高级别的防护,来提供所必需的生物安全防护。

7.病原微生物的宿主

虽然大多数能感染节肢动物的微生物不会导致人类疾病,但是仍有一些能通过叮咬宿主或通过排泄物污染创口等途径来传播或传染给人类。因此,可以证明节肢动物也是微生物的携带者,如蚊子能传播虫媒病毒,虱子能传播立克次体。

此外,对人类不致病的微生物可能对植物是致病的,并可能通过特殊的方式传播到新的宿主。一般来说,引起植物和鱼类疾病的微生物很少感染人类。为了保护人类,某些可能给人类带来感染的植物和动物应该受到严密的监控和管理。

8.感染性物质的来源

病原微生物的来源与其感染性有很大的关系。所以,相对于含有较少病原微生物的临床标本、食物、水和其他样本来说,当被处理的细菌或分离的病毒来自于高滴度的培养物或动物中时,感染的风险就会增加。

9.从动物研究和实验室感染报告或临床报告中得到的信息

在动物研究中,动物可引起新的危害,并引起动物实验室出现一些特殊的问题。如动物可产生气溶胶,或通过咬、抓等使实验人员感染动物传染病。微生物学实验室具有特殊性,一般拥有独特的工作环境,并对身处其中或附近的人群带来发生传染病的风险。

实验室传播传染病贯穿了微生物学的历史,20世纪之初报道的伤寒、霍乱、炭疽、布鲁菌病、破伤风的病例均与实验室有关。许多病例被认为是由粗心或缺乏感染性材料的操作技能所致。1949年首次公布的与实验室有关的传染病的系列调查报告发现,在至少1/3的病例中,可能的传染源被认为与感染性动物和组织的操作有关。1951年公布的第二份调查报告显示,布鲁菌病在数量上超过其他所有实验室获得性传染病。1976年又总结得出,布鲁菌病、伤寒、土拉菌病、结核病、肝炎和委内瑞拉马脑炎是最常报道的传染病,对已报道病例中,80%的病例暴露于传染性气溶胶，这些气溶胶被认为是可能的但尚未证实的传染源，在这些病例中被感染的人曾操作过这些传染性因子。

10.拟进行的实验操作

应预先确定拟进行的实验项目，以及实验操作中可能产生气溶胶的实验步骤，在处理病原微生物的感染性材料时是否使用可能产生病原微生物气溶胶的搅拌机、离心机、匀浆机、振荡机、超声波粉碎仪和混合仪等设备。

11.涉及动物的病原微生物实验

应当特别注意的是，用传染性因子接种动物时，染菌动物将使传染性因子的潜在危险剧增。《中国医学微生物菌种保存管理办法》中明确规定："凡进行菌种的动物实验时，都相应地升一级进行管理，二类按一类，三类按二类管理。"如流感病毒为三类病原，普通操作可以在二级生物安全实验室中进行，但在进行动物试验时，应升一级，在三级生物安全实验室中进行试验。动物实验室涉及病原微生物，需要考虑的因素包括：正常传播途径、使用的容量和浓度、接种途径、能否和以何种途径被排出等。关于动物实验室中使用的动物，需要考虑的因素包括：动物的自然特性即动物的攻击性和抓咬倾向性、自然存在的体内外寄生虫、易感的动物疾病、播散过敏原的可能性等。对使用野外捕捉的野生动物应考虑潜伏感染的可能性。

12.当地是否能进行有效的预防或治疗

在进行实验研究、标本采集等项目时，当地能否提供迅速、及时以及有效的预防和治疗措施等，对微生物的风险评估影响重大。

13.工作人员的素质

(1)加强实验室生物安全培训。对实验室人员进行生物安全知识培训，提高其对实验室感染危害性的认识，这是提高实验室生物安全的最重要基础。

培训内容主要包括4个方面，如心理素质、检验技术、生物安全操作和实验室事故应急处理方法及原则。实验室的所有人员必须接受充分培训，除以上4个方面的内容外，还应包括如何处理工作中的潜在危险以及必要的感染预防措施等。另外，要对实验室操作人员进行必要的安全培训，使实验人员具有很强的安全意识，重视防护装备的使用，经常排查安全隐患。据报道，美国实验室要求新来人员在工作的第一周内必须接受安全培训，以避免事故的发生。

(2)体检和免疫。对实验室工作人员进行岗位健康检查，应记录工作人员的医学情况(病史等)，建议进行临床检查和收集本底血清。不允许高危人群(如孕妇)从事较高危险的实验室工作。实验室人员的免疫状况可影响实验室感染的发生。免疫功能低下者易发生感染，既往感染及接种疫苗可提高机体对某些病原体的免疫力。但疫苗的预防效果未必长期有效,如牛痘疫苗接种时间超过20年将不能有效预防感染,因此要定期复检相关工作人员,及时补种。

14. 医疗监督

医疗监督计划(包括使用前和定期性测试)需要采用有效的措施并且该计划在实验室能及时到位。同样地,详细的卫生和医疗监督计划将会根据国际规范的危险评估来决定,它将清楚地显示这项计划的原因、指征和优势。这个计划可能包括但不局限于医疗检查、血清筛选、测试和(或)存贮、免疫接种、由危险评估过程决定的其他测试。

医疗监督计划危险评估应该考虑包括那些与高危险病原微生物接触的工作人员,因为免疫接种、预防等方面的免疫状态非常重要。必须经医疗鉴定符合进入要求(如免疫接种)的人员方能进入实验室,除非设施已被适当地去除污染,或其他指定的操作程序可能被发展和实施,已达到为其他个体进入设施提供同样的保护水平。

15. 转基因生物

随着重组DNA技术的发展和成熟,转基因技术越来越广泛地被应用于生物研究的各个领域,而其弊端早在转基因技术研究初期就引起了人们的注意。1998年,英国Rowett研究所Pusztai发现鼠食用转基因大豆之后免疫系统受到破坏。1999年,《Nature》杂志刊登了美国Cornell大学Rossi的一篇论文,文中指出蝴蝶幼虫等农田益虫吃了撒有某种玉米花粉的菜叶后会发育不良,死亡率特别高。转基因生物及其产品对生物多样性、生态环境和人体健康可能产生许多潜在影响,例如增加目标生物的抗性和进化速度、杂草化、破坏原有的自然生态平衡,导致物种灭绝和生物多样性的丧失等。针对这一技术的安全问题,国际上在2000年通过了《生物多样性公约卡塔赫纳生物安全议定书》(以下简称《议定书》),根据《议定书》有关规定及原则,为协助确保在安全转移、处理和使用凭借现代生物技术获得的、可能对生物多样性保护和可持续使用产生不利影响的转基因生物体领域内采取充分的保护措施,同时顾及对人类健康所构成的风险并特别针对越境转移问题而制定的一项具有法律约束力的文书。我国在2005年4月27日正式由国务院核准加入《议定书》,2005年9月6日对我国生效。接下来许多年的研究经验证实,在进行了适当的危险度评估并采用了适当的安全措施以后,可以安全地进行遗传工程工作。

(四)风险评估的范围

风险评估是在微生物危害程度分类的基础上,同时考虑实验室活动中可能涉及的传染或潜在传染因子等其他因素,包括:病原微生物或毒素的毒力、致病性、生物稳定性、传播途径，病原微生物的传染性，实验室的性质或职能，涉及病原微生物的操作步骤和方法，病原微生物的地方流行性，有效的疫苗和治疗方法的可用性等，对这些因素进行综合评价。风险评估涉及微生物特性、设备和操作程序、动物模型、屏障设备和设施以及管理等不同的专业领域以及已经或将进行的实验研究。

(五)遗传修饰微生物的风险评估

随着重组 DNA 技术的发展和成熟，该技术越来越广泛地被应用于实验室生物研究工作中，从而产生自然界不存在的生物体，这些生物体可能具有不可预测的不良性状，一旦从实验室溢出将带来生物学危害。例如在实验室工作中大肠杆菌部分基因片段被修改或删除，当实验结束后这些非正常的细菌排入自然界中可能会发生变异或对其他物种产生危害。针对该技术的安全问题，国际上提出了重组 DNA 技术指南，并已经证实在进行了适当的危险度评估并采用了适当的安全措施以后，可以安全地进行遗传工程工作。有关遗传修饰微生物体(genetically modified organism, GMO)的评估工作应考虑供体和受体/宿主生物体的特性，包括以下几个方面：插入基因(供体生物)直接引起的危害，与受体/宿主有关的危害、现有病原体性状改变引起的危害等。许多国家都针对这一技术的应用提出了规范和要求。

1. 与宿主/受体相关的危害

遗传修饰技术已经对生物学和医学产生巨大影响，且其影响正在加速扩大。利用原核生物、酵母、昆虫细胞等生命载体进行体外表达外源细胞因子或免疫物质时，都涉及到采用遗传工程技术人为设计出更多带有新型遗传物质的生物。这些有生命活性的载体自身不仅可能影响实验室人员的生物安全。还可能引起使用后废弃于环境后的生物污染问题——其造成的影响更是深远而不易察觉，一旦获得了有关生命载体或宿主的新信息时，必须随时将相关工作归入更高或更低的生物安全性水平。

2. 直接由插入的外源性基因片段所产生的危害

基因治疗领域的研究使人们希望将来其能成为一种可接受的治疗方法，以攻克某些顽疾。但是，必须考虑有关基因及其产物是否具有潜在的药理学活性或危害等，并且克隆、表达编码毒素的基因本身就需要较高的生物安全水平，因为当采用病毒载体过量表达某些毒素蛋白时，有可能产生难以预料的后果。生物表达系统由符合一系列标准并可安全使用的载体和宿主细胞组成。如果所要插入的外源基因序列不要求更高级别的生物安全水平，大部分常规遗传工程实验可以按 BSL-1 安全操作大肠杆菌工程菌。用于基因治疗和有效转移基因到组织培养细胞的病毒载体，大多是复制缺陷型的，但操作时应采用与构建这些载体时的亲本病毒相同的生物安全水平。

3. 对现有的病原性特点改造而产生的危害

目前，通过建立转基因生物，并进行工厂式生产后，可以获得高浓度、高纯度的人用、动物用的治疗或免疫预防制剂。目前构建转基因动物常用的反转录病毒载体，在通过重组将外源基因转入体内的同时，伴随有致病性增强的过程。必须经过验证明确所必需的生物安全级别，并对供体生物的特性、将要转移的核酸序列的性质、受体生物的特性以及环境特性做一综合评估，才能确定遗传修饰生物体所要求的生物安全水平，并做到安全操作目标基因。携带外源性遗传信息的动物（转基因动物）应当在靶基因编码产物特性的防护水平下进行操作，定点缺失特性基因的动物（基因敲除动物）一般不表现特殊的生物危害。

如果需要构建或使用遗传修饰生物时，对实验室工作的危害度评估可能比从事遗传学正常生物（未修饰）工作的危害度评估更为重要。不能仅凭经验或未经验证的文献来评估此类生物的潜在危害。这些自然界不存在的生物体可能具有不可预测的不良性状，一旦从实验室泄露将带来生物学危害。其危害度评估是一个动态过程，必须密切跟踪其最新的研究进展，这不仅是遗传工程研究者的本职工作，也是为国家制定相关政策提供依据所担负的责任。

二、实验室活动的风险评估

实验室活动的风险评估是在实验室活动中可能涉及的传染或潜在传染因子等其他因素的基础上，结合产生危害的实验操作而进行的综合评价。

（一）可能产生危害的实验室活动

实验室内的多种情况都可以造成实验室工作人员感染和实验室环境污染。如对病原体的操作达不到相应的生物安全操作水平，缺乏严格消毒、隔离等保护措施，对于操作过程中产生的微小飞溅、气泡、爆破性气溶胶等没有防止逃逸的设备和措施，特别是应该在生物安全防护二级实验室操作的病原微生物，缺乏生物安全柜（biological safety cabinet, BSC）；使用超净工作台替代生物安全柜进行病原操作现象普遍存在；实验操作时，接触与病原体有关或病原体所接触的物品；注射、搅拌、混合、汲取、震荡等操作过程造成病原生物性飞沫等。

1. 一般操作

（1）实验室或动物实验室主任应严格限制实验室的人员数量。必须进入实验室的项目研究人员或辅助人员应被告知工作的潜在危险。

（2）应为所有进入 BSL-4 实验室的人员制订一份医疗监督计划。计划应该包括适当的接种免疫、血清收集、暴露后咨询和可能预防措施的获得。一般来说，感染高风险人员或感染后可能有严重后果的人员不允许进入实验室，除非有特殊的措施可消除这种特殊风险，评估应该由职业健康医生进行。

(3)应有实验室自己专用的生物安全手册。实验室人员应被告知有特殊危害，并要求熟读和遵守操作指导。

(4)禁止在动物实验间和操作间饮食、抽烟、处理角膜接触镜、使用化妆品及储存食物。这些活动只能在指定的区域内进行。

(5)所有操作都应细心进行，以减少气溶胶的产生或液体溅出。

(6)完成感染性材料操作后，应用有效的消毒剂清洁设备和工作面，尤其是在感染性材料溢出、溅出或其他形式污染发生后。

(7)应制定并张贴有毒材料溢出处理程序。进行感染材料操作的人员只有经过培训和防护后，方能处理溢出物。引起感染性材料明显暴露的溢出和事故应立即向实验室主任报告。应进行医疗评估、监督和治疗，并保存填写的记录。

(8)所有废料(包括动物组织、动物尸体和污染的垫料等)和其他必须处理的材料、待洗的衣物应当使用安装在设施二级屏障墙中的双门高压灭菌器进行处理。处理的废弃物应焚烧。

(9)安全处理锐器的原则。

①应当限制在动物实验室使用针头、注射器或其他锐利器械，除非没有其他替代品，如药物注射、采血或从实验动物或带隔膜的瓶子中吸取液体时才使用。

②当使用可重新接入针头的注射器、无针系统及其他安全装置。

③应尽可能使用塑料制品代替玻璃制品。

(10)在动物实验室的入口处应张贴有生物安全标志。危险警告标记显示使用的感染材料，列出责任人的姓名、电话，告知进入动物实验室的特殊要求(如需要免疫接种和使用呼吸器等)。

(11)在取出动物笼垫料并进行清洗前，动物笼具应高压灭菌或彻底去污。完成感染性材料后，应用有效的消毒剂清洁设备和工作面，尤其是在感染性材料溢出、溅出或其他形式污染发生后。因维修或保养需要把设备移出实验室或打包运输前应按照当地、州或联邦法规进行消毒去除污染。

(12)进行相关感染动物工作时必须是双人操作。按照风险评估，应制定使用麻醉动物的压缩笼或其他能减少人员暴露可能性的适当程序。

(13)实验室不允许有与实验无关的材料(如植物、动物等)。

2.特殊操作

(1)应有有效控制人员进入实验室的其他措施(24 h守卫和进出登记系统)。人员进出实验室只能通过更衣间和淋浴室。人员每次出实验室应淋浴。只有在紧急情况时，人员才可使用气锁（air lock）进入或离开实验室。

（2）完成在三级生物安全柜的操作后，操作人员应在外更衣室脱去并留下外层衣物。应提供完整的实验室衣服，包括内衣、短衬裤和衬衫或连衫裤、鞋子和手套，供所有进入实验室的人员使用，离开实验室和进入淋浴区前，实验人员应在内更衣室脱下实验室衣服。弄脏的衣服在清洗前应高压灭菌。

（3）完成正压型 BSL-4 实验操作后，应更换全部衣物。脱去内层干净衣物后应淋浴洗澡。污染的实验衣物在洗涤前应高压灭菌。

（4）供应物品和材料应通过双门高压灭菌器或烟熏室进入实验室。当外门安全关闭后，实验室内的工作人员方可打开内门取出材料。高压灭菌器或烟熏室的门应采用互锁结构，除非高压灭菌器已经运行了一个"灭菌循环"或烟熏室已清除污染，否则外门不能打开。

（5）应建立一个报告实验室事故、暴露和雇员旷工以及医学监督潜在实验室相关疾病的系统。该报告监督系统应有一个必要的附件，就是有一个设施用于对有潜在或已知实验室相关疾病人员的检疫、隔离和医疗看护。

（6）实验间隔期，应分析收集的血清样本，实验结果应通知本人。

（二）可能产生危害的实验室活动的风险评估

1. 含有已知感染性病原体的物质

（1）可能导致传染的事件类型：①暴露于感染性气溶胶；②样本溢出和飞溅；③突发针刺伤害；④锋利的物品和残破的玻璃割伤；⑤动物或体外寄生虫的叮咬和抓伤；⑥用嘴吸液（禁止）；⑦离心事故；⑧感染材料对非实验室区域的二次传播。

（2）具有感染性的病原体。

细菌和真菌：实验室细菌和真菌污染包括两方面，一方面是病原微生物实验室的细菌或真菌感染工作人员或外泄，另一方面是生物实验室的培养物遭受外来细菌或真菌的污染。微生物学实验室人员在从事细菌或真菌研究工作时，这里主要指病原性细菌或真菌，如发生生物安全意外，则可能导致实验室工作人员遭受病原菌感染，甚至病原菌外泄而污染外界环境与人群，这就是一种实验室源性感染。这种风险发生的可能性与实验室病原菌的管理、工作人员对生物实验室安全条例的执行程度以及病原菌自身的感染性有关。实验室管理人员和其他工作人员必须根据所从事细菌或真菌的风险等级，严格按照国家病原微生物实验室安全管理条例有关规定严格执行。

对于生物实验室的培养物所遭受的外来细菌或真菌的污染，细菌性污染涉及面最广、影响最大。细菌在普通倒置显微镜下为黑色细沙状，根据感染细菌的不同，可有不同的外形，培养液一般会浑浊变黄，严重时出现絮状沉淀物，对细胞生长影响明显。空气中存在气溶胶和尘埃小粒，各种原因污染的空气，可使细菌吸附于此。直径大于0.1 mm的小水滴可迅速降落污染桌面或地面，微小水滴可迅速蒸发使细菌悬浮于空气中，并与空气一起流动到较远地方。减少空气细菌污染的有效措施，首先处理好标本，杜绝污染，其次减少人员流动，对污染区域及时消毒。常规方法每天用紫外线灯照射，定期检查紫外线灯的辐射强度，保持有效的广谱杀菌作用；对大面积空间可喷洒消毒剂；桌面等工作完毕用消毒水湿巾擦拭；并保持地面及室内清洁，减少尘埃飞扬。

真菌污染在实验室污染中影响并不小于细菌污染。真菌的生长速度比较慢，不像细菌那么容易被发现，故在原代细胞培养中常见，但是一旦发现有它的存在，培养物则很难救活。真菌污染的培养物一般培养液清亮，不变色，镜下有丝状物，有些真菌开始很像死细胞碎片，只是它像珊瑚状有很多清楚的小片，不像细胞碎片分不清，慢慢地会长出很细的黑色丝状物。真菌极易在潮湿、阴暗的环境中生长，而且相比较细菌而言，真菌更易随空气中的飞沫传播，一旦培养物被真菌污染，极易传染给其他培养物，最终导致整个实验室环境的真菌污染。蒸气甲醛消毒整个实验室是消除真菌污染行之有效的办法。保持实验室环境干燥、清洁是预防真菌污染的基本原则。

病毒污染：与细菌和真菌实验室一样，从事病毒相关工作的实验室亦必须严格按照实验室生物安全管理条例进行实验室管理和操作，且由于病毒较细菌和真菌更具危害性，其管理条例更加严格。而在实验室培养中，病毒与细菌和真菌不同，病毒不容易被鉴别，所以对原代细胞的危害非常大。由于与细胞系材料有关的不确定性危险，世界卫生组织提议进行细胞系分级，基于每种细胞携带对人体致病的病毒的可能性，分为：①低度可能性：来源于鸟类和无脊椎动物组织的细胞；②中度可能性：哺乳动物的非血源性细胞，如纤维原细胞和上皮细胞；③高度可能性：来源于人类或非人灵长类动物的血液和骨髓细胞；人类脑垂体细胞，山羊和绵羊细胞，尤其是来源于神经的细胞；以及其中至少有一种成分来源于人类或非人灵长类动物的杂交瘤细胞。

细胞培养时一个主要的危险就是潜伏病毒的表达。内源性病毒序列在许多来源于哺乳动物的细胞中都有所发现，包括人类。因此，已知的或潜在的被病毒污染的细胞系要在适合于高危险的防护因子的防护等级下操作。此外，可能使“正常”行为的细胞系变成更危险的操作，要在符合新的危险等级的防护等级下进行。

尤其需要注意的几类病原微生物如下。

朊病毒：只有在蛋白的感染颗粒或朊病毒被认为是遗传性海绵状脑病的致病因素，如牛海绵状脑病(bovine spongiform encephalopathy, BSE)。来源于已知或怀疑有牛海绵状脑病毒阳性的牛组织的细胞培养和体外初级诊断实验要按照牛海绵状脑病特殊指南进行处理。

支原体：支原体是细胞培养污染的来源，但是支原体污染的细胞培养并不是作为实验室获得性感染而被报道的。然而，由于支原体产物的生物活性的出现和支原体抗原的稳定性，以及有些支原体可导致人类疾病，因此支原体被认为对细胞培养是有危害的。所以有支原体污染的细胞系要在符合最高危险的污染物质的防护等级下进行。

寄生虫：如果细胞是从已知或怀疑被人类寄生虫感染的样本中得到的，那么新鲜的原代细胞系可能有被寄生虫污染的危险。寄生虫有许多生命周期阶段，因此，在确定防护等级时应考虑细胞系在符合最高危险的污染物质的防护等级下进行。

2.含有未知感染性病原体的物质

在待检样品信息不足时，可利用病人的医学资料、流行病学资料（发病率和病死率资料、可疑的传播途径、其他有关暴发的调查资料）以及有关标本来源地的信息，帮助确定处理这些样本的危害程度，同时应当谨慎地采用一些安全的标本处理方法。

(1)对于取自病人的标本，均应当遵循标准防护方法，并采用隔离防护措施。

(2)基础防护——处理此类标本时最低需要二级生物安全水平。

(3)标本的运送应当遵循国家和（或）国际的规章和规定。在暴发病因不明的疾病时，应根据国家主管部门和（或）世界卫生组织制定的专门指南，进行标本的运输并按规定的生物安全等级进行相关操作。

3.含有重组DNA分子的物质

DNA重组技术主要包括转基因植物和动物的培育、在表达载体或可能表达的宿主环境中进行微生物毒素和其他毒性基因的克隆以及整个感染性病毒基因片段的生产等。由于该重组体内含有感染性病毒体的构建（反转录基因工程），以及改变形成新的生物体所带来的可能危险，使国际上许多国家，如加拿大、美国和英国等开始建立迫切需要的生物安全指南。现在已经建立了如何评估DNA重组研究的潜在危险指南。确定一个重组生物体的防护等级时要考虑的因素包括：①受体生物的防护等级；②供体生物的防护等级；③重组生物体的复制能力；④供体蛋白整合进入重组颗粒的特性；以及与供体蛋白质相关的潜在致病因素。

由于要进一步详细说明所有可能建立的或实验室用到的基因工程生物不太现实，因此每个案例都要进行具体的危险评估。危险评估所需要的援助可由实验室生物安全办公室提供。

绝大多数重组体研究只有造成微小危害的可能性，这是因为用于转导的

DNA、载体和宿主的来源都是无害的。然而，某些基因操纵的确可以提高危险发生的可能。一般来说，如果基因操纵的所有成分都不表现出已知的危险，并且都不能被适当地预见其结合体能产生的结果，那么就不需要生物危害限制。如果反应中有一个成分有危害，一般情况下，所需要的防护等级就要从对已知危害所适合的水平开始讨论。防护等级根据以下需要可能要提高或降低，如要被转导的特定基因、重组体内基因的表达、宿主载体系统能提供的生物防护、被转导基因与宿主载体系统之间的正交互作用，以及宿主载体系统的生存能力。在基因编码有危害产物的所有研究中，都要用到宿主载体系统，它在实验室外的生存能力是有限的，它们的运用降低所需要的防护等级。

进行防护等级的评价所要考虑的因素如下：

(1)一个表达不同的病毒糖蛋白的疱疹性口炎假膜病毒的重组要在二级防护等级下进行，这是因为该病毒的复制有缺陷。

(2)一个表达不同的病毒糖蛋白的疱疹性口炎假膜病毒的重组至少要与疱疹性口炎假膜病毒的等级一样，因为这个病毒可以复制，并做定向改变。

(3)一个表达不同的病毒糖蛋白的牛痘病毒的重组要与野生型牛痘病毒的防护等级一样，因为其蛋白是不整合到病毒颗粒中的，所不同的是，基因操纵会改变重组病毒的生物特性。

4. 可能含有(或没有)未知感染性病原体的物质

血、尿、便、痰等各种“未知疾病标本”是所有医院随时面临的生物安全隐患。采供血机构检验实验室每年有成千上万份甚至几十万份血液“未知疾病标本”需要检测。卫生部临床检验中心调查的结果显示，目前全国 9 万多家医院的临床实验室和检验科几乎都没有配置最基本的生物安全防护设备——生物安全柜。医院临床实验室和采供血机构检验实验室面对的就是未知疾病的标本，既无法预先判断标本中所带的致病微生物的高危程度，更难确定哪种类型的检测应该在哪一级的生物安全实验室中进行。根据《实验室生物安全手册》和《微生物和生物医学实验室生物安全通用准则》，医院临床实验室和采供血机构检验实验室因接触可能含有致病微生物标本，最低应达到二级生物安全防护实验室要求。

5. 动物研究

(1)一般要求。

①实验动物的饲养和使用应遵循国家有关的法律和规定。

②应明确使用实验动物的理由和目的，以及所使用动物的种类和数量。

③使用过程中要求保证周围环境和实验人员的安全：与动物的接触会构成一些特有的伤害，包括暴露在感染性因子（自然地发生或实验产生）环境中，被动物咬

伤、划伤、踢伤和挤压伤，过敏和物理性伤害（噪声、温度）。除了让感染性因子远离实验室工作者之外，还有必要在实验室和动物实验室设备操作过程中，注意动物之间的交叉污染，并且防止因疏忽而引起外来物质污染实验动物。

④用来进行大、小动物实验的设备必须根据以下标准来设计和安装，如加拿大食品监督署出版的《兽医防护设施标准》、加拿大动物管理委员会出版的《实验动物管理和使用指南》，以及其他由加拿大动物管理委员会出版的指南和政策（新版）。研究机构用动物进行研究、教学和测试时要考虑应该获得一个动物规范证书，如加拿大动物管理委员会颁发的良好动物规范证书。其他一些国际规定也能在研究用动物的管理和使用的危险评估上提供更多的援助。

⑤研究人员和实验动物操作人员应接受实验动物的基本知识和操作技能等方面的培训。

(2)对于非人灵长类动物的要求。

①处理非人灵长类动物时可能会遇到危害。其中特有的危害一般与动物本身有关，包括动物的尖牙和有力的下颚能造成严重撕裂伤，以及动物锋利的指甲，能抓伤和擦伤实验人员的皮肤。同时，可能存在的传染性危害包括：细菌性疾病（沙门菌、志贺菌、弯曲杆菌、肺结核杆菌）、病毒性疾病（甲型肝炎病毒、猿猴免疫缺陷病毒，尤其是猕猴疱疹病毒1型，即B型疱疹病毒）原生动物和多细胞动物寄生虫（阿米巴原虫、酵母菌、小袋虫、毛滴虫）和其他病菌感染等。

②处理非人灵长类动物的实验人员都必须接受严格的动物制约方法的培训，以及使用防护服以防止动物咬伤、抓伤和液体飞溅污染的培训。

动物制约方法包括：在可能时使用后挤压式笼子、转移箱、斜槽、隧道和压制装置等将非人灵长类动物集中到一起。必要时可在转移动物之前先使用化学抑制剂，尤其是短尾猿和其他非人灵长类动物。操作人员要用胳膊长度的加固的皮革手套和长袖防护服来保护自己不被抓伤。操作人员和所有进入非人灵长类动物房间的人员都要穿防护服，以防止气溶胶污染的黏液的飞溅（如外科面具、面罩、护目镜）。已接触过非人灵长类动物的可重复使用的防护服在清洗之前要消毒。发生危害后，动物操作人员应立即并彻底地清洗被咬伤、抓伤和擦伤的皮肤，并进行记录。

③非人灵长类动物居住的设施要符合《兽医防护设施标准》中、小型动物防护设施的要求。除非实验中可能发生感染，或已知有要求更高防护水平的传染性生物体存在，否则非人灵长类动物可以在二级防护水平的动物设施下进行处理。《实验动物管理和使用指南》中也提供了关于具体到非人灵长类动物的安置和处理要求的信息。一般来说，圈养非人灵长类动物有下列要求：

a. 计划圈养时，要考虑实验室灵长类动物的行为、情绪和群居要求。

b. 在整个设施中提供实验灵长类动物管理员和负责设备的人员的联络信息。

c. 在动物房前设置门廊或其他物件，以保证动物笼与大楼走道之间有两扇门；在进入动物房查看动物是否丢失之前要按规定观察所有动物笼子。

d. 非人灵长类动物房间的所有照明设备、用电的设备和暴露的水管要防止被动物破坏。

e. 由于动物房间每天都要做清洁，因此地板要用防滑材料建造，工作人员穿的鞋子要保证能在湿滑的地板上行走。同样，墙壁和天花板要设计抛光，能经受住冲洗和消毒程序。

f. 在工作结束后，为接触大量动物的工作人员提供更衣和淋浴的设备。

g. 动物房间和笼子要始终保持关闭状态，并且只允许授权人员进入。安全锁和关闭装置必须考虑到大多数非人灵长类动物都具有的毅力、创造能力、破坏能力及智力。

h. 动物房之间的可移动的装备（如手推车、天平、饲料桶和收集器、手套等）在离开房间时要进行适当的符合防护等级的消毒。

i. 动物笼子要足够坚固，以保证不被非人灵长类动物损坏，还要保持适当的工作环境。

j. 有挤压装置组装的笼子应便于检查和固定。在清洗笼子或把动物转移到另一个房间的时候，转移箱和其他特殊牵制器械能使动物不对人构成威胁。

对于群居的笼子，要考虑到这些因素，如动物间的相容性和种群的密度，以尽量减少动物打斗的情况。

三、实验室仪器设备相关的危害与风险评估

实验室仪器设备是微生物学实验室必不可少的技术装备，若使用不当也将造成生物危害。尤其是实验室常用仪器，由于与感染性生物因子接触机会较大，更应当注意安全使用规范。其中涉及的仪器包括离心机、超速离心机、厌氧罐、干燥器、高速搅拌器和组织匀浆器、超声仪和超声清洗仪、培养物搅拌器、混合器以及振荡器、冻干机（冷冻干燥机）以及恒温水浴器和恒温振荡水浴器等。

微生物学实验室不可避免使用上述仪器设备，在使用中亦有不同程度的感染性生物因子污染的风险。因而，仪器设备的风险评估是生物安全评估的一个重要环节。对于同种危害程度的病原生物而言，实验室仪器设备的风险评估应从以下各方面进行。

（1）所有仪器设备是否都经过安全使用认证。

(2)在对仪器设备进行维护之前,是否进行了清除污染工作。

(3)生物安全柜和通风橱是否进行定期检测和保养。

(4)高压灭菌器和其他压力容器是否定期检查。

(5)离心机的离心吊桶及转子是否定期检查。

(6)是否定期更换高效空气过滤器。

(7)是否使用吸管来代替皮下注射用针头。

(8)破碎或有缺口的玻璃器皿是否总是丢弃而不重复使用。

(9)是否有盛放碎玻璃的安全容器。

(10)在可行时是否采用塑料制品来代替玻璃制品。

(11)是否配备并使用供丢弃锐器的容器。

四、实验室生物安全的环境评估

微生物学实验室中存在不同程度的感染性生物因子污染的风险,良好的微生物学实验室环境是保证生物因子污染最小化的必要条件。因而,必须进行微生物学实验室环境的风险评估。

第二节　人员管理

实验室人员的综合素质是实验室综合实力的象征,也是微生物实验室生物安全的重要保障,一个实验室能否正常、安全地运行,取决于实验室是否有一支道德高尚、业务水平高、技术过硬的专业队伍。实验室的工作多种多样,性质不同,一般可以分为管理人员、实验人员以及后勤保障人员。各类工作人员应该按照分工协作的原则,各尽其职,做好自己的工作。

实验室生物安全管理是减少和杜绝实验室感染、保证实验室生物安全所必需的。管理是管理者针对不同的管理对象运用相应的管理手段,达到预定目标的一种活动。实验室管理则是以实验室为管理对象,在实验系统范围内,管理者运用管理的基本原则和方法,使实验室达到预定工作目标或效果的活动。当在实验室中操作具有感染性的或有潜在感染性的微生物或分子时,为防止实验室人员的感染和感染因子的外泄等,应采取标准化的操作规程,并对实验室的设施及结构等提出特定要求,上述诸因素综合起来进行应用的过程即为实验室生物安全管理。实验室生物安全管理的目的是防止实验室人员感染、防止感染因子外泄而污染环境、保护操作者的同事、家人以及实验室的后勤和服务等相关人员。如果实验室生产某种产品,则实验室安全管理的目的还包括保证产品生产、包装、运输和使用等的安全。

好的防护措施可克服人为的错误和技术水平不足所带来的危险，从而保护实验室工作人员，使实验室人员意识到实验室危险及其控制方法是预防实验室感染和事故发生的关键。因此，有必要不断进行职业安全培训。安全培训是给新员工介绍实验室的不可缺少的一部分。应该给员工介绍操作法规和指导方针，采用签字等方法确保员工已阅读并理解了指导方针。

一、实验室人员职责明确

实验室安全工作中，实验室主任是第一责任人，实验技术人员和后勤保障人员是各自管理责任范围的具体责任人，对实验室主任负责。实验室人员要坚持"谁主管，谁负责"的原则，实验室必须签订安全责任书。将安全责任落实到位。

1. 实验室主任的责任

(1)全面负责实验室的工作，组织编制实验室的建设规划和计划，并计划组织实施和检查执行情况。组织完成实验室的各项实验任务，组织制定和贯彻实施实验室各项管理制度，制定各类人员的岗位责任制。

(2)实施实验室准入制度，进入实验室工作和学习的人员，必须遵守实验室有关规章制度并进行必要的培训(特别是 BSL-3 实验室)；未经实验室或设备管理人员同意不得进入实验室或进入实验室后擅自动用实验室的设备、设施。

(3)确保所有的实验室工作人员经过合适的生物安全培训和考核，内容主要包括：各项实验室规章制度、实验室标准操作规程；安全器材和设施的维护和使用；发生实验室突发事件后(如病原体或危险化学品泄露)的应急预案，以及火险等的应急预案等。同时对工作人员进行医疗监督等相应的卫生处理，如免疫接种、留取本底血清等。

(4)保障实验室的工作环境，定期或不定期检查实验室的安全条件和设施，及时补充、更换失效器材，确保所有的设备运行正常；所有的工作人员都有合适的安全设备和个人防护装备。

(5)发生实验室突发事件时，实验室主任或授权人应第一时间知晓事件的发生和进展；备有突发事件应急预案，以迅速采取措施；同时要尽快开展实验室整改，向生物安全责任人汇报情况，以总结经验教训。

实验室应对实验室工作人员进行健康监测，每年组织对其进行体检，并建立健康档案；实验项目有疫苗的，应当对实验室工作人员进行预防接种。

2. 实验室技术人员的责任

(1)服从实验室主任的领导，在分工负责的基础上团结协作。

(2)遵守和执行各项实验室规章制度,遵循标准化的工作及操作程序和规程;努力完成本职工作,按实验室任务的性质安排实验计划,认真做好各项准备工作。

(3)掌握与实验室有关的实验原理和实验技术,不断提高业务能力和实验水平。

(4)熟练掌握有关仪器设备的工作原理和操作使用方法,负责实验室仪器设备、低值易耗品和材料的领取、保管和发放等管理工作;正确使用安全设备;熟悉实验室有关仪器的性能、结构、工作原理,做好经常性的维护、保养工作。

(5)做好实验样本的安全运输(包括包装容器的正确使用)以及废弃物的安全处理;应具有强烈的安全意识,如果发现存在某种潜在危险,必须及时指出;发生突发事件时,迅速汇报,并积极采取应对措施。

二、实验室人员安全培训

实验室人员的培训直接关系到实验室的技术水平和发展潜力,为防止出现差错、事故,避免操作人员发生实验室感染,提高实验室人员的生物安全意识和生物安全防范能力,要求实验室工作人员必须是受过专业培训的技术人员,且自愿地从事实验室工作、接受安全教育,遵守生物安全规章制度和操作规程。

当出现新的生物安全风险时,实验室安全负责人应及时向本校安全委员会提出并制订培训计划,并进行相应培训。

人员培训的计划。制订实验室安全培训的计划,并按照计划实施。要求实验室人员必须经过生物安全操作培训,同时做好培训效果的考核,以取得相应岗位的上岗资格。

实验室管理部门对于培训应有全面的计划和规划。应建立程序,制订安全培训计划,所有员工包括实验室操作人员、管理人员、设备维护人员等都应进行生物安全的培训。内容至少应包括消防和预备状态、化学和放射安全、生物危险和传染预防等内容。培训应按照员工的岗位制定,应适当考虑怀孕、免疫缺陷和身体残障情况。实验室应保证全体人员受过急救培训应有救治指南,还应有与实验室内可能遇到的危险相适应的紧急医学处置措施。所有员工应熟悉被刺伤后所执行的程序。进行书面和技能操作的考试、考核,对培训效果进行评估,确保每个员工能对培训内容有充分的理解,合格后发合格证,持证上岗。所有员工经过生物安全培训后,应有文字性材料的证明,并入档长期保存。实验室管理部门在制订有效的安全计划时应该保证将安全操作规程贯穿于实验人员的基本训练中。

1.培训对象

实验室所有相关人员,包括管理人员、实验人员、运输工、清洁工、修理工等均应接受培训。不但要对新员工进行培训和指导，对老员工也要进行周期性的再培训工作。

2.培训目的

使所有相关人员熟悉工作环境，了解和掌握所从事的病原微生物的特征与危害、预防措施和所从事实验活动的操作程序，掌握所使用仪器设备的性能和操作程序，了解生物安全知识，掌握意外事故发生时的处理程序和方法等。

3.培训要求

(1)呼吸道吸入危险(如产生气溶胶)，例如用接种环、在培养皿上划线、接种、吸收、涂片、打开培养箱、采集全血(血清)标本、离心等。

(2)消化道吸入危险，如处理标本、涂片和培养等。

(3)皮下损伤的危险，使用注射器或针头所致。

(4)动物咬伤和抓伤的危险，如处理动物时可能导致的咬伤、抓伤。

(5)处理血液和其他有潜在危险的致病性物质的危险。

(6)对感染物质的消毒和处理的危险。

4.培训方法

应有严格的培训计划和内容，可以采取专题讲座、广播介绍、计算机辅助教学、交互式影像、示范练习、模拟演练等各种方式进行。新员工上岗后还应由有经验的员工或技术负责人带一段时间，以传、帮、带的方式让新员工充分熟悉工作程序。同时还应考虑不同培训对象的差异。每个人的受教育背景、专业知识水平、读写能力、文化、口语以及培训前所掌握的技能等方面都可能不一致，能否提高受培训人员的操作技能和个人安全水平，往往取决于培训所采用的方式和方法。因此，尽可能对新员工采用直观的亲身传授方式，并辅以文字材料的学习。如有特别要求时也应提出。除了考虑这些因素外，建议制定安全培训规划的人员要熟悉成人教育的基本原则。

5.培训效果的评估

由于衡量结果的标准多样，因此对培训效果的评估很难表明培训计划是否合格。通常的结果为，培训对象与其他人相比，对课程内容会有更好的理解、掌握和应用。对培训效果最完整的评估应包括：①检查培训对象对所进行培训的反应；②考核培训对象对所培训内容的熟悉了解和(或)操作执行情况；③评估培训对象在工作中的行为变化；④按培训机构的目的或目标来考查是否已有明显的效果。培训所造成的知识或能力上的差异，可能提示是否需要更长的培训时间或采用其他的培训方法或聘请更有能力的教师。

6. 培训档案

实验室负责人应负责建立培训档案，记录被培训者的培训经历。其中包括：培训内容、培训时间、培训教师、考核或评估结果等。

7. 人员培训的内容

实验室安全法律、法规：实验室人员应熟悉和理解实验室安全方面的法律、法规，如《微生物和生物学实验室生物安全通用准则》(WS 233—2002)、《实验室生物安全通用要求》(GB 19489—2004)、《生物安全实验室建筑技术规范》(GB 50346—2004)、《病原微生物实验室生物安全管理条例》、《中华人民共和国传染病防治法》(修订版)、《可感染人类的高致病性病原微生物菌(毒)种或样本运输管理规定》等。

8. 实验室人员培训原则

实验技术人员的培训要从实际工作需要出发，坚持有计划、有目标、分期、分批进行和骨干人员重点培养的原则。

(1)培训主要采取在职在岗校内学习的形式。参加培训的实验技术人员可通过各种短期培训班或系统学习本专业及相近专业的有关课程等方式完成培训学习的要求。

(2)务求通过培训使实验技术人员在职业道德、实验技术、简单维修技能、管理水平、外语与计算机应用能力等方面都有所提高，从而更好地履行实验教学、实验室建设等各项职责。

(3)具有高级职称的实验技术人员应当作为培训导师承担起本实验室技术人员培训的业务指导工作。

三、实验室人员培训的实施

培训内容是受培训者为了实现实验操作目标所必须掌握的知识或技术。通常由那些对工作和相关要求最为了解的人员来确定生物安全培训规划的内容，其他内容可能集中在训练如何解决工作中发生的问题，以及学习如何纠正那些人们在使用某一技术过程中常犯的错误等方面。还不能确定某种教学方法(专题讲座、广播介绍、计算机辅助教学、交互式影像方式等)是否会比另一种更好，教学方法的优劣很大程度上取决于特定的培训需要、培训对象的构成等。

1. 考虑不同培训对象的差异

有效的培训一定要考虑培训对象的特点。接受实验室安全规程的培训、有关潜在危险知识的培训、消毒知识及相关专业技能培训，掌握预防暴露、识别危险因素以及暴露后安全处理程序，按照规范要求操作。工作人员必须考核合格后上岗，以后每年度复测一次。

2.针对不同的学习要求

教学内容(例如培训课程、录像带和文字材料等)不应该同所教授的技术或主题相冲突、相抵制或没有关联。例如,如果培训的目的是要提高解决问题的能力,那么在教育中就应该强调思维和推理而非死记硬背,应该要求培养创造性的行为和(或)相应的反馈(肯定/正确/可靠)能力。此外,提高与实际工作条件相似的实践机会有助于将技能应用到实际工作中。

第三节 内务管理

实验室主任全面负责实验室安全、卫生管理和内务行为的监督、检查与纠正。

实验室人员负责本实验室工作区域内的安全和内务工作,实验室所有工作人员都应按照有关规定规范各自的内务行为,保证实验室工作区域整洁、有序和安全。一旦有违反该规范的行为应及时纠正。

实验工作中,相关人员必须穿戴相应级别的安全防护服,在工作时不得擅自离开岗位。试验设备维护或运出修理前应进行消毒。

实验室工作人员应按要求搞好内务管理,使实验室时刻保持清洁、整齐、安全的良好受控状态。不得在实验室内进行与业务无关的活动。禁止吸烟、摄食、饮水等,禁止存放可能导致阻碍和绊倒危险的大量一次性材料,以及与工作无关的其他物品。

对于实验室日常工作中所出现的不良内务行为,实验室安全负责人有责任予以记录并及时将该记录交实验室主任审查,由实验室主任视情节轻重提出处置意见。

所有用于处理污染性材料的设备和工作台面应在每次工作结束后予以及时地消毒和清洁,以保持设备和台面的正常工作状态。

实验室应制定防范生物样本、化学品等危险物泄漏的保证措施。万一发生这类危险物品的泄漏也应预先制定出针对性的对设备、场所等的消除污染、净化和消毒的专用规程。

对样本、化学品和培养物等的泄漏,应组织专人进行必要的危害评估后,使用经核准的安全预防措施、安全方法和个人防护装备,对所涉及的全部污染的设备、区域等予以彻底的清洁和消毒。

非实验工作人员未经批准不得进入生物安全实验室,尤其是有特殊防护要求的工作区域,应有警示并严格限制人员的进出。

外来人员(学员、参观者等)进入工作区域应经实验室主任许可,应由专人陪同，并应遵守本校的保密规定及其他有关管理要求，同时做好相应的记录。

外来人员（评审人员、检查人员和上级部门有关人员等）进入工作区域应经实验室主任许可，并应由专人陪同。

实验室在正常运行期间，若进入实验室的污染区，应严格按照实验人员的防护穿戴要求着装，并应遵守本校的保密规定及其他有关管理要求，同时做好相应的记录。

应制定在发生事故或漏出导致生物、化学或放射性污染时，设备保养或修理之前对每件设备去污染、净化和消毒的专用程序。

在 BSL-2 及以上级别的实验室入口明显位置处张贴国际统一的生物安全危险性标识，并表明实验室生物安全级别，出口处应有发光标志。

第四节　活动管理

生物安全实验室是专门从事具有感染性物质的研究场所，每一项实验操作都可能存在感染的危险，所以不管是世界卫生组织还是各国相关职能部门，在编写实验室生物安全的有关指南以及制定实验室生物安全的有关法规时，均强调各实验室应针对所操作微生物制定相应的标准操作规程（standard operating procedure，SOP）。如在 GB 19489—2004《实验室生物安全通用要求》的 9.4 节"程序"中首先要求："应根据实验对象、生物危害程度评估、研究内容、设施设备特点、具体制定相应的标准操作程序。"

一、SOP 制度

研究单位的各种研究都必须制定标准操作规程（SOP）。SOP 应包括生物安全实验室的标准管理程序和对涉及的任何危险以及如何在风险最小的情况下开展工作的详细作业指导书，它是研究工作的法规性文件，在开展各项工作中必须严格执行。

SOP 是对每项研究的具体规定，每项研究操作的具体要求和步骤，必须具备可操作性。因而它是各研究单位研究结果可靠性、科学性和重现性的直接保障。

应就 SOP 的制定、批准、发放、执行，以及 SOP 的分类、编号、保管制定相应的制度。

SOP 应该放在每个实验室醒目的地方，使每个研究人员能够随时参考，使之确实成为日常研究的操作规程。

负责工作区活动的管理责任人每年应对 SOP 至少评审和更新一次。

二、SOP内容

SOP应形成书面文件,至少包括以下内容:

(1)员工的健康监护;

(2)实施危害评估,记录结果及采取措施的安排;

(3)化学品和其他危险物品的确认(包括适当的标识要求)、安全存放与处置及监控程序;

(4)操作有害材料的安全行为的程序;

(5)具体研究项目的案例试验程序;

(6)防止高风险和污染材料失窃的程序;

(7)确认培训需求和教材的方法;

(8)获得、维持和分发实验室所有使用材料之安全数据单(MSDS)的程序;

(9)实验室设备安全去污染和维护的程序;

(10)紧急程序,包括漏出处理程序;

(11)事件记录、报告及调查;

(12)废弃物处理和处置。

三、SOP管理

1. SOP的制定、批准、发放

(1)SOP的制定。根据其内容不同,由研究单位组织或指定不同的人员完成。

(2)所有SOP必须符合格式要求,由质量保证人员统一修正定稿。SOP编写完成后,应由二人审核。研究类SOP的第一审核人为本专业专家,第二审核由质量保证部门人员完成。管理类SOP的第一审核人为安全负责人,第二审核人由质量保证部门人员担任或由单位负责人担任。所有SOP最终由质量保证部门人员统一核对。每份SOP上应该注明第一审核人。

(3)SOP制定后,统一分类、编号,应注明版本,按统一格式打印。每份SOP必须经过单位负责人盖章批准,然后才能生效、实施。

(4)SOP的保管,由质量保证人员负责。质量保证部门应保管所在单位的全部SOP,不得丢失和损坏。

(5)SOP的发放,根据各个实验室的需要而定。发放的SOP要由质量保证部门按类别统一编号、登记造册。SOP的使用部门要签字,并且要有专人负责管理,不得丢失。

(6)SOP的发放要填写登记表。

2. SOP 的修改、废止

(1)单位负责人应组织人员每年对 SOP 至少评审和更新一次。

(2)随着研究条件、研究仪器、研究设备、环境设施的改变,相应的 SOP 也要进行修改。

(3)SOP 的修改由安全负责人(管理类)、相关研究的项目负责人(研究类)提出修改内容,由质量保证负责人审核,最后由单位负责人批准实施。旧的 SOP 要同时作废,并注明作废理由。SOP 的修改要填写修改登记表。

(4)由于各种原因,有些 SOP 不再适用,则需要作废。SOP 作废时,应填写《SOP 作废单》,应由单位负责人批准。同时应注明 SOP 序号、题目、作废理由和日期。但作废的 SOP 不得遗失,必须存档保管,以备查阅。

3. 违背 SOP 的处理办法

研究过程中可能遇到某些不可预见的情况,导致无法按现有的 SOP 进行研究,这时的研究操作将背离 SOP。按如下规定处理:

(1)项目负责人形成书面报告,其中要说明遇到何种不可预见的情况,违背了哪条 SOP,采取了何种措施,对安全和研究质量是否有影响等。

(2)上述报告经单位负责人和质量保证负责人签字认可,最后和研究报告一并归档保存。

管理类 SOP 如果出现违背情况,应由相关人员形成书面报告,详细说明违背 SOP 的情况及处理措施,报告递交安全负责人,并由其进行危害评估后,在报告上签署鉴定意见及必要的补充处理措施,最后将该报告分类归档保存并落实补充处理措施。

四、安全管理程序实施

1. 安全手册

安全手册是实验室安全管理的依据。要求所有员工阅读的安全手册应在工作区随时可用。手册应针对实验室的需要,主要包括但不限于以下几方面。

(1)生物危害;

(2)消防;

(3)电气安全;

(4)化学品安全;

(5)辐射;

(6)危险废弃物处理和处置。

安全手册应对从工作区撤离和事件处理规程有详细说明。实验室中其他有用的信息来源还包括（但不限于）实验室涉及的所有材料的安全数据单，教科书和权威性杂志文章等参考资料。

2.安全管理程序的审核

每年应（由受过适当培训的人员）对安全管理程序至少审核和检查一次，包括但不限于下列要素：

(1)安全和健康规定；

(2)书面的工作程序（包括安全工作行为）；

(3)教育及培训；

(4)对工作人员的监督；

(5)常规检查；

(6)危险材料和物质；

(7)健康监护；

(8)急救服务及设备；

(9)事故及病情调查；

(10)健康和安全委员会评审；

(11)记录及统计；

(12)确保落实审核中提出需要采取的全部措施的计划。

为每个领域特制的检查表可有效地协助审核工作。

3.安全检查

实验室管理层有责任确保安全检查的执行。每年应对工作场所至少检查一次，以保证：

(1)应急装备、警报体系和撤离程序功能及状态正常；

(2)用于危险物质漏出控制的程序和物品状态，包括紧急淋浴；

(3)对可燃易燃性、可传染性、放射性和有毒物质的存放进行适当的防护和控制；

(4)清除污染和废弃物处理程序的状态；

(5)实验室设施、设备、人员的状态。

第五节　材料管理

一、化学材料

实验室应建立化学品管理台账，做到按性质或名称分类保存和使用，并做好记录。

应按照相关要求在每个化学品储存容器上标明其危害性质和风险性，同时在其使用的各个环节中也应清楚标明。实验室应制定切实可行的良好的化学品操作规范，并按照要求对涉及工作人员进行培训，使之落实到化学品的存放、处理、使用及处置的各个环节。

实验室应制定切实可行的化学、物理及火灾等危害对化学品的影响控制措施。定期对这些措施执行情况进行有效监督，并记录监督结果。实验室工作人员在使用化学品的过程中，应按照相关要求或规程规范操作，即使是在被认为安全的装备或装置中进行，也应按章操作。工作结束后立即洗手。

对实验室内所用的每种化学制品的废弃和安全处置程序应按照 GB 19489—2004《实验室生物安全通用要求》中第 20 章“废弃物处置”有关要求进行。以保证这些物质安全、合法地脱离实验室控制。

二、废弃物处理管理

实验室废弃物处置的管理应符合国家、地区或地方的相关要求。

实验室废弃物管理的目的主要是为了将操作、收集、运输、处理及处置废弃物的危险减至最小；将其对环境的有害作用减至最小。所有不再需要的样本、培养物和其他生物性材料应弃置于专门设计的、专用的和有标记的用于处置危险废弃物的容器内。生物废弃物容器的充满量不应超过设计容量的 3/4。

利器（包括针头、小刀、金属和玻璃等）应直接弃置于耐扎容器内，实验室管理层应确保由经过适当培训的人员使用适当的个人防护装备和设备处理危险废弃物。

不允许积存垃圾和实验室废弃物。已装满的容器应定期运走。在去污染或最终处置之前，应存放在指定的安全地方，通常在实验室区内。

所有弃置的实验室生物样本、培养物和被污染的废弃物在从实验室中取走之前，应使其达到生物学安全。生物学安全可通过高压消毒处理或其他被承认的技术达到。实验室废弃物应置于适当的密封且防漏容器中安全运出实验室。

有害气体、气溶胶、污水、废液应经适当的无害化处理后排放，应符合《污水综合排放标准》GB 8978—1996 的要求。

动物尸体和组织的处置和焚化应符合《危险废弃物焚烧污染控制标准》GWKB 2—1999 的要求。

三、档案材料

实验室档案是在实验室工作和管理活动中自然形成的。每个实验室和管理工作都各有自己明确的目标、预先的计划、具体的实施、最后的总结。在各项工作中都自然地形成各种内容和形式，经过整理保存起来，形成实验室档案。实验室档案的组成是多方面的，既有设备原始材料，又有研究工作材料，还有各类管理工作和实验队伍的建设材料等各种各样的文件和资料。文件是档案的前提，档案是文件的归宿。实验室各类文件的建设和建档是实验室进行正常工作的重要保证，是实验室管理工作的重要环节。

实验室文件一般分为管理性文件、工作过程性文件和技术性文件三种。管理性文件是指导实验室开展各项活动的法律法规、方针政策、规章制度等文件。工作过程性文件是指实验室管理部门和实验室在开展各项工作中的报告、讲稿、记录、总结，以及各种工作处理材料等文件。技术性文件是指开展实验室工作所获得的统计报表、仪器设备账目、人员履历表、大型精密仪器设备履历表、技术资料、论文和书籍等。

实验室文件的制定过程分为三个阶段，即准备阶段、写作阶段和修改阶段。准备阶段主要包括领会上级有关方针和政策、收集典型材料、确定基本观点、选择文件类别。写作阶段主要包括合理安排结构、掌握规范格式、熟练运用语言。修改阶段主要包括观点的修正、材料的增删、结构的调整、语言的锤炼、格式的审定。

实验室档案是有条件转化而来的，文件转化为档案要具备三个条件：①办理完毕的实验室各类文件可作为档案保存，正在承办中的文件不是档案。②对今后实验室工作有一定参考价值的文件，才有必要作为档案保存。③按照一定的规律集中保存起来，才能最后成为档案。

作为档案保存的材料还应符合下列要求：①完整、准确、系统。首先要做好材料的收集、整理、筛选，然后按科学方法进行分类归档，并根据需要合理地确定档案材料的保存期限。对于保密文件应单独建档，同时写明保密级别。②标准化、规范化。建档的文件材料一般情况下应为原件，并要做到质地优良、格式统一、书写工整、装订整洁，不能用铅笔或圆珠笔书写。③手续完备。要建立必要的档案材料审查手续和档案管理移交手续。

（一）实验室档案的功能

1. 是进行实验室科学管理、决策的依据

决策是管理的核心，是执行各种管理职能的基础。管理决策正确与否，影响到管理工作的效率和技术经济效益。而实验室工作中准确、全面、及时、适用的信息，很多方面都来自于实验室档案。实验室档案准确地反映了实验室管理、实验室建设、实验仪器设备、实验教学等有关实验室工作的全过程，为我们进行实验室科学管理和决策规划提供了可靠的信息源，没有可靠的充分的信息作为依据，正确的规划决策是不可能形成的。

2. 是进行实验室科学管理的手段

实验室档案是反映实验室工作、实验室建设、实验室管理等方面的真实记录，是实验室工作及管理经验的积累，对于不断完善和加强实验室的科学管理有着重要的参考作用。

3. 是搞好实验室建设的依据

科研工作的水平高低与实验室的建设包括技术装备条件等有着密切关系。实验室档案反映了科研工作和实验室建设的内容、成绩或问题。为此，实验室档案可为搞好科研工作和实验室建设工作提供借鉴依据。

4. 是开展实验室评估的重要材料

实验室档案真实地记录了实验室工作系统的成果，反映了一个实验室水平。如果实验室实现了标准化、规范化、科学化的管理，实验室的设置、仪器设备的配备等系统内容就能客观、正确、全面地反映一个实验室的过去和现状，为开展实验室评估提供可靠的文字记录、图表和数据等原始材料，而不是临时凑数据、拼材料，从而也能保证实验室评估的可靠性和准确性。

5. 对实验室的仪器设备管理提供参考作用

现代仪器设备大都是多种技术的高度综合，许多专业技术人员因受其专业知识面的限制，需要有关部门提供必要的技术信息咨询服务，而实验室档案则可以提供设备的功能、技术指标、用途、价格、质量状况、使用维护情况以及生产厂家等参考资料，为专业技术人员进行仪器设备使用、维护、保养、开发等提供参考资料。

6. 是进行实验室工作改革与研究的第一手材料

实验室工作需要进行改革与深入研究，而进行改革与研究的一个条件，就是要重视和利用实验室档案，从中总结提供实验室改革与研究的经验和教训，实验室档案为开展这些工作提供了第一手材料。所以必须重视和利用实验室档案。

7. 是考核实验室队伍人员工作业绩的重要凭证

8. 能够保持技术资料的完整性，增强使用人员的责任心

总之，实验室档案的建立，可以使实验室沿着标准化、规范化、科学化的道路发展，促使管理工作更加系统与完善。

(二)实验室档案归档要求

1.归档范围

凡是实验室工作中形成的具有保存价值的文件材料和大型精密仪器设备的原始材料均应归档。

2.归档时间

立卷整理的文件材料，一般在第二年内送档案室归档。

3.归档一般要求

(1)必须按照归档的范围，将应归档的文件材料收集齐全、完整。

(2)归档的文件材料要保持它们之间的联系，区分保存价值，科学地分类、立卷和编目。

(3)案卷标题应该简明确切，并注明保管期限，便于保管和利用。

4.归档技术要求

(1)系列排列就是将收集接收的档案材料化零乱为系统，进行分门别类系统整理、排列，如此才能为档案的提供利用创造良好的条件。

(2)局部调整。随着时间的推移，实验室档案可能发生一些变化，因此，要进行个别加工和局部的调整。

(3)加强档案的保管。档案的保存是有限的，档案保存时间的长短与档案存放环境与管理条件有极为密切的关系，所以要对档案加强技术管理，达到档案保管年限的要求。

(三)实验室档案管理

1.实验室档案的建立

为了加强实验室档案的管理工作，充分发挥实验室档案在实验室建设发展中的作用，必须采取切实可行的管理办法，建立健全文件归档制度，确保实验室工作、实验室建设、管理、实验设备等各项任务完成后的各种资料的归档工作，为此实验室管理部门必须将文件材料的形成、积累、整理和归档工作纳入到实验室管理工作程序之中，指定专人负责，搞好实验室档案的建设工作。

(1)文件材料的收集。收集，即实验室文件、材料的积累，是指通过一定的方式方法将实验室活动中形成的各种分散、但有保存和利用价值的实验室有关的文件资料完整而及时地收集起来，为以后文件材料的整理归档工作打下基础。

(2)文件材料的整理。所谓整理是按文件材料的性质、内容、功用、形成时间、形成单位、密级及载体性质、形式，对文件材料分门别类地进行整理，使文件材料的分类系统化、条理化、科学化。实验室档案的文件材料整理要根据国家和上级主管部门的规定和本单位制定的实施细则进行整理。

(3)文件材料的组卷。所谓组卷是指文件材料的组成保管单位,俗称立卷,是文件材料的汇总、归纳和系统分类,是一项科学性较强的工作。文件材料的组卷质量,对档案的质量有直接影响。文件材料的组卷应严格按照各单位制定的文件组卷的要求进行分类、排列、编目和装订。

(4)文件材料的归档。所谓归档是指在完成实验室文件材料组卷的全部工作后,由档案形成单位向档案管理部门移交的工作。实验室文件材料的归档,是实验室文件材料转化为档案的重要标志。归档表示实验室文件材料工作的终结,又是实验室档案管理工作的开始。归档的时间和手续可根据各单位制定的制度和办法来确定。

2.实验室档案管理工作的内容

实验室文件材料的归档,标志着档案管理工作的开始。加强实验室档案管理,必须认真做好档案管理的各项基础工作,制定必要的管理规范和标准,提高档案管理水平,充分发挥实验室档案在实验室建设管理中的作用。实验室档案管理工作的具体内容包括:

(1)档案的整理。实验室档案的整理是档案工作的基础。所谓整理,就是按照一定的原则和方法,对归档的文件进行系统整理,科学地分类、排列,并通过编目分门别类地进行整理,整理时必须遵循实验室活动的各项规律和文件材料的形成规律,保持文件材料之间的有机联系。

(2)档案的鉴定。所谓鉴定是根据实验室档案保管期限、密级等对归档后已到保管期限的档案进行评议审定,重新确定保管年限和密级。档案的保管期限是根据其作用价值或历史存储价值确定的。随着时间的推移和科研事业的发展,有些实验室档案失去了保存价值,需要及时鉴定,予以剔除或重新划定保管期限和密级。

(3)档案的保管。实验室档案的保管工作,是实验室档案工作的重要环节,要采取必要的措施,保护实验室档案的完整与安全,防止档案的损坏、遗失和混乱。

(4)档案的统计。实验室档案的统计是实验室档案工作的量化表现形式。单位的档案管理部门应建立健全档案工作的统计制度,对档案的收进、移出、保管、利用、鉴定和利用效率等定期进行统计,并向上级主管部门报送。通过统计工作,了解实验室档案的数量变化和质量情况,为总结经验、改进管理工作提供依据。

(5)档案的利用。实验室档案的利用是档案工作的根本目的。实验室档案的价值,主要通过利用工作来显示。档案管理部门要积极创造条件,向本单位开放档案信息，最大限度地满足实验室档案利用者的需要，如编制必要的检索材料、研究各种检索文献，搞好档案信息的二次加工。

3.加强实验室档案管理工作的措施

实验室档案的建设往往不能受到足够的重视，实验室各种文件材料的归档和档案管理、利用工作可能成为一个很薄弱的环节。因此，实验室所在单位必须积极采取措施，搞好实验室档案管理、开发和利用工作，为科研和安全服务。

(1)建立健全实验室档案管理体制。为实现实验室档案规范化管理，首先要建立健全和完善档案管理体制，落实组织专人管理。实验室档案的建立与管理应按照“统一建立，分级管理”的原则来进行。

(2)加强宣传教育，提高档案意识。必须进一步加强档案法规的宣传教育，特别是组织学习贯彻《档案法》和有关档案管理办法，使广大实验室工作人员增强档案意识，了解档案的作用和地位，支持实验室档案工作。

(3)归档工作必须制度化。要制定档案管理制度及实施办法，实验室管理部门及各实验室要明确专人负责实验室文件材料的收集、整理、组卷和归档工作，要组织有关人员学习档案工作的基础知识，统一认识，使归档工作制度化。

(4)加强指导、检查和督促工作。档案管理部门要有计划地培训实验室管理人员和实验技术人员，建立一支兼职档案队伍。要加强对实验室档案工作的指导、检查和督促工作，以提高实验室档案的质量。

(5)档案工作要现代化管理。随着科学技术的发展，实验室档案工作必须实行现代化管理，包括计算机管理，以保证实验室档案材料的完整、准确、系统、可靠，这是提高实验室档案质量的重要措施。

(6)加强档案的开发利用工作。档案的开发利用是档案工作的出发点和立足点，也是档案工作的根本目的，只有利用好实验室档案，才能促进实验室工作的开展。

(四)生物安全实验室档案的特殊内容

生物安全实验室由于所从事工作的特殊性，其归档内容除了一般实验室资料以外，为了便于总结、评估实验室安全运行情况，为了帮助分析、判断实验室工作人员身体异常的原因，还应收集整理以下内容进行归档。

1.职业性疾病、伤害和不利事件记录

应记录并报告职业性疾病、伤害、不利事件或事故以及所采取的相应行动，同时应尊重个人机密。

应保持人员培训记录。应包括对每一员工的安全指导和安全培训状态的年度更新资料。

所有事件(包括伤害)报告应形成文件,应包括事件的详细描述、原因评估、预防类似事件发生的建议以及为实施建议所采取的措施。事件报告(包括补救措施)应经高层管理者、安全委员会或实验室安全负责人评审。最终形成的报告应归档保存,应经有关部门审批后方可查阅。

2.危害评估记录

应有正式的危害评估体系。可利用安全检查表对危害评估过程记录及文件化,并及时进行归档。安全审核记录和事件趋势分析记录有助于制定和采取补救措施。

3.危险废弃物记录

危险废弃物处理和处置记录应是安全计划的一个组成部分。危险废弃物处理和处置、危害评估、安全调查记录和所采取的相应行动记录应按有关规定的期限保存并可查阅。

4.危险分布图

应绘制生物安全实验室的危险分布图,系统而清晰地标识出危险区以及所对应的相关危险。

在某些情况下,宜同时使用标记和物质屏障来标识出危险区。应清楚地标识在实验室或实验室设备上所使用的具体危险材料。通向工作区的所有进出口都应标明其中存在的危险。尤其应注意火险以及易燃、有毒、放射性、有害和生物危险材料。实验室管理层应负责定期评审和更新危险标识系统以确保其适用现有的危险。该活动每年应至少进行一次。

应使涉及的非实验室员工(如维护人员、合同方、分包方)知道其可能遇到的任何危险。员工应受培训,熟悉有关紧急程序的专用书面指导。应标识和评审对孕妇健康和易感人员的潜在危险。进行危害评估并记录。

第六节 菌毒种的管理

病原微生物的生物安全管理是保证生物实验室生物安全的重要内容之一,只有规范严格的管理、实行有效监督,才能确保在传染病防制、科学研究以及生物制品生产过程中不会出现菌(毒)种和样本的遗失、泄露,发生实验室感染或引起传染病的传播,并保证菌(毒)种和病原微生物样本保存的质量,以确保实验结果的可靠性。

一、病原微生物样本的采集

《中华人民共和国传染病防治法》(1989 年)、《病原微生物实验室生物安全管理条例》(2004 年)、《可感染人类的高致病性病原微生物菌(毒)种或样本运输管理规定》(2005 年)、《人间传染的病原微生物分类目录》(2006 年)、《中华人民共和国动物防疫法》(2007 年)、《动物病原微生物分类目录》(2005 年)、《一、二、三类动物疫病病种目录》(2008 年)、《人畜共患传染病目录》(2009 年)、《动物病原体微生物菌(毒)种保藏管理办法》(2008 年)《高致病性动物病原微生物菌(毒)种或者样本运输包装规范》(2005 年)等法律法规以及相关条例和规范明确规定了生物安全的防护等级,病原微生物的采集、保存、使用、运输的具体要求,在国家各级卫生主管部门、兽医主管部门以及环保等部门的审批和监督下由具有相应资质的技术人员进行生物安全实验室微生物相关的活动。

在病原微生物实验室生物安全管理条例中,国家根据病原微生物的传染性、感染后对个体或者群体的危害程度,将病原微生物分为四类:

第一类病原微生物,是指能够引起人类或者动物非常严重疾病的微生物,以及我国尚未发现或者已经宣布消灭的微生物。

第二类病原微生物,是指能够引起人类或者动物严重疾病,比较容易直接或者间接在人与人、动物与人、动物与动物间传播的微生物。

第三类病原微生物,是指能够引起人类或者动物疾病,但一般情况下对人、动物或者环境不构成严重危害,传播风险有限,实验室感染后很少引起严重疾病,并且具备有效治疗和预防措施的微生物。

第四类病原微生物,是指通常情况下不会引起人类或者动物疾病的微生物。

第一类、第二类病原微生物统称为高致病性病原微生物。

条例中,对采集病原微生物样本应具备的条件进行了严格的要求:

(1)具有与采集病原微生物样本所需要的生物安全防护水平相适应的设备;

(2)具有掌握相关专业知识和操作技能的工作人员;

(3)具有有效的防止病原微生物扩散和感染的措施;

(4)具有保证病原微生物样本质量的技术方法和手段。

采集高致病性病原微生物样本的工作人员在采集过程中应当防止病原微生物扩散和感染,并对样本的来源、采集过程和方法等做详细记录。

动物病原体微生物菌(毒)种保藏管理办法中要求从事动物疫情监测、疫病诊断、检验检疫和疫病研究等活动的单位和个人,应当及时将研究、教学、检测、诊断等实验活动中获得的具有保藏价值的菌(毒)种和样本,送交保藏机构鉴定和保藏，并提交菌(毒)种和样本的背景资料。

因此，在进行样品采集时应该由掌握相关专业知识和操作技能的工作人员配备个人防护样品(防护服、帽、口罩、鞋套、手套、防护眼镜)、防护材料、器材以及其他安全防护设备，严格遵循生物安全操作规范，严格做好个人防护与实验室和现场的生物安全工作，具备有效的防止病原体扩散和感染的生物安全相关措施与应急预案，应该根据感染类型和特点，遵照相应级别生物安全的技术要求，选择实验室与相关实验设备进行采集，制定相应的应急事件处理方案。采集标本尽量无菌操作，选择病原体较多的部位，盛放样本的容器和培养基应经过无菌处理并进行标识，标本采集后应立即进行送检，并在保持样本中微生物活性的条件下保存。对于疑似高致病性病原微生物样本应该按照相应的规定进行明确的标识，并根据病原体的种类，选择和使用合适的用具和方式进行样本包装后送检。采集过程中应当防止病原微生物扩散和感染，并对样本的来源、采集过程和方法等做详细记录。

对不同样本选择不同的采集方法，根据感染的类型，通常采集人或动物的血液、鼻咽分泌液、痰液、粪便、脑脊液、水疱内容物、肛拭子或泄殖腔拭子、活检组织或尸检组织等作为样本，如采集血液、体液、水疱液等，用一次性注射器、穿刺针等无菌器械进行静脉、脊髓穿刺等，采集的样品分别经过抗凝、离心等处理后，可以进行有关病原体的分离、培养和鉴定，血液样本来源的血清或血浆可以进行相应病原体抗体的检测。黏膜分泌物、黏膜细胞等样品的采集，主要采用拭子、刮片等无菌材料直接从感染局部采集样本，需要注意感染部位的细菌污染，痰液标本有时需要喷雾诱导或借助内镜技术。尿、便样本的采集比较方便，但必须进行合适的处理，尽快进行检测。对于组织活检样本的采集，一般用组织穿刺、内镜取材、手术等方法获得感染相关组织器官样本，进行病原体的检测。尸体样本的采集，要求迅速采取手术的方法进行，尤其是气温高的天气，尽可能采取低温措施辅助。

二、病原微生物样本的保藏

关于病原微生物的保藏，国家已经颁布了《中国医学微生物菌种保藏管理办法》(1985 年)，《中国微生物菌种保藏管理条例》(1986 年)，《病原微生物实验室生物安全管理条例》(2004 年)、《可感染人类的高致病性病原微生物菌(毒)种或样本运输管理规定》(2005 年)和《动物病原体微生物菌(毒)种保藏管理办法》(2008 年)进行了规范，制订了具体的要求。

国务院卫生主管部门或者兽医主管部门指定的菌(毒)种保藏中心或者专业

实验室(以下称保藏机构),承担集中储存病原微生物菌(毒)种和样本的任务。保藏机构应当依照国务院卫生主管部门或者兽医主管部门的规定,储存实验室送交的病原微生物菌(毒)种和样本,并向实验室提供病原微生物菌(毒)种和样本。保藏机构应当制定严格的安全保管制度,做好病原微生物菌(毒)种和样本进出和储存的记录,建立档案制度,并指定专人负责。对高致病性病原微生物菌(毒)种和样本应当设专库或者专柜单独储存。保藏机构储存、提供病原微生物菌(毒)种和样本,不得收取任何费用,其经费由同级财政在单位预算中予以保障。保藏机构的管理办法由国务院卫生主管部门会同国务院兽医主管部门制定。保藏机构应当依照本条例的规定取得从事高致病性病原微生物相关实验活动的批准文件,向实验室提供高致病性病原微生物菌(毒)种和样本,并予以登记。实验室在相关实验活动结束后,应当依照国务院卫生主管部门或者兽医主管部门的规定,及时将病原微生物菌(毒)种和样本就地销毁或者送交保藏机构保管。保藏机构接受实验室送交的病原微生物菌(毒)种和样本,应当予以登记,并开具接收证明。

我国主要的微生物保藏机构有中国典型培养物保藏中心,中国普通微生物保藏管理中心,中国农业微生物菌种保藏管理中心,中国工业微生物菌种保藏管理中心,中国抗生物菌种保藏管理中心,中国医学细菌保藏管理中心,中国兽医微生物菌种保藏管理中心,除以上保藏中心外,还有一些国家参考实验室也被指定为某些种类病原微生物的保藏中心。

保藏中心由国家各部委制定并负责监督和管理,保藏机构应符合国家关于保藏机构设立的整体布局和实际需要;有满足菌(毒)种和样本保藏需要的设施设备;保藏高致病性动物病原微生物菌(毒)种或者样本的,应当具有相应级别的高等级生物安全实验室,并依法取得《高致病性动物病原微生物实验室资格证书》;有满足保藏工作要求的工作人员;有完善的菌(毒)种和样本保管制度、安全保卫制度、有满足保藏活动需要的经费。

保藏中心主要的职责:负责菌(毒)种和样本的收集、筛选、分析、鉴定和保藏;开展菌(毒)种和样本的分类与保藏新方法、新技术研究;建立菌(毒)种和样本数据库;向合法从事动物病原微生物实验活动的实验室或者兽用生物制品生产企业提供菌(毒)种或者样本。

菌(毒)种和样本的保藏管理,保藏机构应当设专库保藏一、二类菌(毒)种和样本,设专柜保藏三、四类菌(毒)种和样本。保藏机构除了具备安全要求的菌(毒)种保藏库外,还应具有符合生物安全要求的、进行相应菌(毒)种实验室操作的实验室。保藏库通常需要配备红外报警、摄像监控系统等安全保障措施,菌

(毒)种和样本应当分类存放,实行双人双锁管理。其中任何一个人都无法单独取走菌(毒)种等,其他人员未经主管领导批准不得进入。进行保藏时,需经严格检定合格后方可入库,每种材料至少双份,分别贮存在两个合适的条件下,以防止停电等事故造成菌(毒)种失活。应指派专人对其保存的菌(毒)种的容器进行明确标识,用于高致病性病原微生物真空冷冻干燥的玻璃冻存材料应该符合抗压要求,不易破碎、爆裂。保藏过程中,应指派专人对进出库的实际数量进行登记清点,定期进行全面检查,以防止在传代过程中搞错或污染外源微生物。

保藏的方法主要有真空冷冻干燥保藏法、低温冷冻保藏法或液氮超低温保藏法,真空冷冻干燥的菌(毒)种保存时间较长,可保持活性数十年,其对贮存温度要求不高,贮藏成本相对较低,是菌(毒)种资源保藏中最常用的保藏手段。液氮超低温是保存细胞(病毒)最常用的方法。为了避免交叉污染,专业菌(毒)种保藏机构的各类菌(毒)种通常在不同的实验室操作。另外,通过提供低温、干燥和缺氧等条件,可以保证病原微生物的孢子、芽孢、繁殖体或病毒的代谢或生长繁殖处于抑制状态,达到降低变异率、长期保藏的目的。一般冻干的细菌菌种保存在 2～8℃,但有些细菌的菌种如钩端螺旋体部分血清型的菌种,真空冷冻干燥不能存活,仍需在相应斜面或半固体中保存,大多数病毒的毒株一般保存在－80℃低温保存,某些毒种则需要在－130℃以下保存。

保藏机构应当建立完善的技术资料档案,详细记录所保藏的菌(毒)种和样本的名称、编号、数量、来源、病原微生物类别、主要特性、保存方法等情况。技术资料档案应当永久保存。保藏机构应当对保藏的菌(毒)种按时鉴定、复壮,妥善保藏,避免失活。保藏机构对保藏的菌(毒)种开展鉴定、复壮的,应当按照规定在相应级别的生物安全实验室进行。

对于国家规定应当销毁的,有证据表明已丧失生物活性或者被污染、无继续保藏价值的,已不适于继续使用的菌(毒)种,保藏机构应当组织专家论证,提出销毁菌(毒)种或者样本的建议,保藏机构销毁一、二类菌(毒)种和样本的,应当经主管部门批准;销毁三、四类菌(毒)种和样本的,应当经保藏机构负责人批准,并报农业部备案。保藏机构销毁菌(毒)种和样本的,应当在实施销毁 30 日前书面告知原提供者。保藏机构销毁菌(毒)种和样本的,应当制定销毁方案,注明销毁的原因、品种、数量,以及销毁方式方法、时间、地点、实施人和监督人等。保藏机构销毁菌(毒)种和样本时,应当使用可靠的销毁设施和销毁方法,必要时应当组织开展灭活效果验证和风险评估。保藏机构销毁菌(毒)种和样本的,应当做好销毁记录,经销毁实施人、监督人签字后存档,并将销毁情况报农业部。实验室在相关实验活动结束后,应当按照规定及时将菌(毒)种和样本就地销毁或者送交保藏机构保管。

保藏机构应当制定实验室安全事故处理应急预案。发生保藏的菌(毒)种或者样本被盗、被抢、丢失、泄漏和实验室人员感染的,应当按照《病原微生物实验室生物安全管理条例》的规定及时报告、启动预案,并采取相应的处理措施。

三、病原微生物样本的使用

根据国家规定,要求菌(毒)种保藏机构必须依照各实验室或生物制品厂取得的从事高致病性病原微生物相关实验活动的批转文件,负责向实验室或生产厂家供应和接受以及交流高致病性动物病原微生物菌(毒)种和样本,并予以登记。

菌(毒)种的供应,实验室和生物制品生产企业需要使用菌(毒)种或者样本的,必须持有单位正式公函,说明菌(毒)种名称、型别、数量及用途应当向保藏机构提出申请。保藏机构应当按照以下规定提供菌(毒)种或者样本,提供高致病性病原微生物菌(毒)种或者样本的,查验从事高致病性病原微生物相关实验活动的批准文件;提供生物制品生产和检验用菌(毒)种或者样本的,查验生产批准文号文件;提供第三类、第四类菌(毒)种或者样本的,查验实验室所在单位出具的证明。保藏机构应当留存前款规定的证明文件的原件或者复印件。保藏机构提供菌(毒)种或者样本时,应当进行登记,详细记录所提供的菌(毒)种和样本的名称、数量、时间以及发放人、领取人、使用单位名称等。保藏机构应当对具有知识产权的菌(毒)种承担相应的保密责任。保藏机构提供具有知识产权的菌(毒)种或者样本的,应当经原提供者或者持有人的书面同意。保藏机构提供的菌(毒)种或者样本应当附有标签,标明菌(毒)种名称、编号、移植和冻干日期等。保藏机构保藏菌(毒)种或者样本所需费用由同级财政在单位预算中予以保障。

使用菌(毒)种的单位,需要符合生物安全要求的从事微生物工作的条件和设备,菌(毒)种应该有专人负责管理,建立必要的制度,使用第一类菌(毒)种的单位,必须要有国务院卫生行政或兽医卫生行政主管部门批准;使用第二类菌(毒)种的单位必须经省、自治区、直辖市卫生行政或兽医卫生行政主管部门批准;使用第三类菌(毒)种的单位必须经县(市)卫生行政或兽医卫生行政主管部门批准。

需使用第一类、第二类菌(毒)种时应事先与供应单位联系,获得同意后派可靠人员向供应单位领取,对于第一类菌(毒)种及第二类菌(毒)种等应派两个人领取,不得邮寄。邮寄第三类、第四类菌(毒)种时,必须按照卫生部、农业部、国家邮政局、交通部、铁道部颁布的有关菌(毒)种邮寄与包装的要求办理。

使用单位要有严格的专用生物安全实验室和专用排水、消毒、排气高效过滤以及严格的防鼠、防虫设备，建筑要符合国家标准，抗震能力达到相应级别。进行有关昆虫试验时，应有相应的防虫及杀虫装置。进行第一类菌（毒）种实验时，应设有单独隔离区，经上级主管部门审核符合要求后，由进行专门训练、有经验的技术人员操作，工作时要有严格防护措施。操作有疫苗的病原微生物时，工作人员应进行免疫接种，未经免疫接种人员不得进入隔离区及进行菌（毒）种操作，任务完成后必须将菌（毒）种销毁。对所有菌（毒）种进行动物实验时，都需要在高一个生物安全级别的实验条件下进行管理，即第二类按照第一类、第三类按第二类管理。

与公众健康密切相关的单位，如自来水公司、食品加工部门等设置的实验室，进行病原微生物相关活动时，需经所在省、自治区、直辖市卫生局批准，应有严格的措施以防止污染水源或食品。使用菌（毒）种工作时，如发生严重污染环境或实验室人员感染事故时，应及时处理，并向当地卫生主管部门和兽医卫生主管部门报告，同时逐级上报，并通知有关保藏中心。

菌（毒）种和样本的对外交流。国家对菌（毒）种和样本对外交流实行认定审批制度。从国外引进和向国外提供菌（毒）种或者样本的，应当经所在地省、自治区、直辖市人民政府相关主管部门审核后，报国家部委主管部门批准。从国外引进菌（毒）种或者样本的单位，应当在引进菌（毒）种或者样本后 6 个月内，将备份及其背景资料，送交保藏机构。引进单位应当在相关活动结束后，及时将菌（毒）种和样本就地销毁。出口《生物两用品及相关设备和技术出口管制清单》所列的菌（毒）种或者样本的，还应当按照《生物两用品及相关设备和技术出口管制条例》的规定取得生物两用品及相关设备和技术出口许可证件。

四、病原微生物样本的运输

《病原微生物实验室生物安全管理条例》、《可感染人类的高致病性病原微生物菌（毒）种或样本运输管理规定》、《高致病性动物病原微生物菌（毒）种或者样本运输包装规范》、《感染性物质运输指南》等法律法规对感染性物质，特别是高致病性动物病原微生物和样本的运输要求与具体程序进行了明确的规定。

运输高致病性病原微生物菌（毒）种或者样本，应当具备下列条件：

（1）运输目的、高致病性病原微生物的用途和接收单位符合国务院卫生主管部门或者兽医主管部门的规定；

（2）高致病性病原微生物菌（毒）种或者样本的容器应当密封，容器或者包装材料还应当符合防水、防破损、防外泄、耐高（低）温、耐高压的要求；

(3)容器或者包装材料上应当印有国务院卫生主管部门或者兽医主管部门规定的生物危险标识、警告用语和提示用语。

运输高致病性病原微生物菌(毒)种或者样本,应当经省级以上人民政府卫生主管部门或者兽医主管部门批准。在省、自治区、直辖市行政区域内运输的,由省、自治区、直辖市人民政府卫生主管部门或者兽医主管部门批准;需要跨省、自治区、直辖市运输或者运往国外的,由出发地的省、自治区、直辖市人民政府卫生主管部门或者兽医主管部门进行初审后,分别报国务院卫生主管部门或者兽医主管部门批准。

运输高致病性病原微生物菌(毒)种或者样本,应当通过陆路运输;没有陆路通道,必须经水路运输的,可以通过水路运输;紧急情况下或者需要将高致病性病原微生物菌(毒)种或者样本运往国外的,可以通过民用航空运输。

出入境检验检疫机构在检验检疫过程中需要运输病原微生物样本的,由国务院出入境检验检疫部门批准,并同时向国务院卫生主管部门或者兽医主管部门通报。

通过民用航空运输高致病性病原微生物菌(毒)种或者样本的,除依照本条第二款、第三款规定取得批准外,还应当经国务院民用航空主管部门批准。

从事疾病预防控制、医疗、教学、科研、菌(毒)种保藏以及生物制品生产单位,因工作需要可以申请运输高致病性动物病原微生物菌(毒)种或样本,申请运输的单位,在运输前应当向省级卫生或兽医卫生行政主管部门提出申请,并递交申请材料,主要包括运输申请表、法人资格证明材料、接受单位同意接受的证明文件、容器或包装材料的批准文号和合格证书复印件以及接收单位从事病原微生物操作的资质证明、活动许可文件和保藏、生产相关的文件。有关主管部门应当对申请人提交的关于运输高致病性病原微生物菌(毒)种或者样本的申请材料进行审查,对符合本条第一款规定条件的,应当即时批准。

运输高致病性病原微生物菌(毒)种或者样本,应该根据感染性物质运输的次数、运输区域以及紧急情况的不同,需要向相应级别的行政主管部门提出申请,获得批准后方可运输。在固定的申请单位和接受单位之间的多次运输相同的菌(毒)种或样本可以申请多次运输,多次运输的有效期为6个月,期满后如需运输则需要重新申请。在单个省、自治区、直辖市运输则需要向各个省、自治区、直辖市行政主管部门提出申请,如需跨多个省、自治区、直辖市运输,首先向当地省、自治区、直辖市行政主管部门提出申请,省级行政主管部门3个工作日内给出初审意见,并将初审意见和申请材料提交卫生部或农业部审批,卫生部或农业部应当在收到材料后3个工作日内做出是否批准的决定。对于紧急情况下的申请运输，需要通过电话或传真进行联系，尽快进行申请和审批，以方便疫病的控制和扑灭。由不少于2人的专人护送，并采取相应的防护措施。有关单位或者个人不得通过公共电（汽）车和城市铁路运输病原微生物菌（毒）种或者样本。需要通过铁路、公路、民用航空等公共交通工具运输高致病性病原微生物菌（毒）种或者样本的，承运单位应当凭本条例第十一条规定的批准文件予以运输。

承运单位应当与护送人共同采取措施，确保所运输的高致病性病原微生物菌（毒）种或者样本的安全，严防发生被盗、被抢、丢失、泄漏事件。

条例中还规定高致病性病原微生物菌（毒）种或者样本在运输、储存中被盗、被抢、丢失、泄漏的，承运单位、护送人、保藏机构应当采取必要的控制措施，并在2 h内分别向承运单位的主管部门、护送人所在单位和保藏机构的主管部门报告，同时向所在地的县级人民政府卫生主管部门或者兽医主管部门报告，发生被盗、被抢、丢失的，还应当向公安机关报告；接到报告的卫生主管部门或者兽医主管部门应当在2 h内向本级人民政府报告，并同时向上级人民政府卫生主管部门或者兽医主管部门和国务院卫生主管部门或者兽医主管部门报告。

县级人民政府应当在接到报告后2 h内向设区的市级人民政府或者上一级人民政府报告；设区的市级人民政府应当在接到报告后2 h内向省、自治区、直辖市人民政府报告。省、自治区、直辖市人民政府应当在接到报告后1 h内，向国务院卫生主管部门或者兽医主管部门报告。

任何单位和个人发现高致病性病原微生物菌（毒）种或者样本的容器或者包装材料，应当及时向附近的卫生主管部门或者兽医主管部门报告，接到报告的卫生主管部门或者兽医主管部门应当及时组织调查核实，并依法采取必要的控制措施。

第七节　设施设备管理

实验室仪器设备是微生物实验室必不可少的技术装备，也是试验得以顺利进行的重要保障，然而实验室的各种仪器也是病原体操作过程中密切接触和可能的传播媒介，仪器的规范使用、管理和维护是微生物实验室重要的工作内容。

病原微生物实验室设施应该符合国家标准和要求，对于一、二级生物安全的实验室要求较低，而三、四级生物安全实验室要求较高，其中三级生物安全实验室要求系统组成必须包括一级防护屏障；二级防护屏障；灭菌、消毒装置；有手动控制/自动控制系统能够对房间温度、相对湿度及压力梯度按程序设定进行自动调节；对房间换气次数实现高、低态调节；对通道门实现上锁、解锁以及各门之间逻辑互锁；对工作照明、动物照明、应急照明、紫外灯实现开关控制；对空调系统送风机、排风机、循环水泵、风阀等设备实现起停、切换、调节等控制；对生物安全柜实现起、停控制；对房间环境参数状态进行监测、记录（存储、打印）、提示、报警；对生物安全柜、动物隔离器运行状态监测、报警。

要对实验室的空调系统、过滤系统、送/排风电器配电、自动化、视频监控、对讲系统等进行定期的维修和保养。

对重要的设备如生物安全柜、安全罩，必须更加重视，在接触危害程度三类和四类病原微生物的场所，生物安全柜内的空气在排放前只要通过高效过滤器可以再循环；在实验室员工接触可能有危害程度二类或以上的生物因子的场所，禁止将空气再循环。动物实验时禁止将空气再循环。对于新安装的生物安全柜和安全罩及其高效过滤器的安装与更换，应由有资格的人员进行，安装或更换后应按照经确认的方法进行现场生物和物理的检测，并每年进行验证。实验室应时常监测生物安全柜以确保其设计性能能够符合相关要求。应保存检查记录和任何功能性测试结果。在安全柜上应有作为检查证明的标记。所用生物安全柜的放置、设计和类型应符合安全工作所要求的风险防护级别。所有生物安全柜的使用方式应避免降低其功能。生物安全柜、化学安全罩的通风应符合微生物和（或）化学的风险级别及符合安全要求。实验室的内部设计、构造以及操作程序应尽可能减少工作人员接触化学或生物源性有害气溶胶的几率。需要进行高致病性样品的离心操作时应将其置于有盖的安全罩内离心。所有需要进行搅拌、分散的样本应置于有盖容器内进行。对于高致病性病原微生物，在能产生气溶胶的离心机上使用负压罩。在可能出现有害气体和生物源性气溶胶的地方应采取局部排风措施。饲养、操作动物应在隔离器中进行，同时工作人员应使用适当的个人防护设备。进行生物因子的接种、培养、收取等操作必须在生物安全柜内进行。实验操作过程产生的各种有害气溶胶在未经高效过滤等无害化处理前不得直接排放。实验室安全负责人应周期性地对实验室进行生物安全检查，并通过对设备的维护和改造、完善操作技术以减少气溶胶的产生以及由此产生的危害。一旦发生因接种、离心、分散等不当操作发生气溶胶污染事故时，应立即通知实验室主任和安全负责人，同时启动紧急预案，实施紧急撤离，对任何暴露于其中的人员进行医学观察和治疗。同时，在实验室入口处加贴禁止入内的警示标志，对可能已经污染的区域、设备等由专业技术人员着防护服和呼吸保护装置在安全负责人的指导下进行消毒处理，以彻底清除气溶胶污染，尽快恢复实验室的安全运行状态。所有工作人员应配合实验室安全负责人做好防护服等个人安全卫生方面的管理工作。

实验室内所有可能发生紫外射线的设备、装置应有明显的标识公示。在使用紫外发生设备过程中,发现问题及时交由仪器设备管理进行检查和维修。实验室所有的紫外发生设备只能用于其最初的设计目的,严禁挪作他用。

电气设备的设计及制造应符合相关安全标准的要求。新的、改装过的或修理过的电气设备在未经合格的人员(如有资质的电工)完成电气安全测试和设备符合安全使用要求之前,不允许使用。电气设备使用人员应接受正确操作的培训,操作方式应不降低电气安全性。电气设备使用人员应定期检查设备可能引起电气故障的破损。只有合格的人员许可从事电气设备和电路工作。禁止未经授权的工作。应采取措施对设备去污染以减少维护人员受化学或生物性污染的风险。

一、仪器设备管理的范围

(1)凡单价在200元以下的仪器设备为低值仪器设备;单价在5万元以上(含5万元)的仪器设备为大型精密仪器设备;200元至5万元之间的仪器设备为一般仪器设备。研究单位可以根据地区和行业的特点及规定确立不同的等级标准(下同),不同等级标准的仪器设备进行分类管理。

(2)凡单价在200元以上(含200元),耐用期在一年以上,非易损的且能独立使用的仪器设备均应列入固定资产。

(3)凡自制、国内外捐赠或由外单位调拨的仪器设备且符合上述规定的,都应计价列入固定资产。

(4)仪器设备因增加附件或加工改制而增加功能提高质量时,按附件实价或加工改制费用增加其原值,因减少附件或拆除部件时,应减少其原值。

二、仪器设备管理的任务

生物安全实验室仪器设备管理的任务,除了利用有效的管理措施,管好、用好、维护好仪器设备,使仪器设备以良好的技术状态为科研工作提供最佳服务以外,还要根据实验室的安全特点,在仪器设备的选择、使用和维护方面制定相应的措施。要确保仪器设备的安全状况,保证仪器设备的完好率,不断地提高仪器设备的利用率,以期在安全条件下充分发挥仪器设备投资效能,促进科研工作的开展。具体来说应该包括以下几个方面:

(1)正确地选择和采购仪器设备。要在充分考虑试验安全和实验室运行可能的前提下,根据研究内容和规模,遵照安全上可靠、工作上适用、技术上合用、经济上合理的基本原则选择购置仪器设备。

(2)尽早使仪器设备满足实验室的安全要求，达到并保持正常的工作状态，以提供最大限度的可用机时。即要做到调研论证充分，购置仪器设备主机、附件、备件配套齐全，及时安装调试、验收并投入使用。待修仪器设备根据安全规程在进行适当的清除污染处理后，尽快安排修复使用。

(3)在充分发挥仪器设备性能与充分合理利用生物安全实验室有限空间这两个方面平衡考虑，使仪器设备和实验空间的综合使用效率达到最高。

(4)有目的地做好技术开发、革新改造、更新换代工作，使仪器设备水平得到不断提高，更好地满足实验室的安全要求。

(5)搞好仪器设备管理与维修人员的技术培训工作，提高仪器设备的维修技术，及时解决备品配件的供应。

(6)开展经济核算，重视经济效益。

仪器设备管理部门应当主动配合使用单位做好仪器设备管理、维护和保养，贯彻以预防为主，维护保养和合理使用并重的方针，实现仪器设备管理的科学化。

三、仪器设备的申购、选型、论证和审批

按任务需要与经费可能，实验室、研究室或课题组提出仪器设备申购计划，并做好正确的选型和可行性论证，然后会同生物安全专家进行设备使用的安全性论证。选购仪器设备要遵循安全上可靠、工作上适用、技术上合用、经济上合理的原则。安全上可靠是指选购的仪器设备能满足生物安全的需要，必要时要配备配套设施。工作上适用是指选购的仪器设备能满足任务的需要。技术上合用是指仪器设备的性能和精度要稳定、可靠、耐用。经济上合理是指仪器设备的购置费与日常运行费比较合理，能取得较高的投资效益。凡属大型精密仪器设备还需组织专家同行进行专门的可行性论证。

一般仪器设备的申购计划在经安全负责人论证后，由实验室、研究室主任签署意见，并交单位负责人审核批准。大型精密仪器设备的申购计划，除相关管理部门负责人和单位负责人审核同意外，还要请同行专家及生物安全专家进行可行性论证，提出评审论证意见，由单位法人审批。控购仪器设备的申购，必须先填写“控购商品申购表”，经管理部门、财务部门审核同意，由单位法人批准，报上级控购商品主管部门审批。

自制仪器的试制，事先必须提出试制计划，然后对其技术力量的可靠性，技术设计的科学性、可行性，以及经费投入的合理性进行论证，经管理部门审核同意。试制经费超过一定限额时，尚需经单位法人批准后才能进行试制。制成后，

经技术鉴定合格，予以验收入账，作为固定资产。

四、仪器设备的管理

(1)仪器设备的常规管理包括仪器设备的建账、建卡、编号、保管、清查、报废等，全面、明细的数据资料是仪器设备有效管理的可靠依据。必须建立健全仪器设备使用、管理的规章制度，正确、合理地使用仪器设备，具体可以参照一般实验室仪器设备管理方法来进行。

(2)仪器设备在整个运行过程中，由于外部、内部等各种因素的影响，如仪器设备特定的使用寿命、零配件的正常磨损、内部所需润滑物品的腐蚀、自然浸蚀等，都会改变仪器设备的工作性能。因此，为保证仪器设备的正常运行，延长仪器设备的使用期限，管理部门和使用单位要认真做好仪器设备的维护、保养和修理工作。其中日常性的维护、保养工作可以由科研工作人员自行完成。基本的一级维护保养工作应在专职人员的指导下由科研工作人员来完成。如部分分解，检查和清洁，修复、更换易损或已损的零部件，检查、调整、修复仪器设备的精度等二级维护、保养工作则必须由专职人员(或由生产厂商)来完成。仪器设备的维护、保养可以采用“防尘、防潮、防震”,“定人保管、定期保养、定室存放、定期校检”等“三防”、“四定”的方法，以保证仪器设备处于良好的工作状态。非本实验室的其他维修专职人员(或生产厂商工程师)在对仪器设备进行维修、保养以前，应由实验室人员在清除仪器设备污染、确保仪器设备安全，并对实验室进行危害评估以后，向维修保养人员解释清楚本实验室的特点，然后才能进行具体的维修保养工作，工作完成后还应进行安全性评估。

(3)仪器设备在长时间的运行过程中，出现磨损、故障、老化是一种自然规律，仪器设备的修理是完全必要的，特别是仪器设备进入使用期限的后期阶段，故障出现的可能性明显增大，因而修理工作显得更为重要。仪器设备的修理工作，必须遵循保养维护为主，一般维修和专业维修相结合的原则。根据仪器设备修理工作制度，修理工作可分为：事故维修、计划预防维修、改造维修和维修预防。事故维修即当仪器设备出现突发的意外故障时采用的应急维修。计划预防维修具有很强的计划性，因而科学性强，可以减少偶然事故的发生，维修的质量可以得到保证，包括日常的例行维护、定期检修和计划维修。改造维修指对仪器设备的技术改造，以减少仪器设备故障的重复出现，扩展仪器设备的功效。维修预防是指对大型、精密、贵重仪器设备的经常性维护保养工作，目的是减少重大故障发生率，降低维修费用，提高仪器设备的使用效率。

仪器设备的维护保养与修理是相辅相成的。严格的维护保养，保证了仪器设备的正常工作,减少了修理的工作量和经济损耗,同时,修理工作质量的提高,又可以提高仪器设备的使用效率。仪器设备修理时的安全措施,参见上一条款。

(4)建立完整的技术档案是正确使用仪器设备,以及考核和评价仪器设备状态的重要依据。仪器设备技术档案的主要内容分为两大部分:①原始档案。包括仪器设备申请报告、论证报告、订货合同单、验收记录及随仪器设备带来的全部技术资料(结构原理、图纸、出厂检验单、电路图、说明书、合格证、操作手册及附件明细表等)。②使用档案。一种是使用工作日志,记载仪器设备日常工作情况,包括每次使用的操作人员、操作时间、仪器设备运行情况、工作内容及结果等。是定期考核及折旧的重要依据。另一种是仪器设备履历卡,主要记录故障现象、原因、排除故障采取的措施、维修记录、质量鉴定及精度校验记录、技术改造记录等技术状态。是仪器设备的性能和技术指标的历史记录,是考核仪器设备状态的依据。

技术档案要有专人负责管理,从开始申请、安装、验收到投入使用,直至报废处理,都要随时注意收集整理有关资料。技术档案管理人员要督促有关人员认真填写,随时抽查,定期汇总统计,并向管理部门和领导提供有关的信息,以便改进工作,提高管理水平。

总之,仪器设备技术管理的目的是保证仪器设备经常处于安全、完好、可用状态,不断地提高其利用率。

第二篇 实验室生物安全技术

生物安全实验室的实验活动不可避免地要涉及接触、使用、保存和处理含有病原微生物的感染性物质，这些感染性物质是引起实验室人员感染和环境污染的更加危险的潜在因素。规范的操作规程、正确合理的废弃物的处理、运转良好的设备保障以及对意外事故的应对方案和应对程序都将会避免或者最小程度地减少实验室感染和环境污染的发生。本篇的各章节将会对上述问题进行一一阐述。

第八章　微生物实验室操作规程(国标)

第一节　标准操作规程和特殊操作规程

一、生物安全1级(BSL-1)

1. 标准微生物学操作规程

(1)正在处理培养物或标本时,由实验室主管限制或控制外来人员进入实验室。

(2)实验人员在处理完生物活性物质、脱下手套、离开实验室之前必须洗手。

(3)工作区内不准进食、喝水、抽烟、处理隐形眼镜、使用化妆品以及贮存供人食用的食物。戴隐形眼镜实验人员仍需佩戴护目镜或面罩。食物应贮存于工作区外的专用橱柜或冰箱内。

(4)禁止使用口吸移液技术,应使用机械移液装置。

(5)制定使用锐利器具如注射器针头、手术刀片等的安全保护方案。

(6)仔细进行每一步操作,以减少飞溅物或气溶胶的产生。

(7)工作台面应至少每天消毒一次,发生生物活性物质泼洒时应及时消毒。

(8)所有培养物、贮存物及其他废物在排放前应先经过可靠的消毒,如高压灭菌处理。需在实验室外临近处进行消毒处理的物品,必须存放于结实耐用、防扩散的容器中,从实验室运出时应密闭,并依据当地政府的相关规定进行安全包装后,才能从实验室移出。

(9)有传染性病原体时,应在实验室入口贴上生物危害的标志。标志上要包括所使用的病原体名称以及研究者的姓名和联系电话。

(10)昆虫和啮齿类动物管理方案参考其他规范。

2. 特殊操作规程

无特殊操作规程。

二、生物安全2级(BSL-2)

1. 标准微生物学操作规程

(1)正在进行实验时,由实验室主管限制人员进入。

(2)实验人员在处理完生物活性物质、脱下手套、离开实验室之前必须洗手。

(3)不得在工作区内进食、喝水、抽烟、处理隐形眼镜、使用化妆品。食物应贮存于工作区外的专用橱柜或冰箱内。

(4)禁止使用口吸移液技术,应使用机械移液装置。

(5)制定使用锐利器具如注射器针头、手术刀片等的方案。

(6)仔细进行每一步操作,以减少飞溅物或气溶胶的产生。

(7)工作台面在每天工作结束前至少应消毒一次,发生生物活性物质泼洒时应及时消毒。

(8)所有培养物、贮存物及其他废物在排放前,应先经过可行的消毒方法如高压灭菌法处理。要在实验室外临近处进行消毒处理的物品,必须存放在耐用、防扩散的密闭容器中,且必须依据当地及国家的相关规定进行安全包装后才能从实验室移出。

(9)昆虫和啮齿类动物管理方案参考其他规范。

2.特殊操作规程

(1)正在进行传染病原体操作时,实验室主管应限制其他人员进入。通常,易感或感染后会产生严重后果的人员(如免疫缺陷或免疫抑制人员),不得进入实验室或动物室。实验室主管应评估各种条件,并具有谁可以进入实验室或动物室并在其中工作的最终决定权。

(2)实验室主管应制定规章和程序,只有那些明确病原体潜在危险性并符合特定入室要求(如经过免疫接种)的人员才能进入实验室。

(3)如果使用了某些病原体,应在实验室入口处贴上生物危害的标志。包括的项目有:所应用的病原体、生物安全级别、所需的免疫接种、研究者姓名及联系电话、实验室内必须佩戴的所有个人防护设备以及离开实验室前的注意事项。

(4)实验室人员须针对本室所应用的病原体或潜在的病原体,接受适当的免疫接种或检测(如乙肝病毒疫苗或 TB 皮试)。

(5)在适当的时候,根据所处理的病原体,对实验室或其他高危人员进行基准血清样本收集并保存,然后依据所处理病原体的种类或实验室的职能,进行血清样本的阶段性收集。

(6)由实验室主管将生物安全程序与标准操作规程结合,或将其加入所采用的或为本实验室特别制定的生物安全手册中。实验人员应了解特殊危险,并熟读与遵守操作规程。

(7)实验室主管应确保实验人员及辅助人员接受适当的培训,使其了解工作中所涉及的潜在危险、必要的预防措施以及暴露评估程序。实验人员应接受继续培训,以更新知识和技能,从而适应于程序或规定的改变。

(8)在使用锐利器具时,应特别谨慎。这些器具包括针头和注射器、玻片、移液器、毛细管和刀片等。

①应限制使用针头、注射器或其他尖锐仪器,只在没有其他选择时应用,如胃肠外注射、取血、从实验动物或带隔膜的瓶子中吸取液体。尽量用塑料制品代替玻璃制品。

②只有带锁定针头的注射器(针头与注射器连在一起,不准将针头从注射器上移除)或一次性注射器能用于传染物质的注射抽吸。用过的一次性针头不能被折弯、剪断、摔破、翻新使用,也不能从一次性注射器上移除,或丢弃前用手接触,应将它们小心地弃于一个方便放置、且防刺破的专用容器中等候处理。非一次性锐器也必须放于有结实外壳的容器中,以便运输到消毒场所进行处理,常采用的方式是高压蒸汽灭菌。

③可重新接入针头的注射器、无针系统及其他安全装置在适当的时候可应用。

④破碎的玻璃器皿不要马上用手处理,而应当使用适当的器具,如刷子、簸箕、钳子和镊子等。装有污染针头、锐器或玻璃碎片的容器在丢弃前应先根据当地及国家的环保规定进行消毒处理。

(9)培养物、组织、体液标本或具潜在传染性的废物必须放于带盖的容器内,防止在收集、处理、操作、贮存、转移或运输中发生扩散。

(10)实验室设备和工作台面必须用有效的消毒剂,在进行完传染性物质的操作后进行常规的消毒,尤其在出现传染性物质外喷洒或发生其他污染时,更应小心处理。污染的设备在送去维修前或经过包装从实验室移出前,必须根据相关规定进行消毒。

(11)发生溢出事故造成传染性物质扩散时,应立即报告实验室主管。对这种情况要做医疗评估、监测以及妥善处理,并记录存档。

(12)与研究无关的动物不允许存放于实验室。

三、生物安全3级(BSL-3)

1. 标准微生物学操作规程

(1)正在进行实验时,由实验室主管限制人员进入。

(2)实验人员在处理完活性物质、脱下手套、离开实验室之前要洗手。

(3)不得在工作区内进食、喝水、抽烟、处理隐形眼镜、使用化妆品。食物应贮存于工作区外的专用橱柜或冰箱内。

(4)禁止使用口吸移液技术,应使用机械移液装置。

(5)制定安全使用锐利器具的方案。

(6)仔细进行每一步操作,以减少飞溅物或气溶胶的产生。

(7)工作台面在每天工作结束前至少应消毒一次,发生生物活性物质泼洒时应及时消毒。

(8)所有培养物、贮存物及其他废物在排放前应先经过可行的消毒方法如高压灭菌法处理。要在实验室外面临近处进行消毒处理的物质必须存放在耐用、防扩散的密闭容器中,才能运出实验室。从 BSL-3 实验室排放的废物在移出实验室处理前应先消毒。

(9)昆虫和啮齿类动物管理方案参考其他规范。

2.特殊操作规程

(1)进行实验时应关闭实验室的门。

(2)实验室主管应限制其他无关人员进入实验室、接触操作及辅助操作人员。那些易于受感染或感染后会产生严重后果的人员(如免疫缺陷或免疫抑制人员)不得进入实验室或动物室。实验室主管应评估各种环境,并决定谁可以进入实验室或在其中工作。任何未成年人不得进入实验室

(3)实验室主管应制定规章和程序,只有那些明确病原体潜在危险性、符合特定入室要求(如经过免疫接种)以及遵守所有入室和出室程序的人员才能进入实验室。

(4)如果实验室或防扩散性容器中有传染性材料或受染动物,应在所有实验室和动物室入口处张贴危险警告标牌及通用生物危害的标识。生物安全警告标牌上应标明所使用的病原体、实验室主管或其他主管的姓名和联系电话,并且标明进入实验室的具体要求,例如,需免疫接种、戴防护面具或其他个人防护措施。

(5)实验室人员须针对本室所应用的病原体或潜在的病原体,接受适当的免疫接种或检测(如乙肝病毒疫苗或 TB 皮试),并且应定期进行相应的病原体检查。

(6)在适当的时候,根据所处理的病原体,对实验室或其他高危人员进行基准血清样本收集并保存,然后依据所处理病原体的种类或实验室的职能,进行血清样本的阶段性收集。

(7)由实验室主管制定或采用适于本实验室的生物安全手册,采取的生物安全预防措施应与标准技术规程结合。实验人员应了解特殊危险并熟读与遵守操作规程。

(8)实验室主管应确保实验人员及辅助人员接受适当的培训,使其了解工作中的潜在危险、必要的预防措施以及暴露评估程序。实验人员应接受继续培训,以更新知识和技能,从而适应于程序的改变。

(9)实验室主管负责确保所有实验人员在进行 BSL-3 级水平相关病原体操作前，熟悉掌握标准微生物学操作和技术以及其他本实验室所需进行的操作。包括以前在处理人病原体或细胞培养方面的经验或参加过由实验室主管或其他精通微生物学安全操作和技术的专家开办的特定培训课程。

(10)在使用锐利器具时应特别谨慎。这些器具包括针头和注射器、玻片、移液器、毛细管和刀片。

①应限制使用针头和注射器或其他锐利器具，只有在没有其他选择时才应用，如胃肠外注射、取血、从实验动物或带隔膜的瓶子中吸取液体。尽量用塑料制品代替玻璃制品。

②只有带锁定针头的注射器或一次性注射器能用于传染性物质的注射抽吸。用过的一次性针头不能被折弯、剪断、摔破、翻新使用，也不能从一次性注射器上移除或丢弃前用手接触，应将它们小心地放于方便放置、防刺破的专用容器中以便处理。非一次性锐器也必须放于有结实外壳的容器，以便运输到消毒场所进行处理，常采用的消毒方式是高压蒸汽灭菌法。

③可重新接入针头的注射器、无针系统及其他安全装置在适当的时候可应用。

④破碎的玻璃器皿不要用手处理，应当使用适当的器具，如刷子、簸箕、钳子和镊子等。装有污染针头、锐器或玻璃碎片的容器在丢弃前应根据当地和国家的有关规定进行消毒处理。

(11)所有涉及传染性物质的开放性操作应在生物安全橱或其他防扩散区间内的物理防扩散装置中进行，不能在开放台面的敞口容器中进行。可应用塑料面防水纸巾擦拭法清洁生物安全橱内的无孔工作台面。

(12)实验室设备和工作台面必须用有效的消毒剂，在进行完传染性物质的操作后进行常规消毒，在发生传染性物质外喷撒或发生其他污染时，更应小心处理。

①发生传染性物质扩散事故时，应由专业人员或其他受过专门训练、懂得处理高浓度传染性物质的人员进行消毒、收集和清洁。应制定并张贴扩散后处理程序。

②污染的设备在送去维修前或经包装运输前，必须根据当地和国家的规定进行消毒。

(13)培养物、组织、体液标本或具潜在传染性的废物必须放于带盖的容器内，防止在收集、处理、操作、贮存、转移或运输中发生扩散。

(14)实验室内所有具潜在传染性的废弃材料（如手套、实验室工作服等）在对其进行处理或重新利用前进行消毒。

(15)发生溢出事故造成传染性物质扩散时应立即报告实验室主管。对这种情况要做医疗评估、监测以及妥善处理，并记录存档。

(16)与研究无关的动、植物不允许存放于实验室。

四、生物安全4级(BSL-4)

1.标准微生物学操作规程

(1)进行实验时,由实验室主管限制人员进入。

(2)制定处理锐利器具如注射器针头、手术刀片等的措施。

(3)应仔细操作所有步骤,以减少气溶胶的产生。

(4)工作台面至少每天消毒一次,发生活性材料溅出后应立即消毒。

(5)所有废物均应采用适当的方法如高压灭菌进行消毒处理后才能丢弃。

(6)昆虫和啮齿类动物管理方案参考其他规范。

2.特殊操作规程

(1)只有那些必须在实验室或单个实验室房间进行操作的人员或辅助人员才允许进入。易受感染或感染后会造成极其严重后果的人员(如免疫缺陷或免疫抑制患者),以及儿童、孕妇等均不得进入实验室或动物室。实验室主管应评估各种环境,并决定谁可以进入实验室或在其中工作。实验室入口应安装上锁的安全门。人员的进入由实验室主管、生物危险控制官员或其他负责实验室设备安全的人员进行管理。有关人员进入实验室前,应明确潜在危险性,并进行适当的安全防护指导以确保其安全。允许进入的人员应遵守规定以及入、出室的程序。所有进入实验室的人员都要签名登记,记录出入实验室的日期和时间。此外,还要制定切实有效的应急措施。

(2)如果实验室或防扩散性容器中有传染性材料或受染动物,应在所有进门处张贴危险警告标志及通用生物危害的标识。标明所使用的病原体、实验室主管或其他主管的姓名和联系电话,并且标明进入实验室的具体要求(如需免疫接种或戴防护面具等)。

(3)实验室主管负责确保所有实验人员在进行BSL-4级水平病原体操作前,熟悉掌握标准和特殊微生物学操作规程,以及其他本实验室所需进行的特定操作。包括以前在处理人病原体或细胞培养方面的经验或参加过由实验室主管或其他精通微生物安全操作和技术的专家开办的特定培训课程。

(4)对实验室人员进行有针对性的免疫接种。

(5)对实验室或其他高危人员进行基准血清样本收集并保存,并依据所处理病原体的种类或实验室的职能,定期进行血清样本的阶段性收集。在制定血清监测计划时,应考虑评估特定抗体检测方法的可行性。此计划负责检测各阶段所收集的血清样本并将结果告之参与者。

(6)制定或采用适当的生物安全手册。有关人员应了解特定危害性,熟读并遵守操作规程。

(7)实验人员及辅助人员接受适当的培训,了解工作中的潜在危险、必要的预防措施以及暴露评估程序。此外,实验人员还应接受继续培训,以更新知识和技能,从而适应于程序的改变。

(8)实验人员只能经淋浴间和更衣室出入实验室,每次离开实验室前都应进行消毒性淋浴。只有在紧急情况下,才能通过气压过渡间(风淋室)出入实验室。

(9)便服应脱在外更衣室。完整的实验室服装包括内衣、短裤、衬衣或套头衫、鞋、手套等,都应提供给所有进入实验室的人员。当准备离开实验室进入冲洗间前,要在内更衣室脱去实验室服装。脏衣服在送洗衣房前应高压灭菌。

(10)室内所需材料和用品应通过双层门的高压灭菌仓、熏蒸消毒仓或气压过渡间送入。这些双门设备在每次使用前后均应适当消毒。关好外门后,室内的工作人员再打开内门取出所送入的物品。取完物品后再将内门关好。

(11)使用锐利器具应特别谨慎。这些器具包括针头和注射器、玻片、移液器、毛细管和刀片等。

①应限制使用针头、注射器或其他锐利器具,只有在没有其他选择时才应用,如胃肠外注射、取血、从实验动物或带隔膜的瓶子中吸取液体。尽量用塑料制品代替玻璃制品。

②只有带锁定针头的注射器或一次性注射器能用于传染性物质的注射抽吸。用过的一次性针头不能被折弯、剪断、摔破、翻新使用,也不能从一次性注射器上移除或丢弃前用手接触,应将它们小心地放于方便放置防刺破的专用容器中以便处理。非一次性锐器也必须放于有结实外壳的容器中,以便于运输到消毒场所进行处理,常采用的方式是高压灭菌法。

③可重新接入针头的注射器、无针系统及其他安全装置在适当的时候可应用。

④破碎的玻璃器皿不要用手处理,应当使用适当的器具,如刷子、簸箕、钳子和镊子等。装有污染针头、锐器或玻璃碎片的容器在丢弃前应根据当地和国家的规定进行消毒处理。

(12)需从三级安全橱或BSL-4级实验室移出的具活性或保持完整状态的生物材料,必须转移到防碎封口的初级容器中,然后再将其装入防碎封口的二级容器中。并且通过专门为此而设计的消毒浸泡罐、熏蒸消毒室或密封过渡间再移出室外。

(13)除了必须保持生物学活性或完整状态的生物材料,任何材料在移出BSL-4级实验室前必须经过高压灭菌或消毒。可能被高压或蒸气损坏的设备和器材,必须在密闭室或专为此而设计的小室中用气体熏蒸法进行消毒。

(14)实验室设备和工作台面在进行完传染性物质的操作后,必须用有效的消毒剂进行常规消毒,尤其在发生传染性物质外喷洒或发生其他污染时,更应小心处理。设备在送去维修前应进行消毒。

(15)发生传染性物质扩散事故时,应由专业人员或其他受过专门训练、懂得处理高浓度传染性物质的人员进行消毒、收集和清洁。应制定并张贴扩散后处理程序。

(16)制定一套实验室报告系统,报告内容为实验室事故、病原体暴露和人员缺席、对潜在实验室相关性疾病的监测等情况。将这些情况记录后存档。另外,此报告监测系统的一个基本辅助措施是,建立对实验人员进行潜在或已知实验室相关疾病的检疫、隔离和医疗设施。

与实验无关的材料(如动物、植物和衣服等)不允许存放于实验室。

第二节　动物实验操作规程(包括染毒)

一、动物生物安全1级(ABSL-1)

1.标准操作规程

(1)动物实验室主管应制定应急策略、程序和方案。每一步涉及动物饲养和使用的研究项目均需经过有关生物安全的上级管理机构的批准。此外,进行其他特殊操作也都应经过批准。

(2)只有那些参与研究项目的人员及辅助人员才允许进入室内。入室前应告之有关的潜在危险性,并对其进行适当的安全防护指导。

(3)应有适当的医疗监测方案。

(4)制定或采用生物安全手册。实验人员应了解特定危害性,熟读并遵守操作规程。

(5)进食、喝水、抽烟、处理隐形眼镜、使用化妆品以及贮存供人食用的食物等行为应在指定的区域内进行。而不允许在动物实验室或实验操作室内进行。

(6)仔细进行每一步操作,以减少飞溅物或气溶胶的产生。

(7)工作台面应至少每天消毒一次,发生生物活性物质泼洒时应及时消毒。

(8)所有动物实验室的废物(包括动物组织、尸体以及污染的垫料等)在从动物实验室被运出时,必须存放于防扩散的容器中,并且应依据研究所或当地的相关规定对其进行妥善处理,最好是焚化。

(9)制定安全使用锐利器具的方案。

(10)实验人员在处理完培养物和动物后,脱下手套离开动物实验室之前必须洗手。

(11)如果动物实验室内有传染性病原体存在时,应在入室处张贴生物危害的标志,标明所使用的传染性病原体、负责人姓名和联系电话,并标明进入动物实验室的具体要求(如需免疫接种、戴防毒面具等)。

(12)昆虫和啮齿类动物管理方案目前已实施。

2.特殊操作规程

无特殊操作规程。

二、动物生物安全2级(ABSL-2)

1.标准操作规程

(1)除了由设施主管制定的标准应急策略、程序和方案外,还应根据具体情况制定特殊策略和程序,且需经过有关生物安全的上级管理机构的批准。

(2)尽可能减少进入动物实验室的人员。正在进行实验时,有关操作人员或辅助人员需进入时,应了解潜在危险。

(3)应有适当的医疗监测方案。实验室人员须针对所应用的病原体或潜在的病原体,接受适当的免疫接种或检测(如乙肝病毒疫苗或TB皮试),并且应建立适当的血清监测系统。

(4)制定或采用生物安全手册。实验人员应了解特定危害性,熟读并遵守操作规程。

(5)进食、喝水、抽烟、处理隐形眼镜、使用化妆品以及贮存供人食用的食物等行为应在指定的区域内进行。而不允许在动物实验室或实验操作室内进行。

(6)仔细进行每一步操作,以减少飞溅物或气溶胶的产生。

(7)应在传染病原体操作结束后,用有效消毒剂对室内设备和工作台面进行常规消毒,尤其在发生传染性物质泼洒或其他污染时,应及时进行消毒处理。

(8)在采集、标记、运输和处理传染性标本的过程中,均应防止病原体的传播。所有动物实验室的废物(包括动物组织、尸体以及污染的垫料、剩余的饲料、刀片等税利器具及其他垃圾)在从动物实验室运出时,必须存放于防扩散的容器中,并且应依据研究所或当地的相关规定对其进行妥善处理。在转移废物前,应对容器的外表面进行消毒,建议在焚化前对容器内废物进行高压灭菌。

(9)制定安全使用税利器具的方案。

①在动物实验室内应限制使用针头、注射器或其他税利器具,只在没有其他选

择时才应用,如胃肠外注射、取血、从实验动物或带隔膜的瓶子中吸取液体等。

②可重新接入针头的注射器、无针系统及其他安全装置在适当的时候可应用。

③尽量用塑料制品代替玻璃制品。

(10)实验人员在处理完培养物和动物后,脱下手套离开动物实验室之前必须洗手。

(11)如果动物实验室内有传染性病原体存在时,应在入室处张贴生物危害标志,标明所使用的传染性病原体、负责人姓名和联系电话,以及进入动物实验室的具体要求(如需免疫接种、戴防毒面具等)。

(12)昆虫和啮齿类动物管理方案参考其他规范。

2.特殊操作规程

(1)动物实验室主管应确保实验人员及辅助人员接受适当的培训,使其了解工作中所涉及的潜在危险、必要的预防措施以及暴露评估程序。实验人员每年应接受继续培训,以更新知识和技能,以适应于程序或政策的改变。应对实验人员的受训情况进行记录。一般来说,那些具较高感染危险或发生感染后将造成严重后果的人员,不得进入动物实验室,除非有特殊措施可减少额外危险。

(2)只有实验所需动物才可置于室内。

(3)所有设备在移出动物实验室之前,须经过适当消毒。

(4)发生溢出事故造成传染性物质扩散时,应立即报告给单位主管。对这种情况要做医疗评估、监测以及妥善处理,并记录存档。

三、动物生物安全3级(ABSL-3)

1.标准操作规程

(1)除了有动物设施主管制定的标准应急策略、程序和方案外,还应根据具体情况制定特殊策略和程序,且需经过动物饲养和使用的有关管理机构批准。

(2)实验室或动物设施主管应尽可能减少进入动物实验室的人员。正在进行实验时,有关操作人员或辅助人员需进入,应了解潜在危险。

(3)应有适当的医疗监测方案。实验室人员须针对所应用的病原体或潜在的病原体,接受适当的免疫接种或检测(如乙肝病毒疫苗或TB皮试),并且应建立适当的血清监测系统。一般来说,那些具较高感染危险或发生感染后会造成严重后果的人员,不得进入动物实验室,除非有特殊措施可减少额外危险。应由专业保健医师进行危险评估。

(4)制定或采用生物安全手册。实验人员应了解特定危害性,熟读并遵守操作规程。

(5)进食、喝水、抽烟、处理隐形眼镜、使用化妆品以及贮存供人食用的食物等行为应在指定的区域内进行。不允许在动物实验室或实验操作室内进行。

(6)仔细进行每一步操作,以减少飞溅物或气溶胶的产生。

(7)在传染性病原体操作结束后,用有效消毒剂对室内设备和工作台面进行常规消毒,尤其在发生传染性物质泼洒或其他污染时,更应及时进行消毒处理。

(8)所有动物实验室的废物(包括动物组织、尸体以及污染的垫料、剩余的饲料、刀片等锋利器具及其他垃圾)在从动物实验室运出时,必须存放于防扩散的封闭容器中,并且应依据研究所或当地的相关规定对其进行妥善处理。建议采用焚化方法。在转移废物前,应对容器的外表面进行消毒。

(9)制定安全使用锐利器具的方案。

①在动物实验室内应限制使用针头、注射器或其他锐利器械,只在没有其他选择时才应用,如胃肠外注射、取血、从实验动物或带隔膜的瓶子中吸取液体等。

②可重新接入针头的注射器、无针系统及其他安全装置在适当的时候可应用。

③尽量用塑料制品代替玻璃制品。

(10)实验人员在处理完培养物和动物后,脱下手套离开动物实验室前必须洗手。

(11)如果动物实验室内有传染性病原体存在时,应在入室处张贴生物危害标志,标明所使用的传染性病原体、负责人姓名和联系电话以及进入动物实验室的具体要求(如需免疫接种、戴防毒面具等)。

(12)传染性标本的采集、标记、运输和处理均应防止病原体的传播。

(13)实验人员及辅助人员应接受适当的培训,使其了解工作中所存在的潜在危险、必要的预防措施以及暴露评估程序。必要时,实验人员应更新知识和(或)继续培训,以适应程序或政策的改变。应对实验人员的受训情况进行登记。

(14)昆虫和啮齿类动物管理方案参考其他规范。

2.特殊操作规程

(1)移除动物笼内的垫料并对其进行清洗前,应高压灭菌或彻底消毒。设备在包装运输前,或从室内搬出进行维修前,必须根据国家和当地政府有关环境保护法规进行消毒。

(2)应制定并张贴病原体发生扩散后的处理程序。发生传染性物质扩散事故时,应受过专门训练或懂得处理传染物质的人员进行处理和清洁。在发生溢出事故,造成传染性物质扩散时,应立即向单位主管报告。相应的医疗评估、监测以及处理措施要妥当,并且记录存档。

(3)在对动物实验室的所有废物进行焚化或其他终末处理前,必须进行高压灭菌。

(4)实验中不涉及的材料(如动物、植物)不允许存放于实验室。

四、动物生物安全4级(ABSL-4)

1.标准操作规程

(1)除了由实验室主管制定的标准应急策略、程序和方案外,还应根据具体情况制定特殊策略和程序,且需经过动物饲养和使用以及生物安全上级管理部门的批准。

(2)实验室或动物设施主管应尽可能减少进入动物实验室的人员。正在进行实验时,有关操作人员或辅助人员需进入时,应了解潜在危险。

(3)应制定针对所有进入ABSL-4级设施人员的医疗监测方案。此方案包括:适当的免疫、血清的收集以及暴露后咨询和隐性预防设施。一般来说,那些具较高感染危险或发生感染后会造成严重后果的人员,不得进入动物实验室,除非有特殊措施可减少额外危险。应由专业保健医师进行危险评估。

(4)根据单位实际情况,制定或采用特定生物安全手册。实验人员应了解其特定危险性,熟读并遵守操作规程。

(5)进食、喝水、抽烟、处理隐形眼镜、使用化妆品以及贮存供人食用的食物等行为应在指定的区域内进行。不允许在动物实验室或实验操作室内进行。

(6)仔细进行每一步操作,以减少飞溅物或气溶胶的产生。

(7)在传染性病原体操作结束后,用有效消毒剂对室内设备和工作台面进行常规消毒,尤其在发生传染性物质泼洒或其他污染时,更应及时进行消毒处理。

(8)制定并张贴扩散后的处理程序。发生传染性物质扩散事故时,应由受过专门训练或懂得处理传染性物质的人员进行处理和清洁。发生溢出事故,造成传染性物质扩散时,应立即报告单位主管。相应的医疗评估、监测以及处理措施要妥当,并且记录存档。

(9)所有物(包括动物组织、尸体以及污染的垫料)、其他待处理的物质以及待送洗的衣服等,均应在双门高压灭菌仓(设于二级屏蔽墙内)中进行消毒。废弃物应焚化。

(10)制定安全使用税利器具的方案。

①在动物实验室内应限制使用针头、注射器或其他税利器具,只在没有其他选择时才应用,如胃肠外注射、取血、从实验动物或带隔膜的瓶子中吸取液体等。

②可重新接入针头的注射器、无针系统及其他安全装置在适当的时候可应用。

③尽量用塑料制品代替玻璃制品。

(11)如果动物实验室内有传染性病原体存在,应在入室处张贴生物危害标志,并标明所使用的传染性病原体、负责人姓名和联系电话,以及进入动物实验室的具体要求(如需免疫接种、戴防毒面具等)。

(12)实验人员及辅助人员应接受适当的培训,了解工作中存在的潜在危险、必要的预防措施以及暴露评估程序。必要时,实验人员应更新知识和(或)继续培训,以适应程序或政策的改变。应对实验人员的受训情况进行记录并保存。

(13)移除动物笼内的垫料并对其进行清洗前,应高压灭菌或彻底消毒。设备在包装运输前或从室内搬出进行维修前,必须根据相应的规定进行消毒。实验室设备和工作台面在完成传染性物质的操作后必须用有效的消毒剂进行常规消毒,尤其发生传染性物质意外喷撒或其他污染时,更应小心处理。污染的设备在从实验室送去维修前,必须根据当地和国家的相应规定进行消毒。

(14)被指派进行感染动物实验的人员必须成对操作。为减少潜在危险,应使用能将动物牢固固定的笼子,对动物麻醉后再行操作或采取其他适当措施。

(15)实验中不涉及的材料(如动物、植物)不允许存放于实验室。

2. 特殊操作规程

(1)采取更多的措施控制人员进入(如 24 h 警卫和出入安全检查系统)。实验人员应通过更衣室和淋浴间进入或离开设施,每次离开前均应淋浴。除非紧急情况,实验人员不得通过气压过渡仓进、出实验室。

(2)在三级安全橱内进行操作时,实验人员的便服应脱在外更衣室。完整的实验室服装包括内衣、短裤、衬衣或套头衫、鞋、手套等,应提供给所有入实验室的人员。当准备离开实验室进入冲洗间前,实验人员应在内更衣室脱去实验室服装。脏衣服在送洗衣房前应高压灭菌。

(3)在 BSL-4 防护服实验室进行操作时,实验人员需彻底更衣。在脱去消毒后的外套后,实验人员应进行淋浴。脏衣服在送洗衣房前应高压灭菌。

(4)室内所需材料和用品应通过双层门的高压灭菌仓或熏蒸消毒仓。当其外门被关严后,室内人员才能打开内侧门取出用物。高压灭菌仓和熏蒸消毒仓两侧的门是交替开启的,从而确保只有在其消毒循环完成后,外侧门才能被打开。

(5)制定一套实验室报告系统,报告内容为实验室事故、病原体暴露和人员缺席、对潜在实验室相关性疾病的监测等情况。将这些情况记录成文并保存。另外,此报告监测系统的一个基本辅助措施是,建立起对实验人员进行潜在或已知实验室相关疾病的检疫、隔离和医疗的设施。

(6)应定期对实验人员进行血清样本分析,并将结果通知受检者。

第三节　高致病性禽流感安全操作技术规程

禽流感(Avian Influenza,AI)是由A型禽流感病毒(Avian Influenza Virus,AIV)引起禽的一种从呼吸系统到严重全身性败血症等多种症状的病毒性传染病。禽流感不仅曾给世界上的养禽业造成过相当大的经济损失,而且目前仍严重威胁全球养禽业的生产安全。自2003年底以来,韩国、日本、中国等十多个亚洲国家和地区相继暴发了H5N1亚型高致病性禽流感,并在越南、泰国、中国等国家多次导致人发病和死亡,引起世界关注。由于我国政府采取封锁、扑杀、消毒和强化免疫接种等综合性措施,迅速而有效地控制了禽流感疫情,但为此也付出了沉重代价,造成很大的经济损失。由于禽流感病毒的高度变异特性和可通过野生候鸟传播的特性,目前全球防控高致病性禽流感疫情的形势依然十分严峻。

禽流感不仅对养禽业造成重大损失,而且对公共卫生安全构成严重威胁。当前高致病性禽流感已被国际上列为反生物恐怖主要内容之一,被国际兽医局列为A类烈性传染病,被我国农业部列为一类监测传染病,被我国卫生部列为甲类管理的乙类传染病。由于高致病性禽流感的疫情监测、实验室诊断、动物实验和疫苗研究等实验活动,存在着病毒扩散和人员感染的高风险性,对高致病性禽流感病毒的危害评估是保证实验室生物安全工作的重要前提。

高致病性禽流感相关实验技术标准操作规范主要涉及高致病性禽流感的分离、纯化培养和暂存、高致病性禽流感的红细胞凝集试验、高致病性禽流感的红细胞凝集抑制实验、高致病性禽流感核酸提取、高致病性禽流感毒力测定(IVPI试验)。

一、目的

明确高致病性禽流感病毒相关实验技术的操作。

二、范围

此SOP适用于本实验室进行高致病性禽流感病毒研究的人员。

三、职责

(1)实验人员向科室或课题负责人提出使用毒种的申请,经生物安全领导小组评估并得到书面批准后,可进行相关实验。

(2)应执行本实验室的生物安全管理规定。包括样本的接收、毒种申领、启用和销毁及毒种的保藏。

(3)应执行实验方法的操作规程和仪器的标准化操作。

(4)实验人员应具备三级实验室上岗证,并遵守双人进入制度。

(5)整个实验过程接受实验室生物安全监督员的监督,同时实验室监控室负责监控。

(6)实验结束后由实验操作人员负责及时清理现场。

四、操作规程

高致病性禽流感的分离、纯化培养和暂存

高致病性禽流感的红细胞凝集试验和红细胞凝集抑制实验

高致病性禽流感核酸提取

高致病性禽流感毒力测定(IVPI 试验)

(一)高致病性禽流感病毒的分离、纯化、培养和暂存

1.材料

MDCK 细胞;

T-50 细胞培养瓶,颈口有倾角,Corning;

D-MEM 培养液 GIBCO BRL;

青、链霉素母液(10 000 U/mL 青霉素 G,10 000 μg/mL 硫酸链霉素);

HEPES 缓冲液,1 mol/L 母液,GIBCO BRL;

牛血清白蛋白组分 V,7.5%溶液,GIBCO BRL;

胎牛血清,40 nm 滤过,HyClone Laboratories, Inc.;

EDTA 处理胰酶 (0.05% 胰酶,0.53 mmol/L EDTA-4Na);

1 mL 移液管;

10 mL 移液管;

9～11 日胚龄鸡胚及验蛋器。禽流感分离时,用 SPF 鸡胚或 MDCK 细胞培养;

2.5%碘酒和 75%酒精及液体石蜡;

打孔器,蜡和胶布及照蛋灯;

1 mL 注射器和针头;

镊子,毛细吸管,橡皮乳头,试管架,试管;

采集的标本。

2.设备

台式高速离心机,细胞培养箱,倒置显微镜,低温冰箱。

3. 实验前准备

进入实验场所之前，要事先准备好所需试剂，样品。查看上一次实验者是否已经清场，是否有记录。确认实验区处于工作就绪状态，带入已消毒物品，登记，进入实验区。

4. 高致病性禽流感病毒的分离

(1)标本处理。

①标本传递至实验室后，先用75%的乙醇消毒包装容器的外表面。在A3实验室的生物安全柜内小心打开。注意观察并记录样品管的包装及样品情况，核对内容物和记录是否相符。含棉拭子的标本，先用无菌的镊子将棉拭子在管壁反复挤压后取出，弃棉拭子于安全柜中的消毒缸中浸泡。

注：如采样液中尚未加抗菌素，应在接种前补加，用量同前，混匀后置4℃ 1～2 h后方可接种。

②动物样品的处理：所有样品采集及处理的器具均应经灭菌处理。样品采集后，放入密闭的塑料袋内(一个采样点的样品，放一个塑料袋)，于保温箱中加冰、密封，送实验室。制备的样本在2～8℃条件下保存应不超过24 h，若需长期保存应置－70 ℃以下，但应避免反复冻融(冻融不超过3次)。

a. 咽喉拭子和泄殖腔拭子采集及处理：取咽喉拭子时将拭子伸入喉头口及上颚裂来回刮3～5次取咽喉分泌液；取泄殖腔拭子时将拭子伸入泄殖腔转一圈并沾取少量粪便；将拭子一并放入盛有1.0 mL PBS的1.5 mL Eppendorf管中，加盖、编号。样品在生物安全柜内使用混合器充分混合后，用高压灭菌镊子将拭子中的液体挤出，弃棉拭子于安全柜中的消毒缸中浸泡至少0.5 h。室温放置30 min，取上清液转入无菌的1.5 mL Eppendorf管中，编号备用。

b. 组织或脏器：样品采集后，放入密闭的塑料袋内(一个采样点的样品，放一个塑料袋)，于保温箱中加冰、密封，送实验室。在安全柜内取待检样品约2.0 g于洁净、灭菌并烘干的研钵中充分研磨，加10 mL PBS混匀，在安全柜内4℃，3 000 r/min离心15 min，取上清液转入无菌的1.5 mL Eppendorf管中，编号备用。

(2)MDCK细胞分离流感病毒标准操作规程。

①细胞培养瓶的准备(本实验可在正常组织细胞培养间内完成)：

a. 显微镜检查细胞生长状态，40倍放大。

b. 用病毒培养液替代细胞生长液，保证使用合适的病毒培养基。

c. 轻轻倒出细胞生长液于广口瓶中，用6 mL含2 μg/mL TPCK-胰酶的D-MEM液洗细胞3遍。

②细胞培养瓶的接种：

a. 将细胞瓶移到P3实验室生物安全柜中，用无菌的移液管将D-MEM病毒培养液从细胞培养瓶中移出，吸管置安全柜内的消毒液浸泡至少0.5 h。

b. 用无菌的移液管吸取200 μL临床样品置于细胞培养瓶中，移液管吸取一定的消毒液后将吸管浸泡在消毒液中至少0.5 h。

c. 将含接种物的细胞瓶用75%的乙醇消毒外表面后移至37℃孵箱吸附30 min。

d. 取出后移回生物安全柜加6 mL含2 μg/mL TPCK-胰酶的不含小牛血清的完全D-MEM液于细胞培养瓶中，用75%的乙醇消毒外表面后移至37℃孵箱培养。

e. 每日检测细胞病变，当病变为3～4个加号时收获病毒(细胞病变的特征是细胞肿胀圆滑，细胞间隙增大。细胞核固缩或破裂。严重时细胞部分或全部脱落)。

③细胞培养物的收获：

a. 当细胞病变为3＋或4＋时，收获细胞悬液并加稳定剂如甘油或终浓度为0.5%的牛血清白蛋白。即使无细胞病变也应该于6～7 d收获。用无菌移液管在安全柜内吸取0.4 mL 7.5%牛血清白蛋白加在病毒培养瓶中然后分装到无菌冻存管中，每管1 mL。移液管吸取一定的消毒液后将吸管浸泡在消毒液中至少0.5 h。

b. 进行红细胞凝集试验并40℃保存。如没有红细胞凝集现象在报告不能从样品中分离病毒前，应再传代2～3次。

c. 如果有必要，应3 000 r/min离心5 min以去除剩余的细胞。通过血凝抑制实验鉴定分离物，并在收获的一天间将分离物保存在－70℃条件。

(3)鸡胚分离流感病毒标准操作规程。

①照胚(本实验可在一级生物安全实验室内完成)：

a. 用照卵灯检测鸡胚，并将鸡胚的盲端放置在蛋盘上。

b. 如果鸡胚是没有受精、有裂痕、发育不全或表面有渗水孔，应弃掉。

②鸡胚接种：

a. 在A3实验室将鸡胚的盲端放置在蛋盘上，标记每个鸡胚用特定的鉴定数量(通常每个样本接种3个鸡胚)。

b. 用70%乙醇消毒鸡胚，在气室端钻孔。每份标本接种3个鸡胚。

c. 将鸡胚移到生物安全柜内，用注射器吸1 mL以上步骤处理过的临床标本，装上22号(2.54 cm)针头。

d. 将鸡胚置于蛋架上，将0.2 mL处理过的临床标本注入鸡胚尿囊腔。

e. 用同一注射器和针头将同一标本依上法接种另外的 2 枚鸡胚。

f. 将针头弃于防穿透的带盖容器的生物安全装置中。

g. 滴石蜡或胶水封口。

h. 将鸡胚用 75% 的乙醇消毒表面后移出，置于 35℃温箱培养鸡胚 2～5 d。

提示：禽流感需 35～37℃培养，哺乳动物流感病毒 35℃培养（禽流感在 35℃也会生长良好!）。

③鸡胚收获：

a. 鸡胚在收获前应 4℃过夜或至少放置 4 h。

b. 标记 15 mL 塑料管与相应的鸡胚编号一致。用 70% 乙醇消毒鸡胚顶部。将无菌离心管和鸡胚移入生物安全柜。

c. 敲碎气室处蛋壳，暴露出壳膜，用无菌镊子撕破鸡胚气室壳膜，打开鸡胚尿囊膜并将尿囊膜翻转于蛋壳外。用 10 mL 吸管吸鸡胚尿囊液置于相应的收集管中，将移液管吸取一定的消毒液后将吸管浸泡在消毒液中至少 0.5 h。用注射器和针头刺破鸡胚羊膜，尽量吸取羊水放置于另外的管中。注射器和针头放置在防穿透的带盖容器中按锐器处理原则实施消毒处理。

d. 在安全柜内用移液管吸取鸡胚收获液，平衡后移出（由于大多操作均按照定量进行，可不用平衡），在有负压罩的离心机上 3 000 r/min 离心 5 min 去除血液和细胞。离心结束后应将离心瓶取出在安全柜内小心打开，用移液管吸取离心上清，将移液管吸取一定的消毒液后将吸管浸泡在消毒中至少 0.5 h。然后进行红细胞凝集试验。如没有红细胞凝集现象，在报告不能从样品中分离病毒前，应再鸡胚传代 2 次。

e. 如果有血凝滴度可通过血凝抑制实验鉴定分离物，并在收获的一天间将分离物保存在 −70℃条件下。

(4)高致病性禽流感病毒的暂存。经过上述方法所得的为高致病性禽流感病毒的培养物，短期内使用，可放 4℃保存。长期保存，要分装后，−70℃保存。

(5)清场。填写实验室和仪器使用记录和清场记录。

(二)高致病性禽流感病毒红细胞凝集试验

1. 材料

(1)待检的高致病性禽流感病毒样本。

(2)缓冲液和其他试剂。

①红细胞悬液（鸡红细胞）；

②磷酸缓冲液（PBS），0.01 mol/L，pH 7.2；

③生理盐水。

附:试剂配制

a. 磷酸缓冲液(PBS),0.01 mol/L,pH 7.2。

25×PBS 缓冲液:2.74 g Na_2HPO_4,0.79 g NaH_2PO_4 加去离子水至 100 mL。

b. 工作液配制:25×PBS 缓冲液完全溶解后,取 40 mL 25×PBS 液,加入 8.5 g NaCl,加去离子至 1 000 mL。用 1 N NaOH 或 1 N HCL 调整 pH 至 7.2,121℃高压灭菌,至 4℃保存,保存期为 3 周。

c. 生理盐水:0.85%NaCl。

20×母液:170 g NaCl 加入 1 000 mL 去离子水,高压灭菌。

生理盐水(0.85%):20×母液 50 mL 加入去离子水 950 mL。

121℃高压灭菌,至 4℃保存,保存期为 3 周。

d. A.S 液配制:25 g 葡萄糖,8.5 g 柠檬酸钠,4.5 g NaCl,0.55 g 柠檬酸。

加去离子水 1 000 mL,用 1 N NaOH 或 1 N HCl 调整 pH 至 6.1,用0.22 μm 的细菌滤器过滤。

e. 红细胞悬液配制:

取 A.S 液中的红细胞,1 200 r/min 离心 5 min,弃上清。

加入等量的 PBS 液体洗涤,充分混匀,1 200 r/min 离心 5 min,弃上清。

PBS 液体洗涤 3 次。最后一次洗涤后,1 200 r/min 离心 10 min。

将红细胞稀释至合适的浓度。鸡的红细胞,实验终浓度为 1%。

2. 设备

37℃水浴,56℃水浴,台式离心机,多道可调加样器,离心管,无菌纱布;

96 孔微量板:鸡红细胞选择:"V"形底微量板。

3. 程序

将"V"形微量板横向放置:垂直方向称列,如孔 A1～H1 成为第一列;平行方向称行,如 A1～A12 成 A 行。以上实验设计在 P3 实验室中完成。将微量血凝板移到生物安全柜中,除第一列各孔外(A1～H1),其余每孔用微量加样器加 50 μL PBS。将滴头吸取消毒液后浸泡在消毒缸中至少 30 min。用微量加样器在 A1～F1 各加 100 μL 标准抗原和待检病毒。H1 加 100 μL PBS 作为阴性对照。将滴头吸取消毒液后浸泡在消毒缸中至少 30 min。用多道加样器从第一列各孔分别取 50 μL 病毒液,由第一列至第 12 列做 2 倍系列稀释。最后一列每孔弃去 50 μL。将滴头吸取消毒液后浸泡在消毒缸中至少 30 min。每孔加入 50 μL 红细胞悬液,将滴头吸取消毒液后浸泡在消毒缸中至少 30 min。轻弹微量板,使红细胞与病毒充分混合。在生物安全柜室温孵育 30～60 min,观察血凝现象并记录结果。

红细胞凝集以"+"记录;只有部分红细胞凝集记录为"+/-";无凝集记录

"—"。血凝滴度的判定以出现凝集的最高稀释度为终点，其稀释度的倒数即为病毒的血凝滴度(表 8-1)。

表 8-1 流感病毒血凝试验各项条件

红细胞	鸡
终浓度	0.5
孔底部形状	V 形
孵育时间	30 min
细胞对照	细胞沉积成泪滴状，倾斜时细胞向下流

(三)高致病性禽流感病毒红细胞凝集抑制实验

1. 材料

分离培养物(标本)；

标准血清，常规鉴定用，H5 亚型高致病性禽流感病毒抗血清；

红细胞 1%鸡红细胞；

受体破坏酶(RDE)；

PBS 或生理盐水。

2. 设备

96 孔微量板依鸡红细胞选择"V"形底微量板；

可调多通道移液器和单通道移液器及滴头；

水浴箱。

3. 程序

(1)RDE 处理标准参照血清(本实验可在一级生物安全实验室内完成)。

①用单通道移液器吸取 1 份血清放在 EP 管加入 4 份 RDE 液，混合。

②37℃水浴过夜。

③56℃水浴加热 30 min，灭活 RDE。

(2)处理后血清中有无残留非特异性凝集素检测(本实验可在一级生物安全实验室内完成)。

①选用适当的微量板，从 B1～H6 中加入 25 μL PBS。

②A1～A5 各加 50 μL 处理后的血清，A6 加 50 μL PBS。

③用多道加样器从 A1 行开始，各孔取 25 μL 血清，由 A 行至 H 行进行 2 倍稀释血清。

④H 行各孔稀释混匀后弃 25 μL。

⑤每孔补加 25 μL PBS。

⑥每孔加入 50 μL 红细胞悬液,混匀。

⑦置室温(22～25℃)孵育 30～60 min,观察有无凝集,如出现凝集则表示血清中有残余的非特异性凝集素。该血清必须用红细胞吸附去除非特异性凝集素后才能使用。

(3)红细胞吸附去除非特异性凝集素。

①1 体积的红细胞可以去除 20 倍体积的 RDE 处理过的血清。

②红细胞与血清混匀后,置 4℃ 1 h。

③1 200 r/min 离心 10 min。

④小心吸取上清液。

重复操作直至血清中的非特异性凝集素被去除。

(4)制备用于血凝抑制试验的 4 个血凝单位的抗原。

一个凝集单位指能引起等量的标准化的红细胞凝集的病毒量。进行血凝抑制试验时一般用 4 个血凝单位的病毒量。制备 4 个单位血凝抗原时:

首先,计算出血凝抑制试验所需的病毒抗原的总量。如每份血清作 8 孔稀释,每孔用抗原 25 μL 抗原,那么测定一份血清需 0.2 mL 抗原。根据标准血清的份数计算出实验所需病毒抗原量,然后配制抗原。

其次,计算出病毒稀释度。用病毒的血凝滴度除以 8,得到的商即为 4 个血凝单位的稀释度。如某病毒的血凝滴度为 160,除以 8 等于 20。1∶20(1 mL 病毒液加 19 mL PBS)稀释该病毒即可得到 4 个血凝单位。

注:血凝抑制试验中所用 4 个血凝单位是指每 25 μL 病毒液中含有 4 个血凝单位(等于 50 μL 病毒液中含有 8 个血凝单位)。

为了保证血凝抑制试验中抗原用量一致并且准确无误,新配制的 4 个血凝单位抗原须复核滴定:取 50 μL 稀释好的抗原,用等量 PBS 做 2 倍系列稀释(同病毒滴定)后加入 50 μL 红细胞悬液,至室温孵育 30～60 min 观察血凝。如只有前 4 孔出现血凝,表明每 50 μL 病毒含有 8 个血凝单位,该病毒稀释准确,可以用于血凝抑制试验。如第 5 孔也出现血凝,说明每 50 μL 病毒含有 16 个血凝单位,该抗原必须等量稀释。如只有前 3 孔凝集,表明每 50 μL 病毒仅含有 4 个血凝单位,病毒量需加倍。此外,4 个血凝单位抗原必须每次用前新配制。

(5)HI 试验操作过程。

①将微量血凝板移到生物安全柜中,用微量加样器加 PBS 或生理盐水 25 μL 于 96 孔板的第 B 行至第 H 行的每一孔。将滴头吸取消毒液后浸泡在消毒缸中至少 30 min。

②用微量加样器加 1∶10 稀释的经受体破坏酶处理过的标准血清 50 μL 于 A

行的每一孔。

③用多通道移液器从 A 行各孔取 25 μL 血清，倍比稀释至 H 排各孔，弃去 25 μL。

④用多通道移液器将 25 μL 被检病毒的 4 个血凝单位抗原加至各孔，混匀，室温静置 15～30 min，

⑤用多通道移液器加 50 μL 的红血球(0.5%鸡红细胞)于每孔。

⑥室温静置 30～60 min(鸡红血球 30 min)后观察结果。

(6)结果判定。血凝被完全抑制的血清最大稀释度的倒数为血凝抑制试验的终点，该孔稀释度即为 H1 试验的效价。

(7)清场。清场，填写实验室和仪器使用记录和清场记录。

(四)高致病性禽流感病毒核酸提取

1. 材料

QIAGEN 公司的 Rneasy Mini Kit(Catalog＃74104)；

B-巯基乙醇(B-mercaptoethanol)；

70%乙醇(70% ethanol)；

无菌 1.5 mL 离心管；

10 μL、20 μL、200 μL、1 000 μL 加样器和 Tip 头。

2. 设备

台式 EPPENDORF 微型离心机；

旋转混合器(Vortex)。

3. 程序

(1)在 A3 实验室生物安全柜内取 1.5 mL Eppendorf 管，加 500 μL Lisysis Buffer(RLT)。

(2)用微量加样器取采样液(鼻拭子、咽拭子、胸水等)或病毒培养物(鸡胚尿囊液或细胞培养液)100 μL，加入 RTL 液管中。滴头要吸取一定量的消毒液后弃 Tip 头于 2%次氯酸钠消毒缸浸泡至少 30 min。

(3)用微量加样器加 5 μL B-巯基乙醇，充分混匀。滴头要吸取一定量的消毒液后弃 Tip 头于 2%次氯酸钠消毒缸浸泡至少 30 min(以下步骤可移到一级生物安全实验室)。

(4)用微量加样器加 600 μL 70%乙醇，于旋转混合器混匀。

(5)从 Kit 中取出带滤膜的离心柱，并标上标本号。

(6)将第 4 步的混合液体 600 μL 吸入滤柱中，12 000 r/min 离心 15 s，弃收集管中的离心液。

(7)滤柱仍放回收集管上,将第 4 步的混合液全部吸入滤柱中,12 000 r/min 离心 15 s,弃收集管中液体。

(8)于滤柱中加入 700 μL Wash Buffer(RW1),12 000 r/min 离心 15 s。

(9)从 Kit 中取出一支新的 2 mL 收集管,将离心后的滤柱转到新的收集管上,于柱子中加入 500 μL。

(10)Wash Buffer(RPE),12 000 r/min 离心 15 s 弃收集管中液体。

(11)滤柱放回收集管上,于滤柱中加入 500 μL RPE,13 000～14 000 r/min 离心 2 min。

(12)从 Kit 中取出一支 1.5 mL Eppendorf 管,将滤柱转到新的 1.5 mL 管上,于滤柱中加入 30～50 mL 无离子水(Rnase Free Water),室温静置 1～3 min。

(13)12 000 r/min 离心 1 min,弃滤柱。收集的离心液即为提取病毒的 RNA,可以直接用于逆转录实验,或在－20℃以下保存,－30℃可保存 3～4 个月。

4. 注意事项

(1)试剂盒中的 RPE 液用前需加 44 mL 无水乙醇,使终体积达到 55 mL。

(2)所有用过的滴头、管子放入 2%次氯酸钠消毒缸中过夜。

5. 清场

填写实验室和仪器使用记录和清场记录。

(五)高致病性禽流感病毒毒力检测(IVPI 实验)

1. 器材与试剂

负压隔离饲养器,移液器及配套灭菌吸头,一次性注射器(1 mL),0.5%次氯酸消毒液,75%乙醇,碘酒,6 周龄 SPF 鸡。

2. 试验操作

不同的高致病性禽流感病毒分离株的毒力差异显著,仅从禽体内分离出病毒,还不能做出确诊。因此,需对分离毒株的致病性进行评估。目前常用的方法为体外试验,采用以下方法对致病性进行评估。

6 周龄雏鸡静脉致病指数(IVPI):

将该分离毒株和标准毒株用无菌生理盐水作 10 倍稀释,分别接种于 10 只 6 周龄 SPG 雏鸡,每只静脉接种 0.1 mL,另设 10 只注射生理盐水作为对照。试验雏鸡分组隔离饲养,每日观察两次,连续观察 10 d,根据发病和死亡情况,通过对每只雏鸡的每日记分(正常 0 分,发病 1 分,瘫痪 2 分,死亡 3 分),按下列公式计算:

$$\text{IVPI}=\frac{\text{0 d 累计发病数}\times 1+\text{10 d 累计瘫痪或有其他神经症状数}\times 2+\text{10 d 累计死亡数}\times 3}{\text{10 d 累计观察鸡只总数}}$$

结果判定举例见表8-2。

表 8-2 IVPI 测定结果判定(鸡只数)

临诊症状	天数										10 d 累计鸡只数	分值
	1	2	3	4	5	6	7	8	9	10		
正常	10	2	0	0	0	0	0	0	0	0	12	12×0=0
发病	0	4	2	0	0	0	0	0	0	0	6	6×1=6
瘫痪	0	2	2	2	0	0	0	0	0	0	6	6×2=12
死亡	0	2	6	8	10	10	10	10	10	10	76	76×3=228
总值											100	246

结果为:IVPI=246/100=2.46

高致病性禽流感病毒分离株的致病性试验涉及实验动物的接毒、饲养、观察和处理,是最容易导致高致病性禽流感病毒泄露和感染实验人员的环节,在整个致病性试验过程中的各个操作环节都有导致高致病性禽流感病毒发生泄露和感染实验人员的风险。具体分析有以下几种发生泄露的可能性:

(1)实验动物病毒接种。使用注射器对实验鸡进行病毒接种时,如实验鸡保定不牢,出现挣扎现象,加之实验操作人员情绪紧张,易发生注射器意外刺伤事故,导致实验人员通过刺伤直接感染。

(2)病毒接种鸡体后,在鸡体内迅速增殖,导致鸡全身组织、器官含有大量病毒,并通过粪便等各种排泄物和分泌物将病毒排除体外,整个饲养内环境存在大量病毒,如果动物饲养器具密封不严、不处于负压状态,病毒很容易随空气流动在实验室广泛扩散,并存在从实验室逸出的高风险性。

(3)在隔离、观察期间,如实验人员不注意防护,接触病鸡,很容易通过直接接触和空气感染病毒,成为传播媒介,并随实验人员活动,造成病毒在实验室中更大范围的扩散。

(4)经过接毒的实验动物及其粪便等各种排泄物和分泌物,是极其重要的传染源,必须经过严格而可靠的消毒和清洗程序进行处理。如果对实验动物及其粪便等各种排泄物和分泌物等废弃物处理不当,将造成病毒在实验室的扩散,并存在从实验室逸出的高风险性。

3. 结果判定

IVPI 值越大,AIV 致病性越强,最强毒力病毒的 IVPI 接近 3.0,而弱毒株的 IVPI 值为 0。

4. 清场

填写实验室和仪器使用记录和清场记录。

清场记录(是画√,否画×。)

(1)是否将带毒物品进行消毒处理。 ( )

(2)生物安全柜是否填写使用记录。 ( )

(3)生物安全柜用后是否消毒。 ( )

(4)恒温培养箱是否填写温度记录。 ( )

(5)实验室其他仪器工作状态和是否填写使用记录。 ( )

(6)实验废弃物是否消毒处理。 ( )

第四节 基因操作技术规程

基因工程(genetic engineering)主要涉及将不同生物的遗传元件在体外进行剪切、组合和拼接,是遗传物质重新组合后,通过质粒、噬菌体等载体转入微生物、植物或动物细胞,有目的地表达新的产物或获得新的生物性状,甚至创造出新的物种。基因工程自诞生之日起,其安全性就受到了广泛的关注。1975 年,美国国立卫生研究院(NIH)就开始讨论 DNA 重组可能带来的危害以及如何进行防范,在第二年制定了《重组 DNA 研究准则》,并加以实施,直至今天该准则仍有很多条例在沿用。基因工程试验中涉及的危险因素主要包括生物危害、化学危害和物理危害。因此对基因操作的管理涉及到基因工程和遗传修饰的生物安全操作应该包括两个方面:一方面是常规的生物安全管理,与其他类型微生物实验室生物安全管理的日常规范同等要求,另一方面专门针对基因操作的生物安全问题,这类实验室要制定出严格的安全管理规范、培训专业的操作人员以保障基因工程实验室的生物安全。世界卫生组织按照实验室从事研究工作的危害程度将实验室分为了 3 个类别,按照不同的类别制定了相应的安全操作规范。

一、基础实验室安全操作规范

(一)一级生物安全水平的微生物实验室的操作规范

从事一级生物安全水平的微生物实验室,应遵守 1 级防护水平的操作规范。

(1)实验室必须具备可供阅读的安全操作手册,所有实验室人员必须阅读并了解在该实验室工作所面临的潜在危害,所有试验操作人员在进行实验工作之前必须经过相关培训并证明已经理解所培训的内容。

(2)严禁实验人员在实验操作区域内,进行任何主动性可能接触到污染源的行为，例如，吸烟、摄食、化妆、饮水、摆放食物和个人物品。

(3)严禁实验人员在实验操作区域内，进行任何被动性可能接触到污染源的行为，如伤口暴露。

(4)在进行实验操作时，必须具备相应的防护措施和设备，在防备物品不齐备的情况下，能进入实验室进行实验操作。

(5)所有进入试验区域的人员必须经过许可并按照规定进行安全着装。

(6)在进行可能接触到血液、体液、具有潜在感染性材料和感染性动物的操作时，应该有选择地戴上防护手套，穿着相应防护服。

(7)进行试验操作后必须脱下所穿戴的防护用具后才能离开实验室，并不得与个人日常穿着的衣物同柜保存。

(8)实验操作完已知或可能的污染物后，防护服必须消毒后清洗，手套必须消毒后摘除或废弃，必须洗手。

(9)实验操作中污染的台面、器械、材料、样本和培养物，必须消毒处理。

(10)实验操作区域必须常备有效的消毒试剂，消毒使用的灭菌设备必须定期检查其有效性。

(11)实验操作中发生的意外情况必须向实验室主管人员汇报并保存书面的报告及处理档案。

(12)包装和运输生物材料时必须遵循该地区或国际相关规定并使用防泄漏的包装用品。

(13)在实验室的物理防护中要设置预防室内外节肢动物和啮齿动物进出的屏障。

(二)二级生物安全水平的微生物实验室的操作规范

从事二级生物安全水平的微生物实验室的操作规范除上述内容外，还有以下的要求和规范。

(1)在进行有可能产生气溶胶和高浓度或大体积生物危害物质的实验操作时，必须使用生物安全柜，并使用可避免污染泄露的实验室。

(2)每一实验室的门外或醒目位置应该张贴危害的标识。

(3)进出实验室的人员限于实验室工作人员、后勤保障人员和动物管理人员。

(4)实验室必须制定紧急事故处理方案及详尽的书面操作程序，实验室相关人员必须进行此类培训并保证完全掌握。

二、防护实验室安全操作规范

从事三级生物安全水平的实验研究工作场所。防护实验室的安全操作规范包括基础实验室一、二级防护水平的全部，在这些基础上更加严格地制定出了详细的规范内容，形成3级防护水平的操作规范。其操作要求有：

(1)实验室必须制定针对3级生物危害的安全防护管理办法和具体操作程序，实验室内所有工作人员必须进行完整的相关培训，并有证明其完全理解和掌握培训内容的书面报告，该书面报告需经实验室主管人员认可的签名并存档。

(2)防护区内的工作人员应掌握有关防护仪器设备的操作方法并懂得相关防护设计原理，防护区的清洁卫生应由防护实验室内部人员或经专门训练的人员来打扫，实验操作人员需证明能够胜任微生物实验操作。

(3)进入防护实验室的人员需要做好充足的准备，带齐所有实验操作需要使用的物品，进入防护实验室的人员不能佩戴首饰和携带与实验室操作无关的个人物品，必须脱去日常服装换上专用防护服，而且全套防护服能够将日常服装完全覆盖严密，在操作直接接触性感染微生物时还必须再穿戴更外层的防护装备。

(4)离开实验室的时候，应以最大限度避免体表皮肤接触防护服污染部位的方式脱掉防护服，当发生已确认的或可能有的暴露污染时，所有衣物要全部消毒，如该污染来自气溶胶，则应根据操作指南的规定进行是否淋浴的判断。

(5)感染性物质的操作必须在生物安全柜中进行，感染性物质的离心必须密闭，感染性动物的操作必须在专门的动物安全防护设施中进行。无法通过高压蒸汽灭菌的物品需在封闭的屏障内通过化学方式进行消毒处理。

(6)实验室工作人员必须定期检查防护实验室的空气压力系统，确定该系统的正常运行。

(7)防护实验室必须制定危机处理预案，当发生紧急状况时，要以工作人员身体健康和生命安全为首要目标进行应急处理。

三、最高防护实验室安全操作规范

遵从4级安全防护水平的操作规范，除具有前面1、2、3级防护标准的全部内容之外，4级防护水平的操作规范要求如下。

(1)必须建立紧急状况下的操作流程。

(2)进入最高防护实验室之前，必须检查防护系统和生命保障系统，进入实验室的工作人员必须完全脱掉日常服装，换上专用实验服装及相关外部装备，必须穿着4级水平的正压服并检查其完整性。在实验室工作进行时必须有预备人员在实验室外可用，以便发生紧急状况时加以协助，所有的实验操作必须在三级生物安全柜中进行。

(3)实验完毕后所有废弃物必须灭菌处理后丢弃，穿着正压服准备离开实验室的人员必须经一定时间有效的化学品消毒淋浴,离开实验室出去后应进行身体淋浴。

(4)必须按时间和日期严格记录每一次实验室的使用内容和维护内容。

(5)实验操作的感染性物质必须放置于实验室内安全的区域,并有详细的相关记录;感染四级危害水平微生物的实验动物必须安置于完善防护系统的设施内。

(6)实验室主管必须同任何一个无故缺岗的人员联系,防护区内的任何原因不明的发热疾病都必须立即向实验室主管报告,实验室必须建立通过相关医院或保健单位的联系,并确认该医院或保健单位有能力应对四级防护水平的感染疾病人员的应急治疗。

第五节 危险材料包装安全操作技术规程

我国关于危险货物包装的标准包括 GB 190—1990《危险货物包装标志》、GB/T 15098—1994《危险货物运输包装类别划分原则》和 GB 12463—1990《危险货物运输包装通用技术条件》、《病原微生物实验室生物安全管理条例》等。按照《危险货物包装标志》的要求,感染性物质货物包装需要使用图 8-1 所示标志,标志的尺寸根据运输包装件的大小选择 50 mm×50 mm、100 mm×100 mm、150 mm×150 mm、200 mm×200 mm 四种规格,且必要时可以适当扩大或缩小。标志可采用粘贴、钉附及喷涂等方法标打于包装的明显处,标志应清晰,并保证在货物储运期内不脱落。《危险货物运输包装通用技术条件》规定了危险货物运输包装的分级、基本要求、性能试验和检验方法等,也规定了包装容器的类型和标记代号,适用于盛装危险货物的运输包装,是运输、生产和检验部门对危险货物运输包装质量进行性能试验和检验的依据。按照该标准,危险货物按其危害程度划分为三个包装类别:Ⅰ类包装:货物具有大的危险性,包装强度要求高。Ⅱ类包装:货物具有中等危险性,包装强度要求较高。Ⅲ类包装:货物具有小的危险性,包装强度要求一般。而感染性物品“所应使用的包装容器、包装类别、对容器的试验项目、试验要求及合格标准应与运输主管部门商定。”

危险物品选择不同运输途径运输时,有 GB 19269—2003《公路运输危险货物包装检验安全规范》,GB 19270—2003《水路运输危险货物包装检验安全规范》,GB 13392—1992《道路运输危险货物车辆标志》,以及交通部的《汽车运输危险货物品名表》,交通部标准 JT 31302—1988《汽车危险货物运输规则》和 JT 31452—1991《汽车危险货物运输装卸作业规程》,《铁路危险货物运输管理规则》(铁道部 1995 年),《水路危险货物运输规则》(交通部 1996 年),《中国民用航空危险品运输管理规定》(中国民用航空总局 1996 年)。上述标准和规定都是参照前两段的相关国家标准为依据,根据各具体运输行业的特点,参考国家相关的行业标准制定的。

《病原微生物实验室生物安全管理条例》对高致病性病原微生物菌(毒)种或者样本的运输作了较为明确的要求。

(1)运输高致病性病原微生物菌(毒)种或者样本,应当通过陆路运输;没有陆路通道,必须经水路运输的,可以通过水路运输;紧急情况下或者需要将高致病性病原微生物菌(毒)种或者样本运往国外的,可以通过民用航空运输。

图 8-1　我国感染性物品运输包装标志

(符号:黑色,底色:白色)

(2)运输高致病性病原微生物菌(毒)种或者样本,应当具备下列条件:

①运输目的、高致病性病原微生物的用途和接收单位符合国务院卫生主管部门或者兽医主管部门的规定;

②高致病性病原微生物菌(毒)种或者样本的容器应当密封,容器或者包装材料还应当符合防水、防破损、防外泄、耐高(低)温、耐高压的要求;

③容器或者包装材料上应当印有国务院卫生主管部门或者兽医主管部门规定的生物危险标识、警告用语和提示用语。

感染性材料的包装应该通过隔离保护(样品包装)来减少微生物运输过程中由已知或未知途径引起的感染危险。感染性物质要求按三层进行包装(图 8-2):样品采用防漏的内层容器包装后,装入防漏的中层容器。要求中层容器能保护内层不会破损、被刺穿或将内容物泄漏到中层容器中。然后将中层容器固定在硬质外层容器中。在内层容器和中层容器之间放置适宜的衬垫材料和吸收材料,其用量要足够能吸收内层容器中的所有内容物,以便液体样品外溢时,不会危及容器材料或外层容器的完整性。

根据对已知为病原体的微生物所进行的详细、逐个的危害评估,将感染性物质分成两类:

A 类——以某种形式运输的感染性物质,在发生暴露时,可造成人或动物的永久性残疾、生命威胁或致命性疾病。表 8-3 列出了符合这些标准的物质示例。B 类——不符合 A 类标准的感染性物质,其正式运输名称为:“诊断样品”或“临床样品”。

根据不同的危害级别分别按照 P650 和 P620 两种包装。两种包装的比较和要求分别见表 8-4 至表 8-6。根据危害评估的结果,感染性物质所含病原体如果需

A类感染性物质的包装与标签：

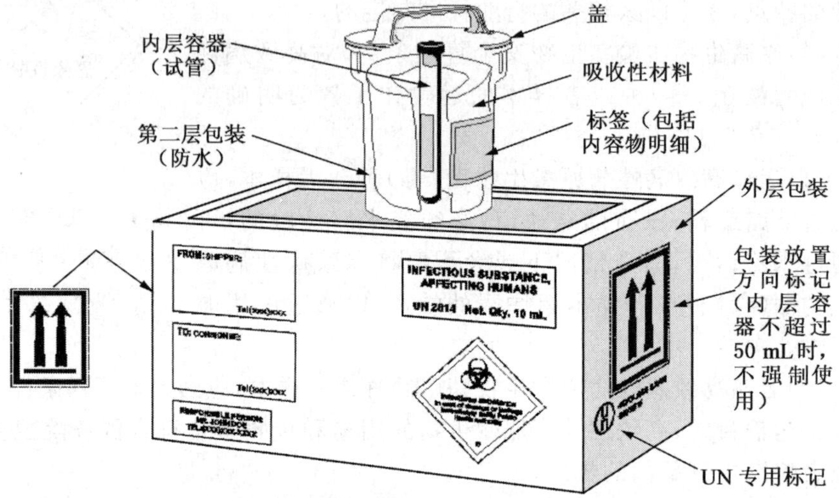

B类感染性物质的包装与标签：

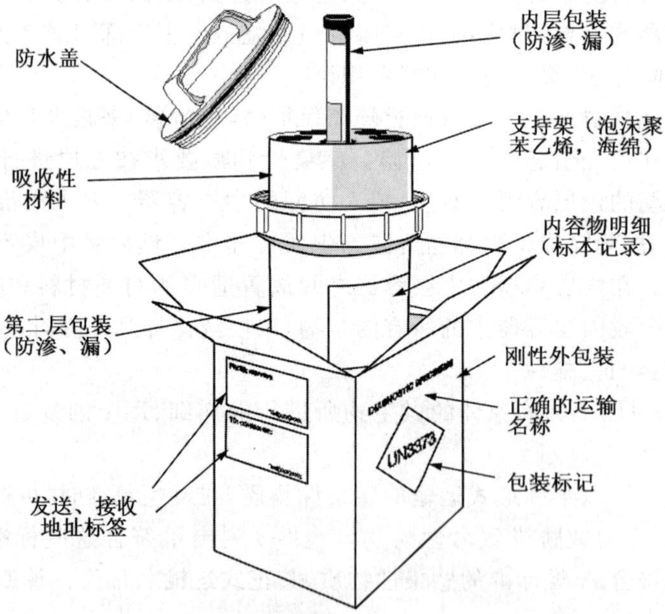

图 8-2　典型的三层包装系统示意图

要专门的预防措施,则一律归入A类。这些物品要采用P620包装交付运输。由于不易传播,并且在发生意外时具备基本的预防和卫生学措施来防止暴露及感染,因此认为B类物品的危害较低,可采用P650包装交付运输。这里有两点需要指出:

(1)由于培养物通常包含更高浓度的微生物,因此在意外暴露后,其释放感染剂量的可能性更大,因此A类和B类感染性物质的培养物(实验室原培养物)均必须采用P620包装交付运输;

(2)所有临床(诊断)样品的最低标准是要采用P650包装交付运输。

表8-3 A类感染性物质

联合国编号及正式运输名称	微生物		
UN 2814 侵袭人的感染性物质	炭疽芽孢杆菌*	流产布鲁氏菌*	马尔他布鲁氏菌*
	猪布鲁氏菌	鼻疽伯克霍尔德氏菌-鼻疽假单胞菌*	类鼻疽伯克霍尔德氏菌-类鼻疽假单胞菌*
	鹦鹉热衣原体-禽类株*	肉毒梭菌*	粗球孢子菌*
	伯氏柯克斯体*	克里米亚-刚果出血热病毒	登革热病毒*
	东方马脑炎病毒*	大肠杆菌,维罗毒素*	埃博拉病毒
	屈挠病毒	土拉热弗朗西斯氏菌*	瓜纳里托病毒
	汉塔病毒	引起汉塔病毒肺综合征的汉塔病毒	亨德拉病毒
	乙肝病毒*	乙型疱疹病毒*	人免疫缺陷病毒*
	高致病性禽流感病毒*	日本脑炎病毒*	胡宁病毒
	科萨努尔森林病病毒	拉沙病毒	马丘波病毒
	马尔堡病毒	猴痘病毒	结核分枝杆菌*
	尼帕病毒	鄂木斯克出血热病毒	脊髓灰质炎病毒*
	狂犬病病毒	普氏立克次氏体*	立氏立克次氏体*
	裂谷热病毒	俄罗斯春夏季脑炎病毒*	萨比亚病毒
	痢疾志贺Ⅰ型菌*	蜱传脑炎病毒*	天花病毒
	委内瑞拉马脑炎病毒	西尼罗病毒*	黄热病病毒*
	鼠疫耶尔森氏菌*		
UN 2900 仅侵袭动物的感染性物质	非洲马疫病毒	非洲猪瘟病毒	禽副黏病毒(Ⅰ型)-新城疫病毒
	蓝舌病病毒	典型的猪瘟病毒	口蹄疫病毒
	结节性皮肤病病毒	蕈状支原体-牛传染性胸膜肺炎	小反刍兽疫病毒
	牛瘟病毒	羊痘病毒	羊痘病毒
	猪水疱病病毒	水疱性口炎病毒	

注:* 仅指培养物。

表 8-4　P650 和 P620 两种包装的比较

特 征	P650	P620
内层容器	有	有
中层容器	有	有
外层容器	有	有
可以吸收全部内容物的吸收材料	有	有
联合国设计类型测试*（性能要求）	应能通过	必须进行测试
1.2 m 跌落测试	必须通过	不需要
9 m 跌落测试	不需要	必须通过
刺穿测试	不需要	必须通过
水浸测试	不需要	必须通过
测试报告	应出具	必须出具
联合国认可标志	不需要	需要
最小尺寸	没有规定	有规定
体积和重量限制	没有规定	有规定
包装尺寸限制	没有规定	有规定

注：* P650 包装不需要符合联合国性能要求所规定的需要通过 1.2 m 跌落测试的要求。

表 8-5　P620 包装要求

这项包装规范适用于 UN2814 和 UN2900。
倘若符合专门规定的包装要求，下列包装可以得到认可：
并相应满足下列要求的包装： (a)内包装组成： （ⅰ）防水的内层容器。 （ⅱ）防水的中层容器。 （ⅲ）除了固体感染性物质以外，要在内层容器和中层容器之间放置足量能吸收所有内容物的吸收材料；如果将多个易碎内层容器共置于一个中层容器内，则必须分别包扎或相互分开，以防相互接触。 (b)根据容积、大小和计划中的用途选用适当强度的硬质外层容器。外层容器的最小尺寸不小于 100 mm
附加要求：
1. 包含感染性物质的内层容器不可与包含无关类型物质的内层容器固定在一起。可以对完整包件进行二次包装：这样的二次包装内可以加干冰。 2. 除了像需要特殊包装的完整器官等特别运输物品外，必须符合下列附加要求： (a)在环境温度或较高温度下交运的物质。内层容器必须是玻璃、金属或塑料材质。要提供保证防漏密封的有效装置，例如加热密封、加防护罩的塞子或金属卷边密封。如果采用螺纹盖，还必须采用有效装置加以固定，例如胶带、石蜡密封带或预制闭锁装置。

续表 8-5

(b)冷藏或冰冻交运的物质。冰、干冰或其他冷却剂必须放置在中层容器周围,或放置在内装一个或多个标记的完整包件的二次包装内。要提供内部支撑,以便在冰或干冰消失后,中层容器或包件仍固定在原位。如果使用冰,外层容器或二次包装必须能防漏。如果使用干冰,外层容器或二次包装必须能排放二氧化碳气体。内层容器和中层容器在冷却剂的使用温度下必须能保持其完整性。

(c)放在液氮中交运的物质。内层容器必须采用能够耐很低温度的塑料制品。中层容器也必须能够耐受很低温度,并且多数情形下必须单个套在内层容器上。必须遵守交运液氮的有关规定。内层容器和中层容器在液氮温度下必须能保持其完整性

表 8-6 P650 包装要求

这项包装规范适用于 UN 3373

(1)容器的质量要好,强度必须能耐受运输过程中通常情况下所遇到的震动和负载,包括在运输装置之间和运输装置与仓库之间转载时,以及从托台或二次包装里卸下进行人工或机械装卸时。容器的结构和密封状态,必须能防止在正常运输条件下,由于震动,或由于温度、湿度或压力变化而可能造成的任何内容物损失。

(2)包装必须由三部分组成:

(a)内层容器。

(b)中层容器。

(c)外层容器。

(3)内层容器装入中层容器的方式,必须使它们在正常运输条件下不会破损、被刺穿或将内容物泄漏到中层容器中。中层容器必须采用适当的衬垫材料固定在外层容器里。任何内容物的泄漏均不得影响衬垫材料或外层容器的完整性。

(4)运输时,要在外层容器表面张贴右侧的标志,背景颜色要对比鲜明,字样要清晰可辨。线条宽度至少要 2 mm;字母和数字至少要 6 mm 高。

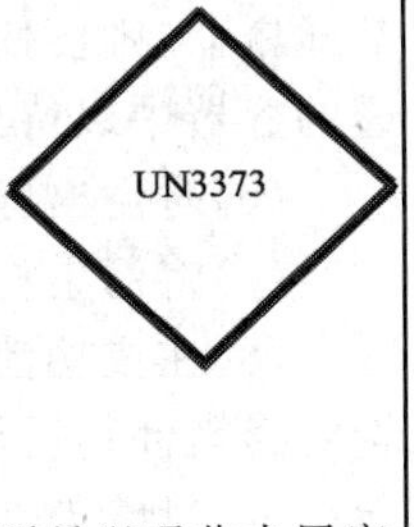

(5)完整包件必须能成功通过《规章范本》中的跌落测试,但跌落测试的高度必须不低于 1.2 m。

(6)对于液体物质:

(a)内层容器必须防漏。

(b)中层容器必须防漏。

(c)如果将多个易碎内层容器共置于一个中层容器内,则必须单独包扎或相互分开,以防止相互接触。

(d)在内层容器和中层容器之间必须放置吸收材料。吸收材料的用量要足以吸收内层容器中的所有内容物,以便在液体物质泄漏时不损坏衬垫材料或外层容器的完整性。

(e)内层容器或中层容器必须能耐受 95 kPa 的内压,不发生泄漏。

续表 8-6

(7)对于固体物质 (a)内层容器必须防筛漏。 (b)中层容器必须防筛漏。 (c)如果将多个易碎内层容器共置于一个中层容器内，则必须单独包扎或相互分开，以防止相互接触。 (8)冷藏或冷冻样品：冰、干冰和液氮 (a)当采用干冰或液氮来冷藏样品时，必须符合《规章范本》的所有相关要求。使用时，冰或干冰必须置于中层容器外面，或置于外层容器或二次包装之内。要提供内部支撑以便在冰或干冰消失后，可以将中层容器固定在原来的位置。如果使用冰，外层容器或二次包装必须能防漏。如果使用二氧化碳固体（干冰），容器在设计和制造上必须能释放二氧化碳气体，以防内压增大造成容器破损，并必须标记“二氧化碳，固体”或“干冰”。 (b)内层容器和中层容器在冷却剂的使用温度下，以及在失去冷却剂时可能出现的温度和压力下必须能保持其完整性。 (9)按照本包装要求进行包装并标记的归入 UN 3373 的感染性物质，不再受本《规章范本》中其他任何要求的限制。 (10)容器生产商及其销售商必须向发货人或准备包装的人员（如病人）提供关于如何装填并封闭这一类包件的清楚说明，以便能正确包装及运输

当发生感染性或潜在感染性物质溢出时，应采用下列溢出清除程序：

(1)戴手套，穿防护服，必要时需进行脸和眼睛防护。

(2)用布或纸巾覆盖并吸收溢出物。

(3)向纸巾上倾倒适当的消毒剂，并立即覆盖周围区域（通常可以使用 5%漂白剂溶液；但在飞机上发生溢出时，则应该使用季铵类消毒剂）。

(4)使用消毒剂时，从溢出区域的外围开始，朝向中心进行处理。

(5)作用适当时间后（如 30 min），将所处理物质清理掉。如果含有碎玻璃或其他锐器，则要使用簸箕或硬的厚纸板来收集处理过的物品，并将它们置于可防刺透的容器中以待处理。

(6)对溢出区域再次清洁并消毒（如有必要，重复第(2)～(5)步）。

(7)将污染材料置于防漏、防穿透的废弃物处理容器中。

(8)在成功消毒后，通知主管部门目前溢出区域的清除污染工作已经完毕。随着对感染性物质认识的提高，随着现代运输手段的发展，随着新物质、新材料的不断涌现，对感染性物质运输的要求也需要不断修改。我国在制定有关危险货物运输的标准和规范时，一直以来均参照国际规范来进行。但显而易见，国际规范的更新速度要比国内规范更快，我们也只有与时俱进，以科学为基础，才能在确保感染性物质运输安全的前提下，有效地提高感染性物质运输的效率，更好地为全国人民的健康服务。

第九章　消毒及废弃物处理

本章介绍了消毒及废弃物处理的基本概念及基本原则，论述了生物安全实验室常用的消毒方法，包括物理消毒和化学消毒，详细介绍了生物安全实验室常用的灭菌方法，包括高压灭菌、射线灭菌等，并对常用化学消毒剂的配制进行了介绍。

第一节　基本概念

消毒(disinfection)：杀灭或清除传播媒介上病原微生物，使其达到无害化的处理，但不一定杀死细菌芽孢。

灭菌(sterilization)：杀灭或清除传播媒介上一切微生物(包括细菌芽孢)的处理过程。

消毒剂(disinfectant)：用于杀灭传播媒介上的微生物使其达到消毒或灭菌要求的制剂，但不一定杀死其孢子。如含氯消毒剂、含碘消毒剂、双胍类消毒剂等。

灭菌剂(sterilant)：可杀灭一切微生物(包括细菌芽孢)使其达到灭菌要求的制剂。由于细菌芽孢的抵抗力最强，所以一般都以能否杀灭芽孢作为判断灭菌剂效果的标准。如甲醛、戊二醛、环氧乙烷、过氧乙酸、过氧化氢、二氧化氯等。

高效消毒剂(high-efficacy disinfectant)：指可杀灭一切细菌繁殖体(包括分枝杆菌)、病毒、真菌及其孢子等，对细菌芽孢(致病性芽孢菌)也有一定杀灭作用，达到高水平消毒要求的制剂。如含氯消毒剂、臭氧、甲基乙内酰脲类化合物、双胍类和季铵盐类复方制剂等。

中效消毒剂(intermediate-efficacy disinfectant)：指仅可杀灭分枝杆菌、真菌、病毒及细菌繁殖体等微生物，达到消毒要求的制剂。如含碘消毒剂、醇类消毒剂、酚类消毒剂等。

低效消毒剂(low-efficacy disinfectant)：指仅可杀灭细菌繁殖体和亲脂病毒，达到消毒要求的制剂。如苯扎溴铵(新洁尔灭)等季铵盐类消毒剂，氯己定等双胍类消毒剂，汞、银等金属离子消毒剂及中草药消毒剂等。

无菌检验(sterility testing)：证明灭菌后的物品中是否存在活微生物所进行的试验。

生物指示物(biological indicator)：灭菌效果确认常使用生物指示物，是将一定量的特定微生物吸附于惰性载体上，如滤纸片、玻片等，用于指示消毒或灭菌效果的制品。生物指示物是一类活的微生物制剂，一般是细菌的芽孢。

中和剂(neutralizer)：在微生物杀灭试验中，用以消除试验微生物与消毒剂的混悬液中和微生物表面上残留的消毒剂，使其失去对微生物抑制和杀灭作用的试剂。

第二节 消 毒

一、物理消毒

(一)热力消毒和灭菌

热力消毒和灭菌是利用热能使微生物的核酸或蛋白质变性的一种消毒灭菌方法。包括干热灭菌和湿热灭菌，干热灭菌主要包括燃烧或焚化、烧灼、干烤等。湿热灭菌包括高压蒸汽灭菌、煮沸等，其中高压灭菌是杀菌能力最强的一种热力灭菌方法，主要用于对耐热、耐湿物品的处理。

1. 干热灭菌法

干热灭菌是包括干热空气灭菌和火焰灼烧灭菌等以干热方法使微生物的蛋白质变性、电解质浓缩引起微生物中毒等机制达到灭菌效果。在干燥状态下，80～100℃ 1 h使细菌繁殖体被杀死，160℃ 2 h杀死细菌芽孢。在处理动物尸体或废弃的污染物品时，焚烧是一种有效的方法，是最彻底的灭菌方法，但只有在实验室可以控制焚烧炉的条件下，才能使用该方法。

2. 湿热灭菌法

在相同温度条件下，湿热灭菌的效率高于干热灭菌，主要因为在湿热的状态下，微生物吸收水分，从而使其蛋白质更容易变性，另外水或蒸汽的导热性能明显强于空气，可迅速提高物体的温度，提高灭菌效率。包括高压蒸汽灭菌法和煮沸消毒法等。

(1)煮沸消毒法。煮沸消毒法是将物品放于水中加热至沸点的消毒方法，常压下水的沸点是100℃，煮沸5～10 min可以灭活繁殖体型微生物，杀死细菌芽孢则需要1～2 h。煮沸消毒法简单方便，主要用于注射器、剪刀、镊子等的消毒，如果在水中加入少许增效剂，如加入2%的碳酸氢钠，可以提高灭菌效果。

(2)高压蒸汽灭菌法。高压蒸汽灭菌法是对实验材料进行灭菌的最有效和最可靠的方法，可杀灭包括芽孢在内的一切微生物。此方法常用于耐高温、耐湿物品的灭菌，如普通培养基、生理盐水或实验器材等。压力蒸汽灭菌的方法，见表9-1。

表 9-1　压力蒸汽灭菌所需时间

物品种类	121℃下排气	134℃脉动真空
硬物裸露	15	4
硬物包裹	20	4
织物包	30	4

①高压蒸汽灭菌器的种类:高压蒸汽灭菌器种类繁多,根据冷空气排放方式的不同,蒸汽压力灭菌器分为下排气式蒸汽压力灭菌器和预真空蒸汽压力灭菌器两大类。下排气式蒸汽压力灭菌器也称重力置换式蒸汽压力灭菌器,其灭菌是利用重力置换的原理,使热蒸汽在灭菌器中从上而下,将冷空气由下排气孔排出,排出的冷空气由饱和蒸汽取代,利用蒸汽释放的潜热使物品达到灭菌。预真空蒸汽压力灭菌器的灭菌原理是利用机械抽真空的方法,使灭菌柜室内形成负压,蒸汽得以迅速穿透到物品内部进行灭菌。根据抽真空次数的多寡,分为预真空和脉动真空两种,后者因多次抽真空,空气排除更彻底,效果更可靠。

还有一种高压蒸汽灭菌器是双扉高压蒸汽灭菌器,专用于三级或四级生物安全实验室对防护区的废物、废水、动物尸体、培养基、器皿、无菌衣、医用敷料等物品的原地高压蒸汽灭菌。

②使用普通高压灭菌器应注意的事项:

a. 高压灭菌器的操作和日常维护应由经培训合格的人员负责。

b. 应对其进行预防性的维护,如由有资质人员定期检查灭菌器柜腔、门的密封性以及所有的仪表和控制器。

c. 应使用饱和蒸汽,并且其中不含腐蚀性抑制剂或其他化学品,这些物质可能污染正在灭菌的物品。

d. 所有要高压灭菌的物品都应放在空气能够排出并具有良好热渗透性的容器中。

e. 灭菌器柜腔装载要松散,以便蒸汽可以均匀作用于装载物。

f. 当灭菌内部加压时,互锁安全装置可以防止门被打开,而没有互锁装置的高压灭菌器,应当关闭主蒸汽阀并待温度下降到室温时再打开门,操作者打开门时应当戴适当的手套和面罩来进行防护。

g. 当高压灭菌液体时,由于取出液体时可能因过热而沸腾,故应采用慢排式设置。

h. 在进行高压灭菌效果的常规检测中,应将灭菌指示胶带置于每件高压灭菌物品的中心。

③使用高压灭菌器进行灭菌时对灭菌物品要进行正确包装：

a.包装材料应允许物品内部空气的排出和蒸汽的透入。

b.常用的包装材料包括全棉布、一次性无纺布、一次性复合材料（如纸塑包装）、带孔的金属或玻璃容器等。新包装材料在使用前，应先用生物指示物验证灭菌效果后方可使用。包装材料使用前应仔细检查有无残缺破损。

c.布包装层数不少于两层。用下排气式压力蒸汽灭菌器的物品包，体积不得超过 30 cm×30 cm×50 cm。金属包的重量不宜超过 7 kg，敷料包不超过 5 kg；对于不符合上述要求的应该延长灭菌时间，并做好检测。

d.新棉布应洗涤去浆后再使用；反复使用的包装材料和容器，应经清洗后才可再次使用，否则因影响透气性而影响灭菌效果。

e.盘、盆、碗等器皿类物品，尽量单个包装，包装时应将盖打开；若必须多个包装在一起时，所用器皿的开口应朝向一个方向；摆放时，器皿间用吸湿毛巾或纱布隔开，以利于蒸汽渗入。

f.灭菌物品能拆卸的必须拆卸，如对注射器进行包装时，管芯应抽出。必须暴露物品的各个表面（如剪刀和血管钳必须充分撑开）以利于灭菌因子接触所有物体表面。有筛孔的容器，应将盖打开，开口向下或侧放。

g.物品捆扎不宜过紧。

④高压灭菌后的处理：按照高压灭菌器的操作说明书完成灭菌过程后，要进行灭菌后处理。首先要检验生物指示物是否达到灭菌效果，再检查包装的完整性，若有破损不可作为无菌物品使用，湿包和有明显水渍的包不作为无菌包使用。合格的灭菌物品，应标明灭菌日期，合格标志。储存的有效期受包装材料、封口的严密性、储存环境等诸多因素影响。对于棉布包装材料、牛皮纸和开启式容器，温度在25℃以下时保存 7～14 d，潮湿多雨季节应缩短天数。对于一次性无纺布、一次性包装纸和纸塑包装材料，其有效期为一年以上。

（二）射线消毒法

射线消毒的主要原理是利用紫外线、臭氧及高能射线使微生物的核酸遭到破坏或蛋白质发生光解、变性，导致微生物死亡。主要包括紫外线消毒和电离辐射消毒。

1. 紫外线消毒法

紫外线消毒常用于无菌实验室的空气消毒、不耐热物品的表面消毒等。紫外线是一种电磁波，波长 200～300 nm（包括日光中的紫外线），具有杀菌作用，波长265～266 nm 时杀菌作用最强。紫外线主要作用于 DNA，使 DNA 分子形成胸腺嘧啶双聚体，干扰 DNA 正常复制或转录，导致微生物死亡或变异。紫外线的穿透能力较弱，仅能杀灭直接照射到的微生物。

(1)实验室空气的紫外线消毒。实验室空气的紫外线消毒应按房间面积选择安装紫外灯的功率大小和数量，悬吊式紫外灯对室内空气消毒时常用的数量为平均 1.5 W/m^3，照射时间不少于 30 min。紫外线用于消毒时注意事项。

①保持紫外线灯表面的清洁。

②消毒室内空气时，房间内应保持清洁干燥，减少尘埃和水雾，温度低于 20℃或高于 40℃、相对湿度大于 60%时应适当延长照射时间。

③不得使紫外线光源直接照射到人体，以免引起损伤。

④使用过程中，如发现有电源线损坏、漏电或臭氧泄露等现象，应马上停止使用，请专业人员修理。

⑤紫外线灯的检测：普通型或低臭氧型直管紫外线灯(30 W)新灯管的辐照度值在灯管下方垂直 1 m 的中心处，应≥90 $\mu W \cdot s/cm^2$，使用中的灯管的辐照度值在灯管下方垂直 1 m 的中心处，应≥70 $\mu W \cdot s/cm^2$。低于此值应予更换。

(2)物体表面的紫外线消毒。实验台面、桌子、椅子、器皿等表面可以采用紫外线消毒法。紫外灯用于物体表面的消毒的照射剂量：杀灭一般细菌繁殖体时，照射剂量不得低于 10 000 $\mu W \cdot s/cm^2$；杀灭细菌芽孢的照射剂量不得低于 100 000 $\mu W \cdot s/cm^2$，杀灭真菌孢子的照射剂量不得低于 600 000 $\mu W \cdot s/cm^2$。辐照剂量的计算方法：辐照剂量为紫外线在被照射物品的表面处的辐照强度和照射时间的乘积。故根据紫外线光源在被照物体表面的强度，可以计算出需要照射的时间，例如，实测某紫外线灯对实验台面的照射强度值为 70 $\mu W \cdot s/cm^2$，需要辐照的剂量是 100 000 $\mu W \cdot s/cm^2$，则需照射的时间为：100 000 $\mu W \cdot s/cm^2 \div$ 70 $\mu W/cm^2 = 1\ 429\ s \div 60 \approx 24\ s$。

用于消毒物体表面时，应便于紫外线直接照射于被消毒物体表面。消毒纸张、织物等粗糙表面时，应适当延长照射时间，且两面均应受到照射。

2. 辐射消毒法

辐射消毒法包括电离辐射消毒和微波辐射消毒。电离辐射线具有较高的能量和较强的穿透力，可以直接或间接作用于微生物的核酸、蛋白质及酶系统，从而杀灭微生物。如 γ 射线、X 射线等，常用于大量一次性生物制品、医疗用品、食品、药品等的消毒。微波辐射消毒是采用 1～1 000 nm 的电磁波，使物品中的极性分子发生高速运动并引起互相摩擦、碰撞，从而使温度迅速升高，达到杀菌目的。微波可穿透玻璃、塑料薄膜等，但不能穿透金属表面，并且热效分布不均匀，消毒效果不可靠。

二、化学消毒

(一)化学消毒剂介绍

化学消毒剂是所有用来消毒的化学制剂的总称,多种化学消毒剂可作用于细菌,破坏细菌的有机分子,改变细菌的正常结构,从而达到杀灭微生物或降低微生物对环境污染的目的。化学消毒剂种类繁多,按化学形状可分为含氯消毒剂、过氧化物类消毒剂、醛类消毒剂、醇类消毒剂、含碘消毒剂、酚类消毒剂、双胍类和季铵盐消毒剂等。下面介绍几种常用的化学消毒剂。

1. 氯(次氯酸钠)

氯属于快速作用的氧化剂,是一种应用较为广泛的光谱化学杀菌剂,强碱性,对金属有腐蚀性。市场上常以次氯酸钠溶液作为漂白剂来销售,使用时用水稀释成不同浓度的有效氯浓度。次氯酸钠的杀菌作用主要是通过水解后形成次氯酸,再进一步分解形成新生态氧,新生态氧具有极强的氧化性,使微生物的蛋白质变性,达到杀死微生物的目的。次氯酸杀菌作用快,但性能不稳定,杀菌效率相对比较低。氯的许多副产物可能对人体和环境有害,应该尽量避免滥用氯类消毒剂。

2. 次氯酸钙

次氯酸钙又称含氯石灰,是一种有较高稳定性的强氧化剂,溶于水后生成次氯酸,并释放氧,使微生物蛋白质发生氧化,同时释放氯,使蛋白质变性,从而杀灭微生物。次氯酸钙颗粒或片剂一般含有 70%的有效氯。

3. 二氯异氰尿酸钠

属于有机氯消毒剂,白色晶体,性质稳定,但水溶液稳定性差,二氯异氰尿酸钠的粉剂含有 60%的有效氯,常用于生物危害性液体溢出时的处理。

4. 氯胺

是世界上最早使用的化学消毒剂,刺激性和腐蚀性较小,应用广泛。杀菌能力强,可对绝大多数微生物及细菌芽孢有杀灭作用。氯胺粉剂含有大约 25%的有效氯。

5. 二氧化氯

是一种强效的快速杀菌剂,可杀灭一切微生物,包括细菌芽孢。二氧化氯对微生物细胞壁有较强的吸附穿透能力,可有效氧化细胞中含有巯基的酶从而灭活微生物。二氧化氯无毒、无刺激性,使用剂量低,安全性高。

6. 甲醛

对除朊病毒外的所有的微生物(包括细菌芽孢)都有杀灭作用。甲醛灭菌效果可靠,使用方便,可用于对湿热敏感、易腐蚀物品的灭菌,但甲醛起效作用较慢,并需要相对湿度达70%左右。市场上常用的有多聚甲醛和甲醛两种制剂，两种形式加热都可以产生气体，用于封闭空间的消毒，如生物安全柜或房间。甲醛疑有致癌作用，并对眼睛和黏膜有刺激作用，因此必须在通风良好的地方贮存和使用。

7. 戊二醛

具有高效、广谱杀菌作用，对金属腐蚀性小，灭菌浓度约20 g/L(2%)以上，对绝大多数微生物具有杀灭活性，比甲醛作用迅速，但杀死细菌芽孢需要几个小时。戊二醛具有毒性，并对皮肤和黏膜具有刺激性，应当避免与其接触，应在通风良好的环境中使用，慎用喷雾法或用溶液对环境表面消毒。

8. 乙醇

具有较强的穿透力和杀菌力，可使微生物蛋白质变性，能杀灭细菌繁殖体、结核杆菌及大多数真菌和含脂病毒，对非含脂类病毒效果不确定，不能灭活细菌孢子。乙醇消毒的最有效浓度为70%～75%，低于60%影响杀菌效果，高于90%会迅速凝固微生物表面蛋白质，影响穿透。乙醇易挥发、易燃，对皮肤黏膜有刺激性，对金属无腐蚀性。

9. 过氧化氢

强氧化剂，具有广谱、高效、速效、安全等特点，对金属和织物有腐蚀性，受有机物影响大，稀释液不稳定。常用的过氧化氢是3%的溶液，现有产品中常含有稳定剂稳定过氧化氢，加速杀菌过程并降低腐蚀性。常用于实验台和生物安全柜工作台面的消毒，有时也用于冲洗伤口。

10. 过氧乙酸

强氧化剂，具有广谱、高效、低毒等特点，对金属和织物有腐蚀性，受有机物影响大，稳定性差。常用浓度为0.1%～1.0%，适用于耐腐蚀物品、环境及皮肤等的消毒，常采用的方法是浸泡、擦拭和喷洒法。

11. 碘和碘伏

这类消毒剂具有速效、低毒、稳定性好、刺激性小等特点，适用于皮肤、黏膜或鸡胚等的消毒。对铝、铜、碳钢等二价金属有腐蚀性，一般不用于金属器械的消毒。

12. 苯扎溴胺(新洁尔灭)

是常用的季铵盐类消毒剂，对多数微生物具有杀灭作用，但对结核杆菌及真菌作用差，对芽孢只有抑制作用，对肝炎病毒无灭活作用。常与其他消毒剂联合使用，提高作用效率。常用于皮肤黏膜、环境物品的消毒。

13. 来苏儿

为甲酚、植物油、氢氧化钠的皂化液，含50%的甲酚。可杀灭大部分微生物，对细菌芽孢需要高浓度长时间才可灭活。常用于器械物品、环境、排泄物等的消毒。

(二)几种常用化学消毒剂的配制方法

1. 0.2%的次氯酸钠的配制

①0.05%次氯酸钠的配制：0.05 g 次氯酸钠加入 1 L 蒸馏水或无离子水中，摇匀后放入塑料容器中备用，有效期为 3 d。

②0.2%次氯酸钠的配制：0.2 g 次氯酸钠加入 1 L 蒸馏水或无离子水中，摇匀后放入塑料容器中备用，有效期为 3 d。

注意事项：

①粉剂应于阴凉处避光防潮、密封保存；水剂应于阴凉处避光、密封保存。

②所需溶液应现配现用。

③配制溶液时，应戴口罩，橡胶手套。

④消毒时，若存在大量有机物时，应提高使用浓度或延长作用时间。

2. 0.2%、0.8%～1%的过氧乙酸的配制

①0.2%过氧乙酸：1 体积过氧乙酸原液加入到 19 份的蒸馏水或无离子水中，摇匀后放入塑料容器中备用，有效期为 3 d。

②0.8%过氧乙酸：1 体积过氧乙酸原液加入到 19 份的蒸馏水或无离子水中，摇匀后放入塑料容器中备用，有效期为 3 d。

③1%过氧乙酸：1 体积过氧乙酸原液加入到 15 份的蒸馏水或无离子水中，摇匀后放入塑料容器中备用，有效期为 3 d。

注意事项：

①过氧乙酸不稳定，应贮存于通风阴凉处，用前应测定有效含量，原液浓度低于 12%时禁止使用。

②稀释液临用前配制，配制溶液时，忌与碱或有机物相混合。

③过氧乙酸对金属有腐蚀性。金属制品与织物浸泡消毒后，即时用清水冲洗干净。

④使用浓溶液时，谨防溅入眼内或皮肤黏膜上，一旦溅上，即时用清水冲洗。

⑤消毒污染的物品时，需适当延长作用时间。

3. 0.05%的新洁尔灭的配制

0.5 份的新洁尔灭加入 999.5 份的蒸馏水或无离子水中，摇匀后放入塑料容器中备用，有效期为 7 d。

4. 75%的乙醇溶液的配制

75 份的无水乙醇加入 25 份的蒸馏水或无离子水中，摇匀后盛入塑料容器，使用乙醇指示剂测定乙醇含量，密闭保存备用，有效期为 7 d。

注意事项：

①乙醇易燃，忌明火，需置阴冷及通风处保存。

②必须使用医用乙醇，严禁使用工业乙醇消毒和作为原材料配制消毒剂。

③用于手和皮肤的消毒时，对酒精过敏者慎用。

④乙醇能破坏用胶镶嵌的仪器镜头，可使橡胶及某些塑料管在延长使用或重复后变硬膨胀，故用乙醇消毒仪器应加以注意。

5. 碘酒的配制

根据有效碘含量用蒸馏水将碘伏稀释成有效碘含量为 2 500～5 000 mg/L。

注意事项：

①碘伏应于阴凉处避光、防潮、密封保存。

②碘伏对二价金属制品有腐蚀性，不应做相应金属制品的消毒。

③消毒时，若存在有机物，应增加消毒剂浓度或延长消毒时间。

④避免与拮抗药同用。

6. 消毒剂浓度稀释配制计算法

消毒剂原液和加工剂型一般浓度较高，在实际应用中，必须根据消毒的对象和目的加以稀释，配制成适宜浓度使用，才能收到良好的消毒灭菌效果。

稀释配制计算公式：

$$c_1 \cdot V_1 = c_2 \cdot V_2$$

式中，c_1—稀释前溶液浓度；c_2—稀释后溶液浓度；V_1—稀释前溶液体积；V_2—稀释后溶液体积。

(三)化学消毒法在生物安全实验室中的应用

1. 实验室表面消毒

(1)地面消毒。0.2%～0.5%过氧乙酸喷洒，或用有效氯为 1～2 g/L 的含氯消毒剂喷洒或拖地，消毒剂的用量不得少于 100 mL/m^2。

(2)物体表面的消毒。实验台面、桌子、椅子、实验凳子、柜子、门把手、实验记录夹等用 0.05%新洁尔灭或 0.2%次氯酸钠喷洒、擦拭、消毒作用 10～15 min。鸡胚表面消毒：使用碘酒和 75%乙醇溶液擦拭鸡胚表面进行消毒。

2. 实验室一般实验器材的消毒

(1)玻璃器材。使用过的玻璃吸管、试管、离心管、玻片、玻璃棒、三角瓶和平皿等应立即浸入 0.8%过氧乙酸喷洒或置于有效氯为 2 g/L 的含氯消毒剂中 1 h 以上，然后再使用高压灭菌器消毒后用超声波清洗的方法洗净沥干，使用前再进行高压灭菌处理。

(2)塑料、橡胶、无纺布制品。耐热的塑料器材可在0.5%过氧乙酸或有效氯为2 000 mg/L的含氯消毒剂(如0.2%的次氯酸钠溶液)中浸泡、喷洒,作用1 h以上,然后清水洗涤沥干后高压灭菌处理。

不耐热的塑料器材可在0.5%过氧乙酸或有效氯为2 000 mg/L的含氯消毒剂(如0.2%的次氯酸钠溶液)中浸泡、喷洒,作用1 h以上,然后清水洗涤、沥干。

一般血清反应使用过的塑料板,可直接浸入2 g/L的含氯消毒剂(如0.2%的次氯酸钠溶液)中浸泡,作用2 h以上。

橡胶制品(如护目镜、胶靴、吸液球等)用有效氯为2 g/L的含氯消毒剂,如0.2%的次氯酸钠溶液浸泡。

贵重仪器,如显微镜、离心机、传真机、冰箱、培养箱等不宜加热、不能用消毒剂浸泡的仪器,局部轻度污染时,可用75%医用酒精重复擦拭2次。污染严重、传染性强的亦可将所需消毒仪器集中在一间房内,然后将房间密闭,以25 mL/m^3计算甲醛的用量,应用甲醛熏蒸器熏蒸12 h。

纸张类,如污染的实验记录纸等也可用甲醛熏蒸器熏蒸12 h。

3.实验室人员的消毒

从事生物安全实验室工作的人员应该了解微生物学知识、无菌操作知识、高压容器安全知识及实验室生物安全防护知识。

(1)手的消毒。

①处理生物危害性材料时,均必须戴实验室提供的一次性医用橡胶手套。但是这并不能代替实验室人员需要经常地、彻底地洗手。实验室配备有手消毒器,其内盛有70%的乙醇,每次实验完毕后和离开实验室之前通过手消毒器对手进行彻底消毒。洗手后用纱布或纸巾等擦干。

②手部消毒可用0.05%新洁尔灭或75%酒精涂擦于手指、手掌、手背揉搓1~3 min。

(2)个人防护装备消毒防护服表面消毒。在三级或四级生物安全实验室工作要使用个人防护装备,表面的消毒应通过小型喷雾器喷洒75%乙醇溶液进行消毒。

4.实验室生物污染的消毒

(1)实验室安全柜、实验台面及地面污染后消毒。实验时如果发现微生物污染了实验地面,应立即停下实验,进行消毒处理。首先将局部暴露部位用含有消毒剂吸水性好的多层纱布(或纸巾)覆盖暴露表面,覆盖面积要超过暴露面积25%,然后喷洒消毒剂(如0.8%~1%过氧乙酸或0.5%的次氯酸钠),覆盖30 min后,小心地将吸水材料及被其吸收的液体或/和覆盖的试验样品一起放入到事先准备好的耐高压污物袋中。

意外污染消毒遵循有机材料原则，0.8%～1%过氧乙酸（或0.5%的次氯酸钠）、75%乙醇溶液或0.05%新洁尔灭几种消毒剂选择使用。

（2）离心管破损后的消毒。装有含微生物液体的离心管如果发生破裂或机器正在运行时怀疑发生破裂，应关闭机器电源，让机器密闭静置30 min。如果机器停止后发现破裂，应立即将盖子盖上，让机器密闭30 min。当清理玻璃碎片时应当用镊子或用镊子夹着棉花进行。所有破碎的离心管、玻璃碎片、吊篮、十字轴和转子都应放在75%酒精消毒液内浸泡24 h后，然后高压灭菌。未破损的带盖离心管应放在不同容器内75%酒精消毒液中，浸泡60 min后再取出。离心机内腔应当用75%酒精消毒液擦拭，放置过后再擦拭一次，然后用水擦洗并干燥。清理时所使用的所有材料都应当按感染性废弃物处置。

（3）可能污染冰箱的消毒处理。将可能污染的冰箱、冰柜外表面用0.05%的新洁尔灭擦拭，作用30 min。将冰箱、冰柜放置在特制的大托盘上，托盘面积大于冰箱冰柜底面积，高度为10 cm（防止化冰后，污染环境），托盘内放入适量的含氯消毒粉剂，使消毒粉与化冻水混合后有效氯的含量大于1 000 mg/L。打开冰箱、冰柜，清点内存物品，并根据需要对样品作相应的处理。清点完毕后，将冰箱、冰柜停电化冻，将化冻水小心地收集在容器内，按有效氯1 g/L的量将消毒剂投入污水中。搅匀，作用30 min。冰箱冰柜内、外表面用0.05%的新洁尔灭或0.8%的过氧乙酸喷洒或擦拭消毒，作用30 min，用清水擦洗冰箱、冰柜内外表面，然后用干布擦干。在清理消毒过程中，如有不小心打碎容器或污染环境的地方应进行喷洒0.8%过氧乙酸溶液或2 g/L的含氯消毒剂，覆盖污染区域，进行消毒处理。如操作者所穿戴的防护用品受到污染时，应立即停止工作，进行消毒处理。处理方法为：对于防护服应立即向污染的部位喷洒0.5%过氧乙酸溶液或2 g/L含氯消毒剂，然后将其小心地脱下，放入黄色塑料袋中。对其他污染的防护用品应小心脱摘下，浸入0.5%过氧乙酸溶液或2 g/L的含氯消毒剂中浸泡30 min。

（4）生物安全柜污染的消毒。清除生物安全柜的污染时，使用福尔马林熏蒸灭菌器来进行安全柜的熏蒸，其使用方法参考福尔马林熏蒸灭菌器消毒。在每次使用前后，工作台面和内壁要用消毒剂进行擦拭，所用的消毒剂要能够杀死安全柜里可能发现的任何微生物。在每天实验结束时，应擦拭生物安全柜的工作台面、四周以及玻璃的内外侧等部位来清除表面的污染。在对目标生物安全有效时，可以采用0.05%的新洁尔灭溶液或75%酒精来消毒。生物安全柜在移动以及更换过滤器之前，必须清除污染。最常用的方法是采用甲醛蒸气熏蒸。

5. 生物安全实验室的终末消毒

当一阶段的实验完成后，准备进行下一阶段的实验时，需要根据实验情况全面考虑消毒对象，包括实验器材、实验样本、实验环境（包括台面、地面、墙壁、空气）、人员（人体及防护用品等）等。此时需进行终末消毒。

（1）实验室内所有的物品消毒。实验室所有的物品均应经消毒后才能移出实验室外。能高压的物品均经高压蒸汽灭菌器灭菌，且高压物品必须经生物验证后方可处理；不能高压的物品经 0.8%～1%过氧乙酸溶液或 2 g/L 的含氯消毒剂浸泡 2 h 或过夜后传出。对存在较多有机物的物品消毒时，应加大消毒剂的使用浓度和/或延长消毒作用时间。

（2）实验室物体表面的消毒。用 0.05%的新洁尔灭、0.05%次氯酸钠擦洗实验室内所有物体的表面。对需消毒的物品立即采取彻底的消毒措施，不留死角。用消毒剂浸泡消毒时要保证被消毒物品全部浸泡在消毒剂中。用消毒剂擦拭消毒时，要保证所有要消毒的表面都被均匀地擦拭到。

（3）实验室的清洁。清洁是通过刷、吸、干擦、洗涤或用浸泡肥皂水或清洁剂的湿墩布拖擦的方法去除污垢、有机物和污渍，以确保消毒和灭菌的效果。清洁时，必须用与随后使用的消毒剂相容的清洁剂，是否进行预清洁应根据工作性质和需要来确定。对需反复使用的实验物品，在处理病原微生物污染时，应先消毒、灭菌后再进行清洁。

（4）实验室空气及物体表面的消毒。可采用福尔马林熏蒸灭菌器灭菌法。甲醛对人有毒性和刺激性，应做好对操作人员的防护。熏蒸时应严格控制温度和相对湿度，以保证消毒效果。

（5）实验室终末消毒的生物验证。可采用 Sterikon plus 生物指示剂验证消毒效果。将适量的安瓿瓶置于灭菌物品中，灭菌物品体积小于 250 L 时，至少使用 2 个安瓿瓶。灭菌后，将安瓿瓶置于(60±2)℃培养 24～48 h，并设置 1 个未灭菌的安瓿瓶为对照。如果灭菌彻底，安瓿瓶中的内容物仍为紫红色。若灭菌不彻底，安瓿瓶中的内容物将变混浊，并呈黄色。对照的安瓿瓶中的内容物将变混浊。

第三节 废弃物处理

废弃物是指将要丢弃的所有物品，实验室废弃物的最终处理方式与其污染是否被清除密切相关。废弃物处理的首要原则是所有感染性材料必须在实验室内进行高压灭菌后进行包装或焚烧处理。感染性材料在被丢弃前应考虑以下问题：是否按规定程序进行消毒或灭菌处理？如果没有，是否按规定方式进行包装，以便焚烧或运送其他单位处理？丢弃已清除污染的废弃物时，是否会对丢弃人员或可能接触到丢弃物的人员造成任何潜在的生物学或其他方面的危害？

一、废弃物的分类

无危害性废弃物：未直接或间接接触污染材料，不具有感染性和损伤性的废弃物，这类废弃物或可重复再循环使用，或按普通废弃物处理方式丢弃。

感染性废弃物：有引发感染性疾病传播风险的废弃物，包括被感染性实验材料污染的物品和器材，如手套、口罩、防护服、试管等实验用品以及废弃的感染性实验样本、培养液、培养基、鸡胚等。

损伤性废弃物：能够刺伤或割伤人体的锐器等废弃物，包括注射器针头、手术刀、破碎玻璃等。

化学与放射性废弃物：具有毒性、腐蚀性或易燃易爆的化学性废弃物或放射性废弃物，如强酸、强碱等。

二、废弃物的处理程序

对不同类别的废弃物采取不同的处理方法，对于无危害性废弃物的处理可以直接按"家庭"废弃物的处理方式处理。损伤性废弃物的处理应根据感染性和非感染性分类处理，感染性的损伤性废弃物应放在一次性容器中高压灭菌或焚烧处理，无感染性的损伤性废弃物也应放在一次性容器中统一处理，不能直接丢弃于垃圾场。化学废弃物要消除腐蚀性，保证对人体和环境无害后方可丢弃，包含有毒、有害化学物品的实验材料在使用后应置于带有明显标志的容器内，送到指定地点统一处理。放射性废弃物应在密封的条件下穿戴防护服将其送至指定地点，并防止发生泄漏。

对于感染性废弃物，要进行充分的消毒处理。所有实验室感染性废弃物均装入实验室配备的密封防漏容器（不要超过容器容量的 2/3）或高压袋内，在容器或高压袋上贴上标记，在实验室进行高压灭菌后，在其外部套上双层高压灭菌专用袋，标记清楚内装的高压物品及是否回收，必要情况下放入双扉高压蒸汽灭菌器中灭菌，经生物验证后送生物垃圾场处理。实验室和医学废物的处理要严格遵守国家有关法律法规和标准，在设计和执行关于生物危害性废弃物处理、运输和废弃的规划之前，必须参考最新版的相关文件。

第十章　医院生物安全

安全的就医环境及有保障的医疗质量是病人的基本要求。在医疗环境中存在的疏忽或危险，构成对医院所有人员的生物危害性。医院的生物安全管理致力于为患者、工作人员及相关人员提供一个生物危害性材料安全合理使用的环境。医院的生物安全管理从项目分类，包括生物安全、辐射安全、环境安全、消防安全、化学安全、电气安全；从组织层次来讲，是一个覆盖组织管理、生物安全要求、医疗防护、事故风险评定与管理、标识、安全操作、个人防护、医疗设备、废弃物管理、去污消毒的完整的生物安全体系。医院的生物安全体系建设是预防和控制医院感染的基础。

第一节　医院生物安全管理

一、组织机构

在医院的医疗环境中，所有的工作人员都与生物安全密切相关。应建立起生物安全的组织结构。

1. 生物安全委员会

生物安全委员负责组织制定所在医院的生物安全管理手册、程序文件、标准操作规程、记录表单等管理体系文件，并促使管理体系的有效运行。对涉及感染性生物材料、动物使用、重组 DNA 以及生物治疗时的研究方案进行审查和微生物危险度评估；负责本单位生物安全的日常监督、检查；负责制定新的安全政策以及仲裁安全事件纠纷等。其主要职责可为：

（1）调查及审议医院的生物环境是否符合生物安全相应法规、标准；

（2）审议其他与生物安全相关的必要事项；

（3）监督生物安全相关教育及健康管理的落实；

（4）制定生物安全意外发生时必要的处置及改善方法；

（5）收集整理与生物安全之相关信息、建立教育教材等。

2. 医院生物安全办公室职责

（1）督促各部门遵守生物安全法规、标准及医院生物安全守则；

(2)及时提供相应部门生物安全的政策信息；
(3)在开展新方法、生物危害性材料溢出时提出建议；
(4)提供生物安全培训，保留记录；
(5)组织与实施生物安全检查；
(6)调查生物安全事故。

3. 生物安全委员会委员或部门负责人职责

(1)相关部门工作的生物风险评估；
(2)所在部门内开展安全操作规范，指导工作人员识别潜在的危害物；
(3)批准与记录可进行相应工作的工作人员；
(4)编制与实施部门工作守则，以确保安全操作；
(5)涉及生物安全的新事项向生物安全委员会提交申请。

4. 工作人员职责

(1)确保所从事工作遵照相应法规、标准，遵循医院生物安全守则；
(2)学习标准操作规程、潜在的危害物与应急程序；
(3)向上级报告所有非常规的情况；
(4)若对处理人类病原体、组织细胞等操作不熟练，接受培训；
(5)完成所有的医疗监护要求；
(6)执行分配的工作。

二、生物安全要求

1. 申请使用生物材料

在一定周期内所有部门要求完成及递交生物材料(如微生物、细胞、人体材料、动物或毒素)使用表单；医院生物安全办公室维护医院所有部门使用生物材料的正确信息。

2. 人类病原体

处理人类病原体前应向生物安全办公室申请备案，经批准后方可进行；所有从事病原体处理的工作人员均应接受生物安全与微生物操作的培训；生物安全办公室定期组织生物安全培训；部门负责人确保所有工作人员均接受适当的培训。

3. 重组 DNA 材料/基因治疗

应向生物安全办公室申请备案，经批准后方可进行。

4. 人类血液、体液、组织与其他潜在感染性材料

皮肤、眼睛、黏膜等接触人类血液或潜在的感染性材料应视作职业暴露；未直接接触人类血液或潜在的感染性材料，但接触曾处理血液或潜在感染性材料的设

备，也视作职业暴露。

5. 潜在感染性材料

潜在感染性材料包括：人类细胞或组织；器官培养；含病原体的培养基或液体；人类体液，包含污染血液的尿液、粪便、唾液或眼泪等。

6. 生物安全柜(BSCs)

所有的生物安全柜应在生物安全委员会登记，每年经过认证；生物安全柜的购买、移动、修复或丢弃均应联系安全委员会办公室；生物安全柜应定期去污；在开始相应工作前均应经过生物安全培训。

其他安全要求化学、电器、辐射安全。

三、医疗监护项目

医院卫生部门进行医疗监护项目。此项目是对员工进行定期的健康评估，包括免疫接种、定期体检、采集血样。目的在于：①推荐合适的医疗防护；②工作员工定期的健康评估以确定医疗条件是否符合生物安全要求。工作人员间的医疗监护项目的差别在于：①所从事的具体工作；②直接或潜在暴露的生物病原体；③工作人员健康状态的其他因素。

1. 免疫接种

工作人员从事某种工作应接种合适的疫苗，如狂犬、麻疹等疫苗。周期性采集血清样本以随访疫苗诱导的免疫反应。

2. 医疗限制

母亲暴露于感染性病原体后受染将使胎儿受累。妊娠妇女应告知部门负责人或医院卫生部门，并咨询暴露事项。医院卫生部门应就必要的防护措施给出意见与解答。

3. 生殖相关生物危害

有必要时，医院卫生部门协同生物安全办公室审核部门工作流程，以使潜在暴露程度最小化。

四、意外与事故

1. 暴露事故的紧急处理

暴露事故是指工作人员在从事职责时其眼部、嘴、黏膜、呼吸道、受损皮肤等特异接触潜在的感染性材料。暴露后工作人员应去除其手套，紧急处理其受累部位。

(1)经皮肤损伤。抗菌肥皂与温水冲洗受累部位 15 min。

(2)飞溅至脸部。洗眼水冲洗受累部位 15 min。

(3)气溶胶暴露。屏住呼吸,关闭通风,迅速离开房间。仔细去除个人防护装置(PPE)。肥皂与水洗手。房间入口贴上飞溅标识。室内至少疏散 30 min。

2. 事故报告

工作人员应向上级报告事故。填写事故报告表单,记录暴露途径与发生时的环境。

3. 医疗帮助

工作人员暴露后可咨询医院卫生部门,若需要进一步的治疗措施,可向急诊部门寻求帮助。

医院卫生部门提供暴露后的评估与随访。监测的时间依赖于暴露的类型,与不同病原体的潜伏期相关。

医院卫生部门应保存工作人员医疗记录 30 年。

4. 暴露事故调查

调查的目的在于预防相似事件的发生,以及获得事故发生时的环境、人员信息,并且检测暴露人员的健康状态。

五、风险评估与管理

医院管理部门有义务为医院人员提供一个安全的工作环境,并赋予生物安全委员会及其办公室管理生物安全项目的权利。

所有医院人员均有维护生物安全的责任。从事生物危害性物质的医院医生、技术人员、研究人员是生物安全项目的最重要人员,在其工作中应整合所有的生物安全要求与安全防护。

部门负责人为其部门的生物安全负责,识别潜在危害及采用合适防护措施。

1. 风险评估与管理的 5 个方面

(1)病原体——危害性生物材料。

(2)过程——安全操作。

(3)人员——经培训与合适的技能。

(4)保护设备——个人防护设备与安全设备。

(5)地方——设施设计。

2.风险评估与管理

表 10-1 风险评估与管理表

	风险评估	风险管理
病原体	·病原体分类 ·感染途径 ·感染过程 ·毒力,致病性,浓度、数量,流行性,传播媒介	申请生物安全办公室
过程	·气溶胶:超声碎化,离心,振荡等 ·经皮肤风险:针,注射器,手术刀等 ·飞溅风险:吸管,接种环等	·标准操作规程 ·遵照生物安全要求 ·设施设备标识 ·检查、审核安全操作与容器设备 ·使用非感染性材料进行预实验,以测试新过程、设备
人员	健康状况 ·肿瘤疾病 ·感染 ·免疫低下治疗 ·年龄、种族、性别、妊娠 ·手术 ·糖尿病,狼疮 ·暴露后预防 ·血清留样 ·开放性伤口、皮肤受损、湿疹、皮炎、年龄、种族、性别、妊娠 生物安全认识	·安全培训 ·生物危害物的工作经验 ·操作技能 ·立即报告所有的暴露事件 ·调查审核事故,预防再次发生
实验室仪设备	·离心机 ·培养箱 ·高速搅拌器 ·组织匀浆机 ·振荡器 ·恒温振荡器	·所有仪器经过安全使用认证 ·对仪器设备进行维护前进行消除污染工作 ·所有仪器定期进行检查,定期更换 ·用塑料制品来代替玻璃制品
设施	风险组/生物安全水平要求 ·气溶胶风险 ·限制进入	基本设施要求:门,洗水池,窗户,易于清洁的表面,洗眼设备 ·标识 ·隔离防护

3.暴露途径

病原体感染途径包括口腔、呼吸道、皮肤、黏膜接触等。病原体进入体内后需拮抗宿主免疫机制、适应机体变化、在宿主组织细胞内生长繁殖,从而引起疾病。

其他因素包括宿主的易感性，如年龄、免疫状态、职业、环境等。

表 10-2　感染性病原体传播途径

暴露途径	保护措施
黏膜： 飞溅物通过黏膜、眼、鼻、嘴等暴露	脸部防护： ·穿戴护目镜、医用外科口罩等 ·生物安全柜 ·遵照良好的微生物操作
吸入： 由于离心缺漏、飞溅、气溶胶产生过程等，吸入气溶胶（微粒 ＜5 μm）	避免气溶胶暴露： ·生物安全柜 ·离心时使用密封的转头 ·遵照良好的微生物操作
咽下： 用嘴吸液或在工作区域饮食、喝水、吸烟	避免咽下暴露： ·不在工作区域饮食、喝水、吸烟 ·使用移液器 ·遵照良好的微生物操作
皮肤： 针头、穿刺污染物体等使皮肤暴露	避免经皮损伤： ·塑料替代玻璃器具 ·小心锐器 ·锐器放于耐穿刺容器 ·穿戴耐刺手套 ·用防水绷带或穿戴双层手套保护受损皮肤
间接暴露： 黏膜暴露于污染表面如接触操作台、电话、计算机等的手	避免间接暴露： ·工作区域表面去污 ·完成操作后洗手 ·不用手套或未戴手套的手接触脸部 ·工作区域不用化妆品

4.在工作区域遵照基本的生物安全原则

(1)不在工作区域饮食、喝水、吸烟。

(2)操作完成后洗手。

(3)操作时穿戴个人防护装置，离开工作区域脱去个人防护装置。

(4)从不用嘴吸液，使用移液器。

(5)谨慎操作锐器。

(6)使用合适的装置避免气溶胶。

(7)工作区域、飞溅物和废弃物去污。

六、生物安全水平

生物安全水平相对应的操作、设备与设施。

表 10-3 WHO 感染性微生物的危险度等级分类

危险度 1 级(无或极低的个体和群体危险):不太可能引起人或动物致病的微生物
危险度 2 级(个体危险中等,群体危险低):不易致严重感染,且易预防与治疗
危险度 3 级(个体危险高,群体危险低):可发生严重感染,不易传播,且易预防与治疗
危险度 4 级(对个体与群体的危险性均高):可发生严重感染,易传播,不易预防与治疗

表 10-4 WHO 与微生物危险度等级相对应的生物安全水平、操作与设备

危险度等级	生物安全水平	实验室类型	实验室操作	安全设施
1 级	一级生物安全水平	基础的临床、检验、研究	微生物学操作技术规范(GMT)	不需要;开放实验台
2 级	二级生物安全水平	相关诊断、研究实验室	GMT 加防护服、生物危害标志	开放实验台、生物安全柜(BSC)用于可能生成的气溶胶
3 级	防护实验室 三级生物安全水平	专门特殊的诊断、研究	在二级水平上增加特殊防护服、准入进入制度、定向气流	BSC 和或其他所有实验室工作所需要的基本设备
4 级	最高防护实验室 四级生物安全水平	危险病原体研究	在三级水平上增加气锁入口、出口淋浴、污染物品的特殊处理	Ⅲ级 BSC 或Ⅱ级 BSC,穿正压服、双开门高压灭菌器、经过滤的空气

七、标识与标签

(一)墙壁标识

工作区域安全信息:

(1)工作区域入口粘贴安全信息卡,提供工作区域内正处理的生物材料、操作者等信息。

(2)生物安全水平。临床与检验区域处理危险度 2 级生物材料、人类血液或其他潜在感染性材料,入口粘贴 BL2 生物危害标识。危险度 3 级生物材料粘贴 BL3 生物危害标识。

(二)门标识

HIV 与 HBV 等临床、检验、研究区域,需要特别的准入条件如免疫,所有入口门上粘贴生物危害门标识。标识包括国际生物危害符号、病原体名称、准入条件、负责人名字与电话。

(三)标签

警示标签应粘贴于废弃物容器、运输容器、冷藏箱、冰箱、生物安全柜、孵箱、离心机等含有危险度等级 2 或 3、人类血液或其他感染性材料的设备。

下列情况，警示标签可免除：①废弃物置于红色袋子或容器；②全血、成分血或血液制品容器已标识其内容，并发放于输血或其他临床用途；③置于已标识的容器中。

设备修复或废弃时的标识。污染或潜在污染的设备修理或废弃前应尽可能去污。贴上标签指明是否已去污、使用的去污剂、操作者。并指明仍旧污染的部位。

八、操作

1. 生物安全水平一级

(1)操作时保持门关闭。

(2)尽量减少气溶胶。

(3)不在工作区域饮食、进水或吸烟。

(4)穿戴工作服。

(5)不用嘴吸液，使用移液器。

(6)减少使用皮下注射器。

(7)完成操作、离开工作区域前洗手。

(8)每日或有液体飞溅后清洁工作区域。

(9)生物性废弃物丢弃前去污或包裹于密封、耐露的容器。

(10)保持工作区域清洁干净。适用于医院非感染病区。

2. 生物安全水平二级

(1)保持工作区域门关闭。

(2)感染性病原体使用、储存设备粘贴生物安全标识。

(3)无关人员不进入生物安全水平二级工作区域。

(4)不在工作区域吸烟、进食、饮水、储存食品或用化妆品。

(5)需要时穿戴个人防护装置，不在工作区域外穿戴个人防护装置。

(6)脱去个人防护装置，离开工作区域前洗手。

(7)个人防护装置受损后立即更换。

(8)不用嘴吸液，使用移液器。

(9)尽量减少气溶胶产生。

(10)减少使用皮下注射器。

(11)尽量使用塑料器具替代玻璃器具。

(12)操作气溶胶生成设备时使用生物安全柜。

(13)完成操作、离开工作区域前洗手。

(14)每日或有液体飞溅后清洁工作区域。

(15)报告飞溅、事故、相关疾病症状等。

(16)确保所有生物医学废弃物容器正确标识。

(17)生物性废弃物丢弃前去污或包裹于密封、耐泄露的容器。

(18)保持工作区域清洁干净。

适用于医院感染病区、临床检验室与医学研究室。

3.生物样品运输(医院内)

(1)一或两层耐泄露容器,粘贴标签。

(2)尽量使用塑料容器替代玻璃容器。

(3)密封塑料管可包裹于密封的贴有标签的塑料袋内运输。

(4)容器表面应去污。

九、医疗设备与个人防护设备

医院医疗设备除常见的实验室设备(详见第四章)外,还包括临床科室的诊治设备。迄今为止,国内已有针对不同类型医疗器械的700余条标准;医疗设备的安全涉及电气、辐射等安全,更重要的在于对不同患者群体合理的使用。发展中国家约50%的医疗设备存在安全隐患。医务人员应充分认识医疗设备的益处与弊处,应接受专门的使用培训。

个人防护装置免于工作人员与感染性、毒性、腐蚀性等危害物接触(详见第四章)。合适的个人防护设备亦使操作免受污染。防护衣服及设备的选择具体依赖于操作的类型及样品的危险程度。但是个人防护装置只是防护的第二层环节,良好的操作技术、规程及合适的设备是预防危害物暴露的主要环节。

十、去污与废弃物处理

消毒去污主要分三类,包括热力、液体以及气体消毒。高压蒸汽消毒是最常用的物理消毒手段。化学消毒剂是常用的液体与气体去污剂。化学消毒剂灭活微生物的途径包括蛋白变性、裂解或结合关键酶及破坏酶底物。化学消毒剂的使用效果受有效浓度、接触时间、pH、温度、湿度等因素影响,使结果从抑制到无菌状态可变。液体消毒常伴用表面活性剂以使消毒剂完全接触污染成分。

十一、医院感染管理

医院感染是住院病人在医院内被感染，包括在住院期间发生的感染和在医院内已经被感染出院后表现出来，但不包括入院前已开始或入院时已发生的感染。医院工作人员在医院内被感染也属医院感染。美国的医院感染发病率为5%，英国为7.5%，日本为5.8%，比利时为10.3%，中国为9.7%。侵入性器械的应用，如血管内导管和导尿管增加了医院感染的危险性。我国目前医院感染的病原菌仍以革兰氏阴性杆菌为主，医院感染的病原菌大多数具有不同程度耐药性，平均耐药率超过50%。在美国，耐甲氧西林的金黄色葡萄球菌（MRSA）和耐万古霉素肠球菌（VRE）已经成为最重要的医院感染菌。在我国，MRSA、VRE、耐青霉素的肺炎链球菌（PRSP）、产超广谱β内酰胺酶（ESBL）的肠杆菌科细菌、产AmpC酶的革兰氏阴性杆菌、产金属酶的铜绿假单胞菌以及鲍曼不动杆菌、嗜麦芽窄食单胞菌、耐氟康唑的念珠菌等检出率逐年上升。医院感染暴发事件多见于ICU和婴儿室，感染部位以下呼吸道感染最多见，其次是胃肠道、泌尿道和手术部位感染。

卫生部于1986年建立了“全国医院感染监测网”，2000年重新修订《医院感染管理规范（试行）》，成立了卫生部医院感染管理专家咨询委员会，2005年建立起“抗菌药物临床应用监测网”和“细菌耐药监测网”。

目前对于医院感染的监测系统，国际主流趋势为医院感染的目标性监测。美国医院内感染监测系统（NNIS）于1999年放弃医院范围的全面综合性感染率监测，集中重点于3个目标性监测单元：成人及儿童ICU、高危护理、外科手术切口。另一重要监测模块为抗生素应用及病原菌耐药性变迁。以它为模板，欧洲各国如德国KISS系统、英国医院感染全国监视服务系统（NINSS）纷纷仿效，欧盟15国还成立了旨在对成员国医院感染率进行综合比较分析的HELICS系统。

内源性或外源性的交叉感染是引起医院感染的原因。过往对医院感染预防与控制的关注点主要是隔离和消毒，对于经血液传播病毒如HIV，传统的隔离与消毒不足以阻断感染，需要控制感染、预防损伤、职业安全等多方面的综合措施。所以对于患者安全来说，医院生物安全管理是医院感染预防与控制的前提与基础。医院生物安全管理的环节也是院内感染控制的重要内容与保障。

第二节　动物医院安全管理

与通常的医院管理不同，对动物诊治的风险不仅包括暴露于感染性病原体，还包括动物的咬伤、抓伤、挤压伤、过敏等。同时亦要关注动物间的交叉感染以及经动物媒介传播的人畜共患病。同时，动物无法用言语描述症状，动物的实验室检测是动物诊治的关键要素。因此，动物医院的生物安全除需纳入医院生物安全体系外，尚需有针对动物特性的独特要求。

一、综合性动物医院

综合性动物医院通常可分医疗、美容和销售三大区。

(1)医疗区包括候诊室、诊室、药房、注射室、处置室、手术室、X 光室、B 超室、化验室及住院部。

(2)美容区包括洗澡池、浴液、热水器、美容台、烘干机、吹风机及诸多剪毛用具。

(3)销售区销售宠物食品和用品。

所有区域均应遵照生物安全原则，以及辐射、电气、消防安全的要点。

二、动物医院的生物安全通则

动物医院工作人员要有道德上的职责，尽量照顾好动物，应尽量避免给动物带来不必要的痛苦或伤害。

(一)动物医院的生物安全体系与医院生物安全体系一致

应包括：

(1)生物安全组织结构。

(2)生物安全要求。

(3)医疗监督项目。

(4)事故。

(5)风险评定与管理。

(6)标识。

(7)实验室工作。

(8)个人防护设备。

(9)实验室设备。

(10)消毒。

(11)溢出反应。

应建立动物医院生物安全体系文件库，包括质量手册、程序文件、标准操作规程及记录表单。

(二)动物医院相关法规、标准参考

1.国外

(1)《兽医设施防护标准》。*Containment standards for veterinary facilities*.

Ottawa, ON: Agriculture and Agri-Food Canada, Minister of Supply and Services Canada, No. 1921/E, 1996。

(2)《实验动物护理与使用指南》。Canadian Council on Animal Care. *Guide to the care and use of experimental animals*. Ottawa, ON: CCAC, 1984。

(3)《实验室生物安全手册》。World Health Organization. *Laboratory biosafety manual*. Geneva: WHO, 1993。

(4)《实验室生物安全导则》。Health Canada. *Laboratory biosafety guidelines*, 3nd edition. Ottawa: Minister of Supply and Services Canada, 2004。

(5)《小动物研究设施与设备》。Hessler, J. R., Broderson, J. R., and King, C. S. *Small animal research facilities and equipment*. In: Richmond, J. Y., and McKinney, R. W。

(6)《动物与医疗系统的过敏原》。Phipatanakul, W., and Wood, R. A. *Allergens of animal and biological systems*. In: Fleming, D. O., and Hunt, D. L. *Biological safety principles and practices*. Washington, DC: ASM Press, 2000; 249-259。

(7)《工作人员黏膜与皮肤暴露致命性疱疹B病毒感染的临时保护建议》。Centers for Disease Control. *Fatal Cercopithecine herpesvirus* 1 (*B virus*) *infection following a mucocutaneous exposure and interim recommendations for worker protection*. MMWR 1998; 47:1073-1076,1083.

(8)《微生物与生物医学实验室生物安全》。Richmond, J. Y., and McKinney, R. W. *Biosafety in microbiological and biomedical laboratories*. Washington, DC: U. S. Government Printing Office, 1999。

(9)《猴工作者预防B病毒感染指南》。Centers for Disease Control. *Guidelines for the prevention of herpesviurs simiae* (*B virus*) *infection in monkey handlers*. MMWR 1987;36:680-682, 687-689。

2. 国内

(1)《实验动物管理条例》。中华人民共和国国家科学技术委员会令第2号，1988。

(2)《实验动物环境及设施》。中华人民共和国国家标准，GB 14925—2001。

(3)《动物防疫条件审核管理办法》。中华人民共和国农业部令第15号，2009。

(4)《北京市动物诊疗条件审核管理办法》。京农法字[2005]3号。

(5)《中华人民共和国动物防疫法》。中华人民共和国主席令第87号，1997。

三、动物设施

1. 动物医院中的动物

需要考虑的因素包括：

(1)动物的自然特性，亦即动物的攻击性和抓咬倾向性。

(2)自然存在的体内外寄生虫。

(3)易感的动物疾病。

(4)播散过敏原的可能性。

2. 动物医院中可能的微生物

需要考虑的因素包括：

(1)正常传播途径。

(2)微生物的容量和浓度。

(3)接种途径。

(4)能否和以何种途径被排出。

3. 动物生物安全防护

根据WHO《实验室生物安全手册》要求，动物生物安全等级分1～4级，在设计特征、设备、防范措施方面要求的严格程度逐级递增(表10-5)。通常动物医院的生物安全水平为1～2级。

表10-5 动物设施的防护水平

危险度等级	防护水平	安全防护
1级	ABSL-1	限制出入，穿戴防护服和手套
2级	ABSL-2	ABSL-1的操作加：危险警告标志。可产生气溶胶的操作应使用Ⅰ级或Ⅱ级BSC。废弃物和饲养笼具在清洗前先清除污染
3级	ABSL-3	ABSL-2的操作加：进入控制。所有操作均在BSC内进行，并穿着特殊防护服
4级	ABSL-4	ABSL-3的操作加：严格限制出入。进入前更衣。配备Ⅲ级BSC或正压防护服。离开时淋浴。所有废弃物在清除出设施前需先清除污染

ABSL：动物设施生物安全水平；BSC：生物安全柜。

四、动物设施检查

为了确保动物设施的环境能适应并维持在适当和安全的状态，预防与控制新发传染病及人畜共患病的发生与传播，所有医院与动物医院的工作设施均应认证并定期进行检查。

生物安全的防护督导表单可设计成表 10-6 至表 10-9。检查结果应与工作人员一起讨论，以得到不断的改进与质量保证。

表 10-6　一般检查项目

	检查项目	合格	不合格	不适用	备注
组织管理	制订生物安全体系文件	□	□	□	
医疗监护	工作人员实施健康检查或免疫接种	□	□	□	
教育培训	工作人员定期参加生物安全培训，记录备查。	□	□	□	
	新进人员参加生物安全卫生培训，记录备查	□	□	□	
设备检查计划	设备定期检查计划，保留检查记录	□	□	□	
消防安全	灭火设备配置并给予明显标识。	□	□	□	
	装设有紧急照明装置，并能正常操作。	□	□	□	
	定期维护火灾警报系统、消防安全设备，记录备查。	□	□	□	
	安全门、安全梯不得上锁或堆置物品，且为外开式。	□	□	□	
	符合规定的火警警报设备。	□	□	□	
	符合规定的自动洒水设备	□	□	□	
事故处理与紧急应变	急救药品及器材，并置适当场所及适时更换补充。	□	□	□	
	工作人员知晓紧急冲淋装置、洗眼器位置以及操作。	□	□	□	
	溶剂溢漏处理工具	□	□	□	
电气安全	电气外壳接地。	□	□	□	
	发电室、变电室或受电室内的电路附近，不得堆放任何与电气无关的材料。	□	□	□	
	电气带电部分于操作或通行时，设置绝缘保护。	□	□	□	
	配电箱有护罩，电线电路绝缘、包覆良好。	□	□	□	
	潮湿场所的电路，实施感电危害预防措施。	□	□	□	
	电器插座完整且固定，标示电压	□	□	□	

续表 10-6

	检查项目	合格	不合格	不适用	备注
一般及危害标识	实验场所门上应有适当的危害警告标识。 药品柜应有清楚的危害标识。 化学品安全数据表	□ □ □	□ □ □	□ □ □	
个人防护装置	个人防护设备标准程序。 有害物质操作人员接受呼吸防护具训练	□ □	□ □	□ □	
压缩气体	高压气体容器应标明所装气体品名,安稳置放并加以固定。 高压气体的贮存场所应有适当警戒标识。 盛装容器和空容器分区放置并加以固定;可燃性气体、有毒气体、及氧气钢瓶应分开贮存	□ □ □	□ □ □	□ □ □	
废弃物	可燃性废液应密封,如有溢出可能,该区域应视为危险区域。该危险区域内电器设备应符合防爆要求。 废液妥善分类,并贮存于指定的回收容器。 废液物应贮存于安全、可防雨淋及曝晒、有充足照明及换气的专门贮存场所	□ □ □	□ □ □	□ □ □	
一般安全	禁止在实验室内随意置放食物。 设施是否处于清洁、有序和卫生的状态	□ □	□ □	□ □	

表 10-7 化学安全检查项目

	检 查 项 目	合格	不合格	不适用	备注
化学品	化学品标示并分类贮存放置。 毒性及挥发性化学物质贮存于通风橱柜。 化学药品不可存放于地面易于碰触之处及过高不易取处。 易燃易爆化学品贮存场所不得设置有火源的电气设备。 定期盘点实验室毒物及其他化学品,并备有记录及存量清册。 贮存一般物质或有害物质(毒性化学物质)的容器,需于明显处设立标识。 毒性化学物质需上锁并妥善管理。 有害气体、蒸气、粉尘的工作环境应设置有效的密闭设备、局部排气装置或整体换气装置,不超过法定容许浓度。 易燃液体的蒸汽、可燃性气体或可燃性粉尘应有通风、换气、除尘等必要设施	□ □ □ □ □ □ □ □ □	□ □ □ □ □ □ □ □ □	□ □ □ □ □ □ □ □ □	

表 10-8　生物安全检查项目

检查类目	查 核 项 目	合格	不合格	不适用	备注
教育培训	工作人员均经生物操作等级的适当训练，并测试合格，留备记录	□	□	□	
数据记录	操作病原微生物的相关实验记录至少应保留三年。 工作场所有关设施及设备之使用、保养、维修及检测记录。 数据记录保存，定期核查	□ □ □	□ □ □	□ □ □	
标示与紧急应变	依生物安全等级，于明显处张贴生物危害标识及紧急应变处理程序。 设有生物危害物质溢出处理工具	□ □	□ □	□ □	
生物安全柜	生物安全柜应符合相关规定，每年定期检查，并有记录备查	□	□	□	
通风设备	进、排气口不应设置于墙后人员无法触及之处，以利于工作人员接近过滤组件（高效过滤网）进行维修、测漏等工作	□	□	□	
消毒、杀菌及废弃物处理	对有害物、生物病原体或受其污染物品，妥为贮存，并加警告标示。 具备处理污染物及废弃物灭菌用的高压灭菌设备	□ □	□ □	□ □	
防制区周边设施	门可上锁及自动关上	□	□	□	

表 10-9　辐射安全检查项目

检查类目	查 核 项 目	合格	不合格	不适用	备注
组织管理	制订辐射防护计划。 辐射安全人员。 辐射工作人员定期进行健康检查	□ □ □	□ □ □	□ □ □	
教育培训	每年对辐射工作人员实施教育培训，记录备查	□	□	□	

续表 10-9

检查类目	查核项目	合格	不合格	不适用	备注
数据记录	辐射安全评估记录。 辐射源清单及许可登记证。 操作人员合格证书及训练记录。 辐射人员暴露剂量记录及健康检查记录	□ □ □ □	□ □ □ □	□ □ □ □	
事故处理与紧急应变	设有辐射性物质溢出处理工具。 附近有冲淋装置	□ □	□ □	□ □	
辐射防护	辐射个人防护装置。 定期做辐射检测,记录备查。 出入口或具辐射性危险区域,均张贴辐射警示标识。 放射性物质及设备应妥善保管。 辐射性实验使用记录本,并详细填写使用人姓名、使用时间、使用核种、设备、强度、数量等相关数据	□ □ □ □ □	□ □ □ □ □	□ □ □ □ □	
废弃物	记录放射性废液或清洗液的排放。 放射性废弃物分类收集、贮存,并有适当屏蔽	□ □	□ □	□ □	

第十一章　实验室运行保障

实验室生物安全工作涉及病原微生物、建筑设计工程、防护材料、空气动力等多个学科和领域的知识，是管理与研究并重的综合性工作。实验室内涉及生物、化学、物理等多方面来源的安全问题。实验室安全、稳定、正常运行，应做好设施设备维护与保养。

第一节　中央空调维护保养

空调设备及其系统是价值较为昂贵的资产，如何有效地发挥空调的作用，使其高效、安全、经济地运行，其日常维护保养是必要的；定期的维护保养可排除故障隐患，减少事故，减少运行费用，延长设备的使用寿命，同时，保障正常的工作时序。

一、空调制冷系统

按空调制冷加热系统维护规程进行维护，经常检查净化机组蒸发式表冷器，加湿器进口的阀门的执行机构是否正常，经常检查各种水管、制冷管道及配件工作是否正常，有无漏水冒汽现象，及时发现，及时修补排除，当制冷系统重新使用时，要将系统清洗干净，经常检查机组内的电加热器和空调室外机的运转情况，发现问题及时处理。

（一）制冷系统定期维护的必要性

（1）系统运行一段时间因压缩机的振动会引起钢管接头松动或焊缝的开裂，从而造成制冷剂和冷冻油的泄漏，轻微泄漏可引起制冷效果下降，低压报警。严重时则会使压缩机得不到应有的冷却和润滑。最后造成压缩机过热，拉伤烧毁。

（2）空调压缩机经过初期的磨合运行一段时间后，由于机械运动部件之间的相互磨损，润滑油中就会沉积下磨损的杂质，使润滑油的润滑效果下降，长期使用就会加剧运动部件的磨损或拉伤，直至压缩机的烧毁。

（二）制冷系统检修要点

1. 观察内外机的工作情况

如指示灯板的显示情况，内机是否工作，风速输出是否正常，外机风扇、压缩机是否运行，从而判断是电器问题还是系统问题导致的不制冷。

2. 检测空调器各项数据

(1)空调流水情况,一般内机滴水连续空调正常,但受环境湿度、温度影响只能作为一参考值。

(2)进出风口温差,正常的进出风温差应在 12～14℃,但也会受环境温度、风速的影响。

(3)测量系统管路压力值,一般制冷时低压压力在 0.45～0.50 MPa,制热时高压压力在 1.8～2.2 MPa 之间,但压力要受环境温度影响,空调进风温度越高,排气压力越高,冷凝温度越高,反之则小;空调负荷越大,吸气压力越高,蒸发温度升高(蒸发器正常蒸发温度在 5～7℃)。

(三)制冷系统故障类型

1. 制冷系统堵

常常发生在毛细管及干燥过滤器处,因为这两个地方是系统中最狭窄的地方,常见的堵塞原因有三种:脏堵、冰堵及焊堵。

(1)脏堵一般发生在毛细管的进口处,是因系统内的污物(如焊渣、锈宵、氧化皮等)堵塞了管路,检查时轻轻敲击毛细管处可能会暂时恢复正常,另从管路和元件表面凝露、结霜以及停机时压力恢复速度时间等都可以对堵塞的位置及性质作出判断。

(2)冰堵一般发生在毛细管的出口处,是因系统含有水分,在毛细管出口处突然汽化降温而凝结成小冰粒堵塞在毛细管的出口处,判断时可在毛细管出口处用焊枪加热如果效果恢复正常或好转说明是冰堵,或是在空调关机后再开机机器又能制冷一段时间,说明是冰堵,冰堵一般发生在新装机或刚维修过的空调上。

(3)焊堵一般也是发生在毛细管的焊接处,现象与脏堵、冰堵差不多,多发生在新装机上。

2. 制冷系统漏

空调制冷的载体是制冷剂,如系统出现漏点,制冷剂泄漏则空调制冷差或完全不制冷,而空调器出现泄漏的地方主要集中在两器的各焊接头、毛细管焊接处、压缩机吸排气管、喇叭口、铜钠子裂、连接管等处,要检查时可先进行目测,重点检查连接管各接头处,泄漏处一般都有油迹。

3. 四通阀故障

通常发生在制热时,四通阀吸合不好、串气或卡死,引起制热性能差,在判断时可对四通阀通断电,听吸合是否良好,在维修时可通过反复给四通阀通电或轻轻敲打四通阀使其复位。

4. 单向阀故障

单向阀在制冷时直接导通，但在制热时制冷剂要通过辅助毛细管，当单向阀密封不严或是辅助毛细管堵塞时，制热受影响，因此如果空调制冷正常但制热差时，在排除四通阀问题后要重点检查单向阀。

二、电气系统

(1)空调长期运行后，由于电线、元器件发热等原因会引起接头松动、脱落，造成接触不良、缺相。

(2)交流接触器、热继电器也会出现接触不良、断路等故障。

以上故障如不及时排除会导致压缩机缺相或三相电流不平衡而被烧毁。

三、空调水系统

(1)冷却水系统由于上开启式系统，冷却水通过冷却塔是充分和空气接触，在被冷却的同时也将空气的大量尘埃等杂质被引入水系统中，沉积在冷却塔、空调机组和管道里形成淤泥，降低循环水量，影响热交换。

(2)系统投入使用后，因安装时残留在系统内的焊渣、铁屑、泥土、油污等杂质也会聚积在系统里；焊渣、铁屑等坚硬物质则会附着在换热设备表面，影响换热。

(3)冷却水因和空气接触，在冷却塔中和管道里会滋生藻类、细菌等微生物，其死后的尸体和淤泥、油污等杂物黏附在一起，附着在设备和管道上，影响循环水量及换热，同时，微生物和沉积的产生，促使浓差腐蚀电池的形成及垢下腐蚀的产生，从而使金属的腐蚀速度加剧。冷冻水系统也因经常采用自来水通过水箱换水补水，也会产生上述现象。

(4)冷却水系统水温较高，且均采用自来水，其 Ca^{2+}、Mg^{2+} 受热后形成碳酸盐水垢，附着在热设备和管道中，因水垢的导热系数为 0.464～0.697 W/(m·K)，碳钢的导热系数为 46.4～52.2 W/(m·K)，只有碳钢的 1%，降低换热设备的传热效果，引起运行成本增加。

四、空调净化系统

(1)系统运行时，经常检查各种百叶风口，是否出现焊口松动，对开多叶调节阀是否出现紧固螺母松动，并时常紧固此装置，如出现由于螺母松动使对开多叶调节阀的手柄移位，需重新核定该处风量。

(2)经常观察防火阀，检测防火阀熔断片是否熔断。通常防火阀熔断片熔断后会有报警信号输出，相应系统的风机也会停止，异外情况可通过系统压力突然变化，或阀体附近的气流受阻产生的振动的声音判断。如出现异常情况，请立即停机检修。

（3）经常观察空调净化系统设备的运转部件，如空调机组内的风机，排风机等，对其皮带轮经常观察是否松动，对其轴承观察是否需加油，各种设备的维护详见设备使用说明书中维护部分。

（4）经常观察空调净化系统的过滤器，并进行及时的清洗或更换。空调净化系统压力变化主要由于运行时间积累使过滤器积尘而导致的阻力变化。因此空调净化系统的过滤器在经过一段时间的运行后，该阻力会随着过滤器含尘量的增加而增大，当初效或中效过滤器的终阻力分别达到各自初阻力的2倍时，需清洗或更换初、中效过滤器。当更换完初、中效过滤器后，系统风量仍满足不了风量要求时，应更换高效过滤器。

（5）系统新风入口的阻尼网需经常清洗及更换，并注意是否有塑料或纸屑吸附在入口上，并及时清除。

（6）经常检查系统的电动保温新风阀执行机构，风阀执行器系统等是否工作正常。

（7）经常检查净化房间的回风口处的阻尼层，积尘严重时应清洗或更换。

（8）净化房间的温度，湿度及洁净度按需要监测，不在设定范围，有较小波动时，可通过调节冷热源部分实现，如出现较大变化或较大区域内的变化，必须分析原因或与技术人员联系后，找出问题，方可进行调节，调节后需重新测定。

（9）回风口设有阻尼，时间长久应更换阻尼层。另外，室内回口尺寸不可随意改动，更不应该在回风口处放置杂物，以免影响回风量及气流分布。

五、送、排风系统

风系统运行一段时间后，送风初、中、亚高效过滤器上就会聚积灰尘，增加空气阻力，因而引起风量减小、堵死或堵塞高效过滤器；风量减小会引起室内空调效果不好、压力不稳，堵死后无任何效果，影响正常使用，堵塞高效过滤器则要更换。尤其是管道机、分体机还很容易引起制冷时压缩机的液击，造成压缩机烧毁的严重后果；制热时散热不良，高压过高、压缩机过载保护，无法运行。

风系统运行一段时间后，要对送风初效过滤器清洗，减小灰尘对过滤器阻力。

由于实验室内排风高效过滤器无法清洗，因此应保持实验室内清洁，减小灰尘对排风高效对阻力。

六、空调系统

中央空调一般承担着夏季制冷、冬季供暖的任务，春季和秋季停机检修或保养，即使在正常运行期间也根据气温的变化和工作环境的需要停机。水处理技术和方案对空调有较强的适应性，既要有良好的处理效果，又要管理简单方便，水处理成本低廉。

（一）冷冻水系统特点

冷冻水系统是以水做冷媒介质和空气进行能量交换的密闭式体系，虽然与外界接触较少，但在整个体系的最高处设有膨胀水箱，这样冷冻水介质还是和空气有所接触，使溶解氧和一些营养物进入冷冻水系统，导致黏泥沉积，不仅影响传热，还可能形成氧浓差，引起设备的腐蚀，经常出现黄褐色水质或黑灰色水质。冷冻水的化学处理采用一次性投加药剂的方法，重点控制设备的腐蚀及黏泥的产生。

（二）冷却水系统特点

由冷凝器、冷却塔、水泵、管道、阀门、过滤器等组成冷却水系统，它的作用是将制冷系统中的热量排放到大气中。冷却水在循环使用过程中不断蒸发浓缩，含盐量不断上升，为了不使含盐量无限制地升高，必须排放掉一部分冷却水，同时补入新鲜水，前者称之为排污，后者称之为补水。含盐量上升后极易在热交换器的水侧形成水垢，垢的形成不仅使传热效率下降、制冷负荷增大，还会形成垢下腐蚀，造成水电浪费和缩短机组使用寿命。冷却水系统的另一特点是保有水量小，极易浓缩，如掌握不好排污量和补水量，浓缩倍数波动较大，难以保证水处理效果。因此，对于冷却水系统水处理的重点是控制结垢兼顾缓蚀并定时加药、排污、补水。去除冷凝器水侧的水垢传统方法有人工洗刷，机械的和化学清洗。

（三）中央空调水系统清洗方法

1. 中央空调水系统的清洗

为提高换热效率，防止或减少腐蚀，中央空调的冷却水系统和冷冻水系统都应定期进行清洗。

2. 循环水系统的清洗范围

(1)中央空调循环系统的清洗包括冷却水系统清洗和冷冻水系统的清洗。

冷却水系统的清洗主要是清洗冷却塔、冷却水管道内壁、冷凝器换热表面等的水垢、生物黏泥、腐蚀产物等沉积物。

(2)冷冻水系统的清洗主要是清除蒸发器换热表面、冷冻水管道内壁、风机盘管内壁和空气调节系统内设备内部的生物黏泥、腐蚀产物等沉积物。

3. 清洗方法

对于中央空调循环水系统设备及管道的清洗而言，可采用物理和化学两种方法来实施。

(1)物理清洗。

①分类：物理清洗只能将循环水系统分成如设备、管道等几个部分清洗。主要清洗方法有用钢丝刷拉刷、用专用刮刀滚刮、高压水射流清洗等。并且这些方法主要适用于水冷式冷凝器和管壳式蒸发器。

②物理清优、缺点：

a. 物理清洗的优点：可以省去药剂清洗时的药剂费用；避免了化学清洗后的清洗废液带来的排放或如何处理的问题；不易引起被清洗设备的腐蚀。

b. 物理清洗的缺点：一部分物理清洗方法需要在水系统中断运行后才能进行；清洗操作比较费工；有些方法容易引起设备表面的损伤。

(2)化学清洗。化学清洗是通过化学药剂的作用，使被清洗设备中的沉积物溶解、疏松、脱落或剥离的一类方法。化学清洗也常用物理清洗相配合使用。

①分类：人们往往从不同的角度对中央空调的水系统的化学清洗进行分类。按清洗方式，中央空调的水系统的化学清洗可分为循环法和浸泡法。根据使用的清洗剂，中央空调水系统的化学清洗可分为碱洗、酸性、杀菌灭藻。按清洗的对象，中央空调水系统的化学清洗可分为单台设备清洗和全系统清洗。按是否停机，中央空调水系统的化学清洗可分为停机清洗和不停机清洗。

②化学清洗的优、缺点。

a. 化学清洗的优点：沉积物等能够被彻底清除，清洗效果好；可以进行不停机清洗，以保证制冷(或供暖)的照常进行；清洗操作比较简单。

b. 化学清洗的缺点：易对金属产生腐蚀；产生清洗废液，易发生二次污染；清洗费用相对较高。

第二节　空调主机部分保养

一、主机检查

(1)检查空调主机制冷系统氟利昂(R22)高压、低压是否正常；

(2)检查空调主机制冷系统氟利昂(R22)有无泄漏；是否需要补充氟里昂(R22)；

(3)检查压缩机运转电流是否正常；

(4)检查压缩机运转声音是否正常；
(5)检查压缩机的工作电压是否正常；
(6)检查压缩机油位、颜色是否正常；
(7)检查压缩机油压、油温是否正常；
(8)检查空调主机相序保护器是否正常、有无缺相情况；
(9)检查空调主机各接线端子有无松动；
(10)检查水流量保护开关工作是否正常；
(11)检查电脑板、感温探头阻值是否正常；
(12)检查空调主机空气开关是否正常；交流接触器、热保护器是否良好。

二、风系统的检查

(1)检查出风的风量是否正常；
(2)检查回风的回风过滤器是否洁净；
(3)检查出风温度是否正常。

三、水系统的检查

(1)检查冷却、冷冻水的水质情况，是否需要更换水；
(2)检查冷却、冷冻水系统中的过滤网上的杂质，且清洗过滤网；
(3)检查水系统中有无空气，是否需要排气。

第三节　空调维修常见故障检修

一、压缩机长时间运行而不能自停

其故障原因和排除方法如下。

1. 制冷剂量不足，制冷剂全部或部分泄漏

排除方法：查出泄漏部位，补漏，将制冷系统重新抽真空，加入制冷剂等，由专业人员维修。

2. 过滤器堵塞

排除方法：更换过滤器，制冷系统重新抽真空、加入制冷剂等，应由专业人员维修。

二、压缩机不能运行

1. 电源故障

排除方法:用万用表、电笔逐项检查排除故障。保险丝坏则更换保险丝,电线断则更换电线。

2. 电源电压太低

排除方法:用万用表测量电压值,必要时配用电源稳压装置。

3. 电线连接松脱或断路

排除方法:检查电线连接部位,松脱的接插件应重新插牢、插紧,应由专业人员检修。

三、风机不能运行

1. 主控开关接触不良

排除方法:用万用表测量主控开关触点电阻,电阻太大或为零时,应作修复或更换处理。

2. 风扇电机线圈损坏

排除方法:用万用表检查,更换相同规格、相同转速的风扇电机。

3. 风机的电机与风叶间紧定螺钉松脱

排除方法:将紧定螺钉紧固。

4. 风扇电容器断路或短路

排除方法:检查电容器,更换相同规格的电容器。

四、压缩机启动与停止频繁

1. 室温控制值设置不当

排除方法:适当增大室内控制温度与原室温之间的差值。

2. 环境温度过高

排除方法:改善工作环境,如设置遮栅,避免阳光直晒,将空调器安装在通风良好的环境等。

3. 冷凝器太脏

排除方法:清洗冷凝器,去除冷凝器外表面的尘埃。

五、冷暖型空调器制冷制热调节失灵

1. 电磁换向阀线圈故障

排除方法：用万用表测量电磁换向阀线圈，若属线圈断路或烧毁，应更换新的同规格电磁阀。

2. 电加热装置故障

排除方法：用万用表检查，更换相同规格的电加热丝或温度保护器。

3. 温度控制器失灵

排除方法：用万用表检查温控器，对触点做除锈污处理后如依然无效，则应更换相同规格温度控制器。

六、空调器噪声和振动较大

1. 固定螺钉松动或脱落

排除方法：检查螺钉松动的地方，并将其拧紧。

2. 压缩机管路相碰

排除方法：用手适当调整高、低压管的开头或者在易相碰的管子上套上橡皮管，以免相碰时发出异常噪声。

七、漏水

1. 窗式空调器安装水平倾斜角度不够

排除方法：将窗式空调器重新按正确方法安装。

2. 排水管堵塞

排除堵塞脏物。

3. 室内机安装不水平

排除方法：重新正确安装室内机。

第四节 空调器的假性故障

一、不运行的原因

(1)停电，保险丝坏，空开跳闸，漏电保护器动作，定时器未进入运行位置；

(2)电源电压太低；

(3)遥控器电池电能耗尽，正负极装反；

(4)环境温度过高、过低；

(5)温度设定不当,设定温度等于室内环境温度。

二、制冷(热)量不足的原因

(1)气过滤器积尘太多,蒸发器、冷凝器尘垢太厚；

(2)外机通风口被异物堵塞；

(3)制冷时设定温度过高,制热设定温度过低；

(4)制冷时环境温度偏高,则空调能效比降低,制热时环境温度过低,空调能效比也降低；

(5)空调房间门缝、墙洞没堵死,或是开窗、开门频繁,造成室内冷(热)量流失；

(6)空调房间人员过多或有大功率的热源,房间的热量需要较长时间才能下降,就会觉得制冷量不够。

第五节 防、排烟系统

火灾时,防止烟气大量产生和迅速蔓延对确保疏散安全、改善扑救条件是非常重要的,而防、排烟系统即可减少火灾烟气的毒性,降低烟气温度,使受灾人员有足够的时间和基本的活动能力逃离火场,同时也为消防人员的扑救活动创造条件,以保证灭火战斗顺利进行。在进行防、排烟工程设计时,主要考虑防、排烟分区划分,防、排烟方式选择,防、排烟设计及附件选用三方面的内容。

一、防、排烟分区

防、排烟分区亦称烟气控制区,就是把建筑物划分成一定的区域,在火灾时对着火区域及时排烟,此区域为排烟区,对非着火区域积极防烟,为防烟区,在具体划分时遵循这样几条原则：

(1)烟气控制区不应跨越防火分区。

(2)每个烟气控制区的面积应在500 m^2 以内。

(3)特殊场所单独划分。

划分分区时可采用防火隔墙,挡烟垂壁或梁,防火门,防火卷帘,防火阀等。

二、防、排烟方式

1. 防烟方式

目前国内外常用的防烟方式有非燃化、密闭防烟、阻碍防烟和机械加压防烟 4

种。其中机械加压送风防烟方式是最常使用的，且有量的规定，如楼梯间和前室的门全关闭时，其前室正压值为 25 Pa，楼梯间正压值为 50 Pa；当楼梯间或前室的门开启时，其开启门洞处的风速不宜小于 0.7 m/s；送风口风速不宜大于 7 m/s。

2. 排烟方式

排烟方式有自然排烟和机械排烟两种。对自然排烟有两方面要求：一是判定某建筑能否使用自然排烟方式；二是采用自然排烟时开窗排烟的面积应不少于该负担分区一定数量的地面面积。如需要排烟的房间和长度不超过 60 m 的内超产分别为 2%，净空高度小于 12 m 中庭为 5%。对机械排烟的指标是排烟量：担负一个防排烟分区时其排烟量按所担负地面面积 1 m^3/min 计算，担负两个以上防排烟分区时其系统排烟量按最大分区地面面积 2 m^3/min 计算。

三、对排烟阀、排烟防火阀、送风阀的维护保养

(1)排烟口、送风口有无变形、损伤，周围有无影响使用的障碍物；

(2)风管与排烟口连接部位的法兰有无损伤，螺栓是否松动；

(3)阀件是否完整，易熔片是否脱落，动作是否正常；

(4)旋转机构是否灵活，每年对机械传送机构加适量润滑剂；

(5)制动机构、限位器是否符合要求；

(6)进行手动、远程启闭操作，检查是否可完全打开。

第六节　实验室空气压缩维护

螺杆空气压缩机组是由螺杆压缩机主机、电动机、油气分离器、冷却器、风扇、水分离器、电气控制箱以及气管路、油管路、调节系统等组成。压缩机主机壳体内有一对经过精密加工相互啮合的阴、阳转子。对于直联机组，电机通过弹性联轴器直接驱动阳转子，对于齿轮传动机组，电机通过弹性联轴器驱动齿轮轴，再通过齿轮传动给阳转子。喷入的油与空气混合后在转子齿槽间有效地压缩，油在转子齿槽间形成一层油膜，避免金属与金属直接接触并密封转子各部的间隙和吸收大部分的压缩热量。机组无油泵，靠油气分离器中的气体压力将油压送至各润滑点。从压缩机排出的油、气混合物，经过油气分离器，用旋风分离的方法粗分离出大部分油，剩余的油经过油分离器滤芯作进一步精分离而沉降在滤芯底部。滤芯底部的油利用压差由回油管引入压缩机，在油气分离器上装有油位液面计、最小压力阀和安全阀。油气分离器也兼作油箱和储气罐。

一、螺杆空气压缩机的保养和维护

螺杆压缩机具有结构简单、操作简便、易损件少、配件更换方便、噪声小及运转安全可靠等优点，应用越来越广泛。但是，如果维护措施不正确或者操作不当，则会导致设备故障增多，寿命降低，从而影响机组的正常运行。要保持压缩机组工作正常可靠，运行工作寿命长，须制订详细的维护计划，执行定人操作、定期维护、定期检查保养，使压缩机保持清洁、无油、无污垢。只有全面地掌握维护常识和熟悉故障的解决方法，才能保证压缩机的平稳运行。

(1)检查油位；

(2)检查空滤芯和冷却剂液位；

(3)检查软管和所有管接头是否有泄漏情况；

(4)检查易耗件已经到了更换周期必须停机予以更换；

(5)检查分离器压差，达到 6×10^4 Pa 以上(极限 10^5 Pa)或压差开始有下降趋势时应停机更换分离芯；

(6)检查冷凝水排放情况，若发现排水量太小或没有冷凝水排放，必须停机清洗水分离器；

(7)检查空气压缩机是否有不正常响声；

(8)检查冷却器，必要时予以清洗；

(9)清洁电机吸风口表面和壳体表面的灰尘；

(10)清洗回油过滤器；

(11)清洁主电机和风扇电机；

(12)更换油过滤芯；

(13)清洁冷却器；

(14)检查最小压力阀、安全阀；

(15)更换润滑油及油气分离器滤芯；

(16)检查弹性联轴器；

(17)检查冷却风扇；

(18)清洗自动排污阀；

(19)补充或更换电动机润滑油。

二、润滑油检查与更换

润滑油对喷油螺杆压缩机的性能具有决定性的影响，若使用不当或错误，则会导致压缩机体的严重损坏。润滑油的更换必须及时，否则油品的品质下降，润滑性能不佳，容易造成因高温跳闸现象，同时因为油品的燃点下降，也易形成油品自燃而使空压机烧毁的事故。当润滑油发生下述变化时，应换油：

(1)含水量大于 0.1%；

(2)酸值大于 2 mg KOH/g；

(3)运动黏度变化超过允许值的 10%；

(4)颜色变化至棕黑。

一般以颜色变化至棕黑为换油依据。换油时应在机组尚热、油气分离器卸压后，先放完油气分离器中的油，再将新油注入油气分离器内，待液面计的油位高于"70"处后，旋紧加油塞。注意不要注油太多，否则多余的油会被气带走。换油时应同时更换油过滤器。更换油过滤器时，在新油过滤器的橡胶密封圈上涂上一层油，旋紧即可。

三、螺杆空气压缩机的常见故障分析及处理

1. 压缩机不加载

(1)气管路上压力超过额定负荷压力，压力调节器断开。不必采取措施，气管路上的压力低于压力调节器加载(位)压力时，压缩机会自动加载；

(2)电磁阀失灵，拆下检查，必要时更换；

(3)油气分离器与卸荷阀间的控制管路上有泄漏，检查管路及连接处，若有泄漏则需修补。

2. 排气压力过低

(1)检查"分离前"和"分离后"二位手动阀及压力表是否漏气，如漏气，应排除泄漏故障或更换手动阀。

(2)检查调节电磁阀是否漏气，如漏，则排除故障，必要时更换调节电磁阀。

(3)耗气量超过排气量，检查管路有无泄漏，如有，则需排除泄漏点或减少用气量。

(4)检查空气滤清器滤芯是否阻塞，必要时应清洗或更换。

(5)检查安全阀是否泄漏，如漏气应排除，必要时更换。

(6)检查蝶阀是否全部打开，进气调节器是否工作正常，如有问题应更换或重新调整压力开关；检查压力开关上下限是否正常，必要时调整。

(7)压缩机失效，与制造厂联系，协商后检查压缩机。

3. 排气压力过高

(1)检查蝶阀机构有无机械故障，如有，应排除故障；

(2)加载电磁阀是否漏气，如漏，应排除故障，必要时更换电磁阀；

(3)检查并调整压力开关上下限,必要时更换压力开关。

4.排气温度过高

(1)检查排气压力是否超过规定,如超过,应调整到规定的排气压力;

(2)检查润滑油是否清洁及油位是否正常,必要时应补足或更换润滑油;

(3)检查风扇电机转速是否正常、排气口是否堵塞;

(4)检查油冷却器、后冷却器外表是否清洁,必要时清洁冷却器外表面;

(5)检查环境对机组进风及排风有无影响,如有,应排除外来因素影响,保证机组通风正常;

(6)检查温控阀是否损坏;检查电磁阀电磁线圈和电磁阀膜片是否损坏,必要时进行修理或更换;

(7)检查油气分离器滤芯是否堵塞或阻力过大,如有,更换油过滤器滤芯。

5.压缩机耗油大

(1)疏水阀排出的冷凝水含油量是否大,如大,应检查机组内泄漏点并予以排除;

(2)检查压缩机油位是否偏高,如高,应降低油位;

(3)检查压力阀开启压力是否正常,必要时应检查、更换阀门;

(4)检查回油管是否堵塞,必要时应清洗或更换回油管;

(5)检查油气分离器滤芯是否失效,必要时应更换油分离器滤芯。

6.压缩机不供气

(1)检查控制油缸有无动作,检查蝶阀有无机械故障;

(2)查看加载电磁线圈是否有吸力;

(3)逐一排查电磁阀所在的分电路。

7.压缩机不能启动

(1)检查有无控制电压,若没有,则要检查熔丝等是否完好;

(2)检查控制继电器及时间继电器运行是否正常。

第七节　实验室正常运行的安全清单

本安全清单用以协助生物医学实验室的安全和安全保障状态进行评估,以维持实验室的正常运行。本清单参照世界卫生组织于2004年出版的第三版《实验室生物安全手册》。

一、实验室建筑

(1)是否已经为设施的建设或建成后的评估考虑了试运行和认证指南?

(2)实验室建筑是否符合国家和地方的建筑要求(包括与自然灾害预防有关的必需要求)?

(3)实验室建筑总体是否整齐,并且周围没有障碍物?

(4)实验室建筑是否清洁?

(5)地板是否有任何结构性缺陷?

(6)地板和楼梯是否装修统一并能防滑?

(7)工作空间能否满足安全操作的需要?

(8)活动空间和走廊是否能够满足人员通行和大型仪器设备的搬移?

(9)实验台、家具和配件等能否正常使用?

(10)实验台表面能否耐溶剂和腐蚀性化学品的侵蚀?

(11)是否每个实验室房间都有洗手池?

(12)实验室建筑在构造和维护中能否避免啮齿动物和节肢动物进入及滞留?

(13)所有暴露在外的蒸汽管道和热水管道是否采取了隔热或防护来保护人员安全?

(14)是否配备有断电时使用的独立供电系统?

(15)是否只有授权人员方可进出实验室?

(16)是否已经进行了危险度评估来确保配备了相应的仪器设备和设施来进行所考虑的工作?

二、储存设施

(1)是否安排了储存设施、储存架来确保储存物品不会滑动、倒塌或掉落?

(2)储存设施里是否堆积有易造成人员绊倒、火灾、爆炸和昆虫藏匿的垃圾、闲杂材料和物品?

(3)冰柜和储存区域是否上锁?

三、暖气和通风

(1)工作温度是否舒适?

(2)对于直接暴露在日光下的窗户是否装有遮光窗帘?

(3)是否有足够的通风,例如每小时至少换气 6 次(尤其是有机械通风装置的房间内)?

(4)通风系统是否装有 HEPA 过滤器?

(5)机械通风系统是否会影响生物安全柜和通风橱内部及周围的气流?

四、照明

(1)普通照明是否充分?

(2)实验台上是否有工作(局部)照明?

(3)是否所有的区域都光线良好,房间和走廊是否有黑暗或光照不良的角落?

五、保养

(1)每个实验室房间是否有足够的水槽和水、电、气的接口以保证工作的安全?

(2)对于保险丝、灯管、电缆、管道等是否有适当的检查和维护措施?

(3)故障是否可以在合理时间内排除?

(4)实验室的内部工程和维护保养是否由了解实验室工作性质的熟练工程师和技工来完成?

(5)工程和维护保养人员进出不同的实验室是否进行控制并需批准?

(6)如果没有实验室内部的工程和维护保养人员,是否已经联系了当地工程师和施工人员并让他们熟悉实验室仪器设备和工作?

(7)是否有清洁服务?

(8)清洁人员进出不同的实验室是否进行控制并需批准?

(9)是否有信息技术服务且有安全措施?

六、实验室生物安全保障

(1)是否已经进行了定性的危险度评估来明确规定安全保障系统所保护的范围?

(2)是否已经明确规定了可接受的风险和影响范围的应对计划参数?

(3)在不用时,整个建筑物是否可以安全地锁上?

(4)门和窗是否是防破碎的?

(5)装有危害性物品以及贵重仪器设备的房间是否上锁?

(6)使用这样的房间、仪器和物品是否进行控制并需批准?

七、防火与消防

(1)是否有火警系统?

(2)消防门是否完好?

(3)火灾监测系统是否运行正常并定期进行测试？

(4)火灾报警站是否可以使用？

(5)所有出口是否采用适当、明了的标志进行标示？

(6)不能直接看到的通向出口的通道是否有标志？

(7)建筑物内有人时，所有出口是否都没有被装饰品、家具和设备阻塞且没有上锁？

(8)是否安排了通向出口的通道，以便在紧急疏散时不必通过高危区域？

(9)所有的出口是否通向开阔地带？

(10)走廊、过道和活动区域是否清洁、畅通无阻，可供实验室成员通行及消防器材的搬移？

(11)所有消防器材是否采用适当颜色加以标识以便于查找？

(12)移动式灭火器是否已经满载并处于工作状态，并且始终位于指定地点？

(13)具有潜在火灾危险的实验室房间内是否装备了应急用的灭火器和灭火毯？

(14)如果在房间中使用易燃液体和气体，机械通风系统能否足以将易燃蒸气在达到危害浓度前有效排出？

(15)工作人员是否经过应对火灾紧急事件的培训？

八、易燃液体的储存

(1)易燃液体的储存设施是否与主体建筑分开？

(2)有无火灾危险的明确标志？

(3)是否有独立于主体建筑物系统的自然通风或机械通风系统？

(4)照明开关是否装有密封盒或安装在室外？

(5)室内的照明器材是否密封起来以防止电火花点燃蒸气？

(6)易燃液体是否保存在采用不可燃性材料制成的适宜的通风容器中？

(7)所有容器的标签是否正确描述了所装的物品？

(8)在室外但靠近易燃液体储存的地方是否放置了适当的灭火器或灭火毯？

(9)在储存易燃液体建筑的内外是否有明显的“禁止吸烟”标识？

(10)在实验室房间内是否仅储存了最低量的易燃物品？

(11)是否采用结构合理的储存柜来储存易燃物品？

(12)这些储存柜是否有“易燃液体——防止火灾”的标识？

(13)工作人员是否经过正确使用和运输易燃液体的培训？

九、压缩气体和液化气

(1)每个移动式气罐是否清楚标示了内容物的种类,并用正确的颜色进行了标识?

(2)压缩气体钢瓶及其高压阀和减压阀是否定期进行检查?

(3)减压阀是否定期进行维护?

(4)钢瓶在使用时是否连接减压装置?

(5)钢瓶在不用或运输时,是否装有保护帽?

(6)是否对所有压缩气体钢瓶进行了固定,以防止其倾倒,特别是在自然灾害时?

(7)钢瓶和液化石油气罐是否远离热源?

(8)工作人员是否经过正确使用和运输压缩气体和液化气的培训?

十、电的危害

(1)是否按照国家电气安全规范来进行新电器的安装以及所有电器的更换、调整或维修?

(2)室内电路是否有接地导线(亦即采用三相线路系统)?

(3)实验室线路中是否安装了断路器和漏电保护器?

(4)所有电器设备是否得到了检测实验室的质量认可?

(5)所有仪器设备的连接软线是否在满足使用的条件下已经尽可能短,使用良好,没有磨损、毁坏及拼接?

(6)每个电源的插座是否仅供一台设备使用(没有使用适配器板)?

十一、个体防护

(1)实验室人员进行正常工作时,是否配备设计规范的防护服,如隔离衣、连体工作服、围裙、手套?

(2)在操作危害性化学品以及放射性和致癌性物质时,是否另外配备防护服?例如在处理化学品和溢出物时是否配备橡胶围裙和手套,在高压灭菌器和焚烧炉上卸载物品时是否戴隔热手套?

(3)是否配备安全眼镜、护目镜和防护面具?

(4)是否有洗眼装置?

(5)是否有应急淋浴设备?

(6)是否有符合国家和国际标准的辐射防护,包括辐射剂量测定仪?

(7)是否配备防毒面具,并定期清洁、清除污染、储存在清洁卫生的地方?

(8)是否为适当类型的防毒面具配置适宜的过滤器?例如针对微生物配置HEPA过滤器,针对气体或颗粒则配置相应的过滤器?

十二、工作人员的健康与安全

(1)是否有职业卫生服务机构?

(2)在重要地点是否放置急救箱?

(3)是否配备有资质的急救员?

(4)急救员是否经过处理实验室紧急事件的培训,包括接触腐蚀性化学品、意外食入有毒物品及感染性物质等情况?

(5)是否向内勤人员和办事员等非实验室工作人员说明了实验室及其所操作物品的潜在危害?

(6)是否在显著位置张贴了通告,清楚说明了急救员的地址以及急救服务的电话号码等信息?

(7)是否警告过育龄妇女操作某些微生物以及致癌、致突变和致畸物质可能造成的不良后果?

(8)是否告诉过育龄妇女,如果她们已经怀孕或可能怀孕时,应通知相关的医疗和科研人员,以便必要时为她们安排其他工作?

(9)是否有与实验室工作有关的免疫计划?

(10)是否为处理结核病材料或其他需要进行皮肤试验或辐射检查的实验室人员提供了该项检查?

(11)是否对疾病和事故进行正确记录?

(12)是否使用警告和预防事故的标志来尽可能减少工作危害?

(13)人员是否经过执行正确的生物安全操作的培训?

(14)是否鼓励实验室成员报告潜在的暴露事件?

十三、实验室仪器设备

(1)所有仪器设备是否都经过安全使用认证?

(2)在对仪器设备进行维护之前,是否进行了清除污染工作?

(3)生物安全柜和通风橱是否进行定期检测和保养?

(4)高压灭菌器和其他压力容器是否定期检查?

(5)离心机的离心桶及转子是否定期检查?

(6)是否定期更换 HEPA 过滤器?

(7)是否使用吸管来替代皮下注射用针头?

(8)破碎或有缺口的玻璃器皿是否总是丢弃而不重复使用?

(9)是否有盛放碎玻璃的安全容器?

(10)在可行时是否采用塑料来代替玻璃制品?

(11)是否配备并使用供丢弃锐器的容器?

十四、感染性物质

(1)能否在安全条件下收取标本?

(2)对送入实验室的物品是否进行登记?

(3)是否小心地在生物安全柜中打开标本以避免破损和渗漏?

(4)打开标本时是否戴手套及穿着防护服装?

(5)人员是否按现行的国家或国际规定进行了感染性物质运输的培训?

(6)实验台是否保持清洁整齐?

(7)是否每天或更频繁地清除丢弃的感染性物质,并安全地进行处理?

(8)是否所有实验室成员都知道培养物和感染性物质破损或溢出时的处理程序?

(9)灭菌器的性能是否采用适当的化学、物理及生物学指示剂进行过检查?

(10)是否有定期清除离心机污染的程序?

(11)离心机是否使用密封的离心桶?

(12)是否使用了适当的消毒剂?消毒剂使用方法是否正确?

(13)在三级生物安全水平的防护实验室和四级生物安全水平的最高防护实验室中工作的人员,是否都经过了专门的培训?

十五、化学品和放射性物质

(1)不相容化学品在储存和操作中能否有效分开?

(2)所有化学品是否都贴上了正确名称和警告标签?

(3)是否在显著位置张贴有化学危害警告图?

(4)是否备有溢出物处理工具盒?

(5)是否对实验室成员进行溢出事故处理培训?

(6)易燃物质是否已经尽可能少量地、正确安全地储存在经认证的储存柜中?

(7)是否备有运输试剂瓶的工具？

(8)是否有辐射防护官员或适当的参考手册可供咨询？

(9)实验室成员是否经过安全操作放射性材料的适当培训？

(10)是否对放射性物质的储存和使用进行专门记录？

(11)是否配备放射线保护屏？

(12)是否监测工作人员辐射暴露情况？

第十二章　生物安全实验室突发事故的防范与处理

生物安全问题正日益趋向全球化，并引起各国政府的高度重视。随着科技的发展，越来越多的科研人员从事接触病原微生物的工作，这些实验室的生物安全问题是不容忽视的。与此同时，由于多种原因造成生物安全实验室生物危害事故也会时有发生，在病原体研究实验中，工作人员的发病率比普通人群高 5～7 倍，实验室研究人员相继发生的病原体感染事件，负面效应不仅表现为人民生命危害、财产和经济的损失，而且引起人们的恐惧心理，影响社会安定，造成社会动荡。对国家安全、环境安全、国民经济发展产生重大的影响。因此加强生物安全实验室的安全管理，预防和控制实验室生物安全事故是十分重要的，维护社会环境安全已成为各国政府高度重视的首要工作之一。

为加强病原微生物实验室生物安全管理，保护实验室工作人员和公众的健康，规范实验室生物安全管理和实验室的建设原则，我国相继颁布和实施了《实验室生物安全通用要求》、《病源微生物实验室生物安全管理条例》和《生物安全实验室建筑技术规范》等国家标准和法令法规。这将有利于促进我国实验室生物安全管理水平的普遍提高，标志着我国实验室生物安全管理和实验室生物安全认可工作步入了科学、规范和发展的新阶段。

每一个从事感染性微生物工作的实验室都应当制订针对所操作微生物和动物危害的安全防护措施。在任何涉及处理或储存危险度 3 级和 4 级微生物的实验室（三级生物安全水平的防护实验室和四级生物安全水平的最高防护实验室），都必须有一份关于处理实验室和动物设施意外事故的书面方案。国家和/或当地的卫生部门要参与制订应急预案。

为了快速、有效、及时控制和消除发生在生物安全事故的危害，指导和规范实验室生物安全工作，保证在实验室发生生物安全事件时，做到应急准备充分，信息渠道畅通，指挥系统有效，反应机制灵敏，从而遏制生物安全事件危害的进一步扩大，保障试验人员身体健康和生命安全，维护社会的稳定和正常秩序，特制订生物安全实验室突发事故的防范与处理预案。

第一节　实验室溢洒事故处理

溢洒指含生物危险的物质或化学物质意外地与容器或包装材料分离的过程。本节旨在阐述生物安全实验室溢洒事故处理程序。

一、溢洒处理工具包的准备

生物安全实验室应明确标示溢洒处理工具包的地点，基础的溢洒处理工具包通常包括：

(1)对感染性物质有效地消毒灭菌液，消毒灭菌液需要按使用要求定期配制。

(2)消毒灭菌液盛放容器。

(3)镊子或钳子、一次性刷子、可高压的扫帚和簸箕或其他处理锐器的装置。

(4)足够的布巾、纸巾或其他适宜的吸收材料。

(5)用于盛放感染性溢洒物以及清理物品的专用收集袋或容器。

(6)橡胶手套。

(7)面部防护装备，如面罩、护目镜、一次性口罩等。

(8)溢洒处理警示标识，如“禁止进入”、“生物危险”等。

(9)其他专用工具。

二、具有感染性的物质溢洒事故处理

(一)感染性物质破碎及溢出在台面、地面和其他表面

1. 溢出感染性液体的扩散途径

(1)大量液体形成不规则水渍。

(2)部分飞溅。

(3)小部分形成空气播散的气溶胶颗粒。

2. 处理程序

应当立即用布或纸巾覆盖受感染性物质污染或受感染性物质溢洒的破碎物品。然后在上面倒上消毒剂，并使其作用适当时间。然后将布、纸巾以及破碎物品清理掉；玻璃碎片应用镊子清理。然后再用消毒剂擦拭污染区域。如果用簸箕清理破碎物，应当对他们进行高压灭菌或放在有效的消毒液内浸泡。用于清理的布、纸巾和抹布等应当放在盛放污染性废弃物的容器内。在所有这些操作过程中都应戴手套。

如果实验表格或其他打印或手写材料被污染，应将这些信息复制，并将原件置

于盛放污染性废弃物的容器内。

(二)感染性物质外溢在防护服上

应立即进行局部消毒,更换。污染的防护服用消毒液浸泡后进行高压灭菌处理。

(三)感染性物质外溢到皮肤

如感染性培养物或标本组织液外溢到皮肤、黏膜,视为很大危险,应立即停止工作,在同操作者的配合下对溢洒的皮肤,采用75%的酒精进行消毒处理,然后用清水冲洗15~20 min。处理后安全撤离,视情况隔离观察,期间根据条件进行适当的预防治疗。填写意外事故报告,并报相关负责人。

(四)感染性物质溅入眼睛

1. 感染性物质溅入眼睛处理程序

眼睛溅入感染性液体,在同操作者的配合下,到缓冲区,用安全洗眼器进行冲洗,然后用生理盐水连续冲洗(注意动作不要过猛,以免损伤眼睛)。在操作者的配合下,按照退出路线退出生物安全实验室。处理后安全撤离,视情况隔离观察,期间根据条件进行适当的预防治疗。填写意外事故报告,并报相关负责人。

2. 洗眼器的使用方法

洗眼器应设在缓冲区内。取下洗眼器罩,受感染者的眼睛部位摆放到洗眼器花洒正上方将洗眼器开关打开,洗眼器花洒即有清水喷出(涉及高致病性病原微生物时,流下的污染水由洗眼器下方盛水箱接住,需要进行消毒处理)。

(五)感染性物质在离心管内破裂

1. 未装可封闭离心桶的离心机内盛有潜在感染性物质的离心管发生破裂

如果机器正在运行时发生破裂或怀疑发生破裂,应关闭机器电源,让机器密闭(例如30 min)使气溶胶沉积。如果机器停止后发现破裂,应立即将盖子盖上,并密闭(例如30 min)。发生这两种情况时都应通知生物安全官员。随后的所有操作都应戴结实的手套(如厚橡胶手套),必要时可在外面戴适当的一次性手套。当清理玻璃碎片时应当使用镊子,或用镊子夹着的棉花来进行。所有破碎的离心管、玻璃碎片、离心桶、十字轴和转子都应放在无腐蚀性的、已知对相关微生物具有杀灭活性的消毒剂内。未破损的带盖离心管应放在另一个有消毒剂的容器中,然后回收。离心机内腔应用适当浓度的同种消毒剂擦拭,并再次擦拭,然后用水冲洗并干燥。清理时所使用的全部材料都应按感染性废弃物处理。

2. 在可封闭的离心桶(安全杯)内离心管发生破裂

所有密封离心桶都应在生物安全柜内装卸。如果怀疑在安全杯内发生破损,应该松开安全杯盖子并将离心桶高压灭菌。另一种方法是,安全杯可以采用化学消毒。

三、化学物品溢出

化学物品虽然没有感染性，但是一些有刺激性或易燃的化学物品如果溢洒处理不当也会造成严重危害。实验室化学品的大多数生产商都会发行描述化学品溢出处理的示意图，溢出处理的示意图和工具盒都能买到。

(1)应该将适当的示意图张贴在实验室中显著的位置，并应配备下列物品：

①化学品溢出处理工具盒。

②防护服，例如耐用橡胶手套、套鞋或橡胶靴、防毒面具。

③铲子和簸箕。

④用于夹取碎玻璃的镊子。

⑤拖把、擦拭用的布和纸。

⑥桶。

⑦用于中和酸及腐蚀性化学品的苏打（碳酸钠，Na_2CO_3）或碳酸氢钠（$NaHCO_3$）。

⑧沙子(用于覆盖碱性溢出物)。

⑨不可燃的清洁剂。

(2)当发生大量化学品溢出时，应该采取下列措施：

①通知有关的实验室安全负责人。

②疏散现场的闲杂人员。

③密切关注可能受到污染的人员。

④如果溢出物是易燃性的，则应熄灭所有明火，并关闭那些可能产生电火花的电器。

⑤避免吸入溢出物所产生的气体。

⑥如果安全允许，启动排风设备。

⑦提供清理溢出物的必要物品。

第二节　实验室伤害事故分级及处理

生物安全实验室是从事病原微生物相关检测、鉴定及研究的场所。根据病原微生物的传染性、感染后对个体或者群体的危害程度，将病原微生物分为四类。而同时国家对病原微生物实行分类管理，对实验室实行分级管理。按照《病原微生物实验室生物安全管理条例》第七条的规定，第一类病原微生物，是指能够引起人类或者动物非常严重疾病的微生物，以及我国尚未发现或者已经宣布消灭的微生物。第二类病原微生物，是指能够引起人类或者动物严重疾病，比较容易直接或者间接在人与人、动物与人、动物与动物间传播的微生物。第三类病原微生物，是指能够引起人类或者动物疾病，但一般情况下对人、动物或者环境不构成严重危害，传播风险有限，实验室感染后很少引起严重疾病，并且具备有效治疗和预防措施的微生物。第四类病原微生物，是指在通常情况下不会引起人类或者动物疾病的微生物。其中第一类、第二类病原微生物统称为高致病性病原微生物。

国家根据实验室对病原微生物的生物安全防护水平，并依照实验室生物安全国家标准的规定，将实验室分为一级、二级、三级、四级。一级、二级实验室不得从事高致病性病原微生物实验活动。根据所操作的生物因子的危害程度和采取的防护措施，将生物安全防护水平(biosafety level，BSL)分为 4 级，Ⅰ级防护水平最低，Ⅳ级防护水平最高。以 BSL-1、BSL-2、BSL-3、BSL-4 表示实验室的相应生物安全防护水平；以 ABSL-1、ABSL-2、ABSL-3、ABSL-4 表示动物实验室的相应生物安全防护水平。从事第一类和第二类高致病性病原微生物时，必须在 BSL-3、ABSL-3 或以上等级实验室进行试验操作，试验人员也必须穿上合适的防护服。但由于试验操作的疏忽、感染性材料气溶胶的产生或试验器材的破损很容易造成试验人员的潜在感染、感染性材料的扩散或对试验人员造成各种伤害。现在将试验操作过程中可能对试验人员造成的危害及相应的处置措施归纳总结如下。

一、涉及实验室感染性材料对工作人员的伤害事故及处置

(1)感染性培养物的溢出或包装材料的破碎对实验人员造成潜在感染伤害的处置措施：

①应立即用纱布或纸巾覆盖破碎容器以及溢出的感染性材料，通知实验室生物安全负责人；

②在纱布或纸巾上面倒入含 0.5%有效氯的消毒剂，作用 30 min 后，清理纱布、纸巾以及破碎物品，容器碎片应用镊子清理；

③将用于清理的纱布、纸巾、镊子等放在高压灭菌袋内，在双扉高压灭菌器内经 121℃、30 min 高压处理后，移出实验室；

④用含 0.5%有效氯的消毒液擦拭污染区域。

(2)离心管的破裂对实验人员造成潜在感染伤害的处置措施：

①在离心过程中怀疑离心管发生破裂，应立即关闭电源，保持离心机盖子关闭 30 min，通知实验室生物安全监督员；

②打开离心机盖，将密封的离心机适配器卸下，移入生物安全柜内；

③在生物安全柜内，打开离心机适配器，小心取出破裂的离心管，用镊子夹住棉花擦拭可能溢至离心机适配器管腔的液体；

④将破裂的离心管、擦拭棉花连同镊子放入含 0.5%有效氯消毒液的废液收集罐内，浸泡 60 min 后取出，放入高压灭菌袋内，在双扉高压灭菌器内经 121℃、30 min 的高压处理；

⑤将离心机适配器用 75%酒精消毒液内浸泡 24 h 后，吸出消毒液，用镊子夹住灭菌棉花，反复擦拭至清洁、干净。

(3)在生物安全柜以外危害性气溶胶的释放对实验人员造成潜在感染伤害的处置措施：

①实验人员应立即通知实验室生物安全负责人，迅速撤离实验室的相关工作区域，任何暴露人员都应到指定救治医院接受医学咨询；

②为了使气溶胶排出和使较大的粒子沉降，至少 1 h 内严禁人员入内。如果中央通风系统因故停止工作，应当推迟 24 h 后方可进入，在此期间应张贴"禁止进入"的标志；

③经过适当时间后，由实验室生物安全负责人组织人员清除污染，在清除污染时应穿戴适当的防护服和防护用具。

二、发生水灾、地震等灾害对实验人员造成潜在的感染或人身伤害

(1)当发现实验室供水系统突然大量漏水时，应采取以下措施：

①应立即停止实验，向实验室生物安全负责人或实验室生物安全监督员报告，通知后勤保障人员关闭供水闸门；

②将感染性废弃物放入高压灭菌袋内，密封，放置在安全地点以防止扩散；

③实验室生物安全负责人组织人员对溢出实验室内积水进行收集，对实验室环境进行清洁和消毒。

(2)当发生地震时，应采取以下措施：

①立即按下紧急报警铃，关闭电源，如实验人员已无法按正常程序退出，应按实验室标记的紧急撤离路线，从安全门撤离实验室；

②实验室生物安全负责人应根据现场情况决定继续利用或最终废弃感染性物质；

③尽最大可能将感染性物质收集在高压灭菌袋内或者有一定厚度的泡沫箱内，再置于坚固的容器内；

④对实验室内潜在的感染性材料扩散危险向实验室所在市级或上级紧急救援机构和人员报告。

三、实验室发生火灾时对实验人员造成潜在的感染或人身伤害

1.防火要求

(1)在每个房间的显著位置和走廊应有火灾警告和逃脱线路的指示。

(2)应定期检查消防报警系统,确保其功能正常。

(3)工作场所应配备相应的消防设施,并放置于靠近实验室的门边,以及走廊和过道的适当位置等醒目易取的地点。应定期进行检查和维护灭火器,使其维持有效期内。

(4)所有出口都有适当的黑暗中可见的标识。当出现紧急状况时,实验室所有出口的门锁都应是开启状态。走廊、流通区域不得放置障碍物,且不受人员流动和灭火设备移动影响。

(5)培训实验室人员的防火意识、出现火灾后的应急反应、防火设备的使用。

2.火灾时遵循的原则

(1)当发生火灾时,实验人员应保持清醒的头脑,按下紧急报警铃,关闭电源,在判断火势不会蔓延时,尽可能地扑灭或控制火灾;

(2)如感染性材料发生火灾,工作人员应先用浸有消毒液的纱布覆盖住失火点,再用灭火器进行灭火;

(3)如火势不能控制,应立即考虑人员的紧急撤离;

(4)发生火灾时,如实验人员已无法按正常程序退出,应按实验室标记的紧急撤离路线,从安全门撤离实验室;

(5)对实验室内潜在的感染性材料扩散危险向实验室所在市级或上级紧急救援机构和人员报告。

四、发生病原体扩散对实验人员造成潜在的感染或人身伤害

处置措施:依据《病原微生物实验室生物安全管理条例》第四十六条,应立即报告实验室所在市或省疾病预防控制中心和医疗机构,依法采取下列预防、控制措施:

(1)封闭被病原微生物污染的实验室或者可能造成病原微生物扩散的场所;

(2)开展流行病学调查;

(3)对实验人员进行隔离治疗,对相关人员进行医学检查;

(4)对密切接触者进行医学观察;

(5)进行现场消毒;

(6)其他需要采取的预防、控制措施。

五、试验操作过程中意外切割、擦伤或刺伤实验人员造成潜在感染或人身伤害

在发生剪刀、镊子或注射器针头等锋利物刺伤、切割伤或擦伤等情况时，采取以下措施：

①实验人员应保持清醒的头脑，立即停止工作，退至第二缓冲间，报告；

②脱掉最外层手套，在洗眼器处，在同操作者的配合下对伤口用清水和肥皂水清洗受伤部位，尽量挤出损伤部处的血液；

③取出急救箱，对污染的皮肤和伤口用碘酒或75%的乙醇擦洗多次；

④在对伤口进行适当的包扎后，在同操作者的配合下按照ABSL-3实验室的退出程序退出实验室；

⑤及时送定点救治医院，告知医生所受伤的原因及污染的微生物，在具有潜在感染性危险时，应进行医学处理；

⑥事后记录受伤原因、从事的病原微生物，并应保留完整适当的医疗记录。

六、感染性菌(毒)种培养液外溢到皮肤、黏膜对实验人员造成潜在的感染或人身伤害

处置措施：

(1)当感染性培养物或标本组织液外溢到皮肤、黏膜时，应立即停止工作，退至第二缓冲间，报告；

(2)取出急救箱，在同操作者的配合下对污染的皮肤和伤口用碘酒或75%的乙醇擦洗多次，然后用清水冲洗；

(3)处理后按照ABSL-3实验室的退出程序退出实验室；

(4)视情况隔离观察，期间可进行适当的预防治疗；

(5)填写意外事故报告；

(6)事后记录受伤原因、从事的病原微生物，并应保留完整适当的医疗记录。

七、感染性物质溅入眼睛对实验人员造成潜在的感染或人身伤害

处置措施：

(1)当眼睛溅入感染性液体时，应立即停止工作，退至第二缓冲间，报告；

(2)在同操作者的配合下，用安全洗眼器进行冲洗，然后用生理盐水连续冲洗，注意动作不要过猛，以免损伤眼睛；

(3)处理后按照ABSL-3实验室的退出程序退出实验室；

(4)视情况隔离观察,期间可进行适当的预防治疗;

(5)填写意外事故报告;

(6)事后记录受伤原因、从事的病原微生物,并应保留完整适当医疗记录。

第三节 实验室事故应急处理程序与报告

一、应急处理程序

(一)实验室紧急撤离

1.发生感染性材料意外事故时的撤离路线

当实验室发生感染性材料意外事故时,实验人员应立即终止实验操作,并对所有的感染性物质做好必要的防扩散处置(如包装、表面消毒及空气消毒等),然后按正常退出实验室程序,从实验室核心区依次通过二缓、半污染区、一缓、二更、一更,撤离实验室。

2.发生设施系统意外故障时的撤离路线

当实验室发生设施系统意外故障导致负压异常时,实验人员应立即终止实验操作,并对所有的感染性物质做好必要的防扩散处置(如包装、表面消毒及空气消毒等),然后按正常退出实验室程序,从实验室核心区依次通过二缓、半污染区、一缓、二更、一更,撤离实验室。

3.发生紧急灾害时的撤离路线

发生火灾和地震时,应按下紧急报警铃,关闭电源,若实验人员已无法按正常程序退出,应按实验室标记的紧急撤离路线,从安全门撤离实验室。

4.实验室紧急撤离的处置措施

(1)在实验室人员紧急撤离的同时,实验室生物安全负责人应组织人员做好实验室内人员的接应和护送工作。

(2)应将从安全门撤离实验室的人员集中在一个房间,进行个人体表、防护用具消毒,然后离开。

(3)在实验室人员全部撤出后,应封锁实验室,并视险情的性质选择关闭通风系统或继续运行,张贴“禁止入内”标识。

(4)在人员撤离实验室后,由实验室生物安全负责人组织人员对实验室的设施设备实施险情排除和清除污染。

(二)发生病原体扩散时的紧急处置

依据《病原微生物实验室生物安全管理条例》第四十六条,应立即报告上级疾病预防控制中心和医疗机构，依法采取下列预防、控制措施：

(1)封闭被病原微生物污染的实验室或者可能造成病原微生物扩散的场所；

(2)开展流行病学调查；

(3)对病人进行隔离治疗，对相关人员进行医学检查；

(4)对密切接触者进行医学观察；

(5)进行现场消毒；

(6)其他需要采取的预防、控制措施。

(三)预防和救治

(1)实验室工作人员接触感染性物质时，应当采取以下防护措施：

①实验室人员进行有可能接触病死动物血液、体液、病毒培养液等实验操作时应戴手套，操作完毕，脱去手套后立即洗手，并进行手部消毒。

②在实验操作过程中，有可能发生血液、体液、培养液飞溅到工作人员的面部时，工作人员应当戴手套、具有防渗透性能的口罩及护目镜；有可能发生血液、体液或其他污染性液体大面积飞溅或者有可能污染工作人员的身体时，还应当穿戴具有防渗透性能的隔离衣或者围裙。

③工作人员在进行实验操作过程中，尽量避免使用尖锐物品和利器，必须使用时应倒放在耐扎的容器内，使用后收集在特定的带盖的容器内保存至最后消毒处理或毁掉。尽量使用塑料质的实验物品。禁止将使用后的一次性针头重新套上针头套。禁止用手直接接触使用后的针头、刀片等锐器。

④应使用螺旋帽的塑料管盛放含感染性物质的样本，禁止使用 Eppendorf 管，以防止在开启管盖时发生样本崩溅。禁止用口吸任何液体，应使用移液器操作。

(2)预防性治疗。

①医疗卫生机构应当根据暴露级别和暴露源病原载量水平，对发生职业暴露的工作人员实施预防性用药方案。预防性用药方案分为基本用药程序和强化用药程序。

②预防性用药应当在发生职业暴露后尽早开始，最好在 4 h 内实施，最迟不得超过 24 h；即使超过 24 h，也应当实施预防性用药。

二、报告程序

(1)实验室建立事件报告制度。当生物安全实验室工作人员发生意外事件时，应由事件相关人员逐级向上报告。

(2)应将事件书写成报告。其中包括：事件发生的时间、地点、暴露方式、处理方式、定期检测结果、填表单位、填表人、填表日期、审核人。若无职业暴露情况发生，按期实行零报告。

（3）建立实验室人员安全事件登记，详细记录事件发生的时间、地点及经过；暴露方式；损伤的具体部位、程度；接触物种类（培养液、血液或其他体液）。

（4）事件的调查和处理方法。

①对于本单位能够处理的安全事件，由实验室生物安全委员会负责处理，指派有关专家或领导赴现场指导或调查事件发生的原因、后果和影响，事件当事人应当积极配合。实验室生物安全委员会应根据调查情况、事件的原因、后果和影响，经研究讨论形成书面处理意见并责成实验室采取相应的纠正措施。

②对于严重的本单位不能处理的安全事件，应报上级有关部门，本单位和本实验室配合上级有关部门的调查和处理。

三、其他生物安全事件应急处理报告程序

（1）实验室发生高致病性病原微生物被盗、被抢、丢失、泄漏的，或高致病性病原微生物菌（毒）种或者样本在运输、储存中被盗、被抢、丢失、泄漏的，承运单位、护送人、保藏机构应当采取必要的控制措施，并在 2 h 内分别向承运单位的主管部门、护送人所在单位和保藏机构的主管部门报告，同时向所在区县人民政府卫生行政部门或者兽医主管部门报告，还应当向公安机关报告。

实验室设立单位发现实验室生物安全事件，应按属地化原则在 2 h 内向所在地卫生行政部门和上级主管单位报告（菌毒种丢失还要向公安机关报告）；对于事件本身比较敏感或发生在敏感地区、敏感时间，或可能造成重大社会影响的实验室生物安全事件，实验室设立单位可直接上报省级卫生行政部门。

医疗机构及其执行职务的医务人员发现由于实验室感染而引起的与高致病性病原微生物相关的传染病病人、疑似传染病病人或者患有疫病、疑似患有疫病的动物，应当在 2 h 内向所在区县人民政府卫生行政部门或者兽医主管部门报告。

（2）接到报告的卫生行政部门或者兽医主管部门应当在 2 h 内向本级人民政府报告，同时向上级卫生行政部门或者兽医主管部门报告，并立即组织开展应急处理工作、采取必要的防控措施。

各级人民政府应当在接到报告后 2 h 内尽快向上一级人民政府报告。

（3）事件信息报告包括初始报告、进程报告和结案报告。

①初次报告：事件名称、发生地点、发生时间、发病人数、死亡人数、密切接触者人数、主要的临床症状、涉及病原体、可能原因、已采取的措施、初步判定的事件级别、报告单位、报告人员及通讯方式等。

②进程报告：报告事件的发展与变化、处置进程、势态评估、控制措施等内容。

同时，对初次报告内容进行补充和修正。重大实验室生物安全事件至少按日进行进程报告。

③结案报告：事件处置结束后，应进行结案信息报告。在领导小组确认事件终止后 2 周内，对事件的发生和处理情况进行总结，分析其原因和影响因素，并提出今后对类似事件的防范和处置建议。

附录　病原微生物重要法规、标准和指南目录(题目)

法律法规：

《中华人民共和国传染病防治法》

《病原微生物实验室生物安全管理条例》

《病原微生物实验室生物安全环境管理办法》

《可感染人类的高致病性病原微生物菌(毒)种或样本运输管理规定》

《高致病性动物病原微生物菌(毒)种或者样本运输包装规范》

《动物病原微生物菌(毒)种保藏管理办法》

《人间传染的高致病性病原微生物实验室和实验活动生物安全审批管理办法》

《动物病原微生物分类名录》

《人间传染的病原微生物名录》

《贵州省病原微生物实验室生物安全管理规定(试行)》

《奥运会期间安徽省人间传染的病原微生物实验室生物安全管理办法》,

《湖南省病原微生物实验室和试验活动生物安全审批管理办法》

《江西省卫生厅病原微生物实验室生物安全管理办法(试行)》

标准：

GB 16548—2006

《病害动物和病害动物产品生物安全处理规程》

SN/T 1862—2007

《出入境口岸医学媒介生物实验室病原学检测生物安全标准》

GB 19489—2008

《实验室生物安全通用要求》

GB 50346—2004

《生物安全实验室建筑技术规范》

WS 233—2002

《微生物和生物医学实验室生物安全通用准则》

YY 0569—2005

《生物安全柜》

YY 0569—2005

《微生物和生物医学实验室生物安全通用准则》

JG 170—2005

《生物安全柜》

CNAL AC-30—2005

《实验室生物安全认可准则》

WS 233—2002

《微生物和生物医学实验室生物安全通用准则》

GB/T 16569—1996

《畜禽产品消毒规范》

NY/T 768—2004

《高致病性禽流感人员防护技术规范》

GB/T 18636—2002

《蓝舌病诊断技术》

GB/T 18644—2002

《猪囊尾蚴病诊断技术》

GB/T 18647—2002

《动物球虫病诊断技术》

GB/T 18649—2002

《牛传染性胸膜肺炎(牛肺疫)诊断技术》

GB/T 19167—2003

《传染性囊病诊断技术》

GB/T 18636—2002

《蓝舌病诊断技术》

GB/T 18644—2002

《猪囊尾蚴病诊断技术》

GB/T 18647—2002

《动物球虫病诊断技术》

GB/T 18649—2002

《牛传染性胸膜肺炎(牛肺疫)诊断技术》

GB/T 19167—2003

《传染性囊病诊断技术》

GB/T 20395—2006

《桑蚕微粒子病病原鉴定方法》

GB/T 22914—2008
《SPF 猪病原的控制与监测》
GBZ/T 213—2008
《血源性病原体职业接触防护导则》
NY/T 1185—2006
《马流行性感冒诊断技术》
NY/T 1186—2006
《猪支原体肺炎诊断技术》
NY/T 536—2002
《鸡伤寒和鸡白痢诊断技术》
NY/T 546—2002
《猪萎缩性鼻炎诊断技术》
NY/T 559—2002
《禽曲霉菌病诊断技术》
NY/T 564—2002
《猪巴氏杆菌病诊断技术》
SN/T 1460—2004
《输入性蚊类携带西尼罗病毒与圣路易脑炎病毒的检测方法》
SN/T 1469—2004
《输入性蚊类携带登革病毒的检测方法》
SN/T 1486—2004
《输入性蚊类携带的黄热病毒检测方法》
SN/T 1521—2005
《输入性蠓类虫媒病毒检测规程》
SN/T 1487—2004
《输入性啮齿动物携带钩端螺旋体的检测方法》
SN/T 1834—2006
《出入境口岸疾病监测实验室生物安全操作标准》

参考文献

[1] 郭新彪,刘君卓. 常用消毒剂和消毒方法. 北京:化学工业出版社,2003.

[2] 郭元吉.流行性感冒病毒及其实验技术.北京:中国三峡出版社,1997.

[3] 李立明.危险化学品应急救援指南.北京:中国协和医科大学出版社,2003.

[4] 祈国明. 病原微生物实验室生物安全. 北京:人民卫生出版社,2006.

[5] 曲连东,张永江. 动物实验的生物安全防护. 北京:中国农业科学技术出版社,2007.

[6] 叶冬青.实验室生物安全.北京:人民卫生出版社,2008.

[7] 袁洽劻.实用消毒灭菌技术.北京:化学工业出版社,2002.

[8] 张文福.医学消毒学.北京:军事医学科学出版社,2002.

[9] 中国实验室国家认可委员会,军事医学科学院生物工程研究所. 实验室生物安全基础知识. 北京:中国计量出版社,2004.

[10] 中华人民共和国国家质量监督检验检疫总局.实验室生物安全通用要求(GB 19489—2008).

[11] 中华人民共和国国务院. 病原微生物实验室生物安全管理条例[国务院令第424号]. 北京:中华人民共和国国务院,2004-11-12.

[12] 中华人民共和国农业部. 高致病性动物病原微生物菌(毒)种或者样本运输包装规范[农业部公告第503号]. 北京:中华人民共和国农业部,2005-5-24.

[13] 中华人民共和国卫生部. 可感染人类的高致病性病原微生物菌(毒)种或样本运输管理规定[中华人民共和国卫生部令第45号]. 北京:中华人民共和国卫生部,2005-12-28.

[14] 中华人民共和国卫生部. 人间传染的高致病性病原微生物实验室和实验活动生物安全审批管理办法[中华人民共和国卫生部令第50号]. 北京:中华人民共和国卫生部,2006-8-15.

[15] 中华人民共和国卫生部. 消毒技术规范,2002.

[16] 中华人民共和国卫生部.医院感染诊断标准(试行).中华医学杂志,2001,81(5):314-321.

[17] ABSA Biosecurity Task Force White Paper: Understanding Biosecurity. American Biological Safety Association, January 2003. (http://www.absa.org/0301bstf.html).

[18] Aroua A, Burnand B, Decka I, et al. Nation-wide survey on radiation doses in

diagnostic and interventional radiology in Switzerland in 1998[J]. Health Physics, 2002,83(1):46-55.

[19] AS 1319—1994《Safety signs for the occupational environment》.

[20] Australian/New Zealand Standard™——Safety in laboratories, AS/NZS 2243.3:2002,5th ed,2002.

[21] Biosafety in microbiological and biomedical laboratories. Washington, DC: U.S. Government Printing Office, 1999,191-218.

[22] Coello R,Gastmeier P,de Boer AS. Surveillance of hospital-acquired infection in England,Germany and the Netherlands: will international comparison of rates be possible J. Infect Control Hosp Epidemiol,2001,22(6):393-397.

[23] Collins C H, and Kennedy D A. Exposure, sources and routes of infection. In: Laboratory-acquired infections: history, incidence, causes and preventions. Oxford, U.K: Butterworth-Heinemann, 1999:38-53.

[24] Curfman G D, Morrissey S, Drazen J M. The Medical Device Safety Act of 2009. N Engl J Med. 2009,360(15):1550-1551.

[25] Electrical Safety in the Laboratory,http://www.uiowa.edu/~hpo/chemsafety/electricalsafetyinlabs.htm.

[26] Electrical Safety, http://web.princeton.edu/sites/ehs/labguide/sec_5.htm.

[27] Faulkner K & Corbett R H. Standing Conference on Health and Safety in the Nuclear Age. The British Journal of Radiology, 1997, 70:553-555.

[28] Furr, A. Keith, Handbook of Laboratory Safety, 5th ed., The Chemical Rubber Company, 2000.

[29] Ganczak M, Barss P. Nosocomial HIV infection: epidemiology and prevention——a global perspective. AIDS Rev. 2008,10(1):47-61.

[30] GB 15944—1995. 流行性感冒诊断标准及处理原则.

[31] GB 16179—1996《安全标志使用导则》.

[32] GB 19489—2004《实验室生物安全通用要求》.

[33] GB 2893—2001《安全色》.

[34] GB 2894—1996《安全标志》.

[35] GBZ 158—2003《工作场所职业病危害警示标识》.

[36] IEAE ,WHO. Handling of Radiation Accidents[R]. Vienna,1969.

[37] ISO 3864:1984《安全颜色和安全标志》.

[38] ISO 3864-1—2002《Graphical symbols-Safety colours and safety signs-Part 1-Design principles for safety sign》.

[39] ISO 7010—2006《Graphical symbols-safety colours and safety signs-safety signs used in workplaces and public areas》.

[40] Laboratory biosafety manual. Geneva: World Health Organization, 1993,1-133.

[41] Medical device safety, http://www.nlm.nih.gov/medlineplus/medicaldevicesafety.html.

[42] Michael S & Marie S T. Radiation Safety. AORN Journal, 1998,68(4):595-610.

[43] National Research Council. Occupational Health and Safety in Biomedical Research. ILAR Journal ISSN 1084-2020, 2003,44(1).

[44] National Research Council. Occupational Health and Safety in the Care and Use of Research Animals. Washington, DC: National Academy Press, 1997.

[45] National Research Council. Occupational Health and Safety in the Care and Use of Non-human Primates. Washington, DC: The National Academies Press, 2003.

[46] Pohanish, Richard. Rapid Guide to Chemical Incompatibilities, Wiley & Sons, NY, 1997.

[47] Prudent Practices in the Laboratory-Handling and Disposal of Chemicals, National Research Council, National Academy Press, Washington, D. C., 1995.

[48] Quinn, A D, Taylor C G, Sabharwal T & Skidar T. Radiation protection awareness in non-radiologists. The British Journal of Radiology, 1997,70:102-106.

[49] Richmond J Y, and McKinney R W. Biosafety in microbiological and biomedical laboratories. Washington, DC: U. S. Government Printing Office, 1999.

[50] Samuels-Reid J, Cope J U, Morrison AE. Device safety and effectiveness in the pediatric population: a US FDA perspective. Expert Rev Med Devices. 2009,6(2):131-135.

[51] The Minister of Health, Canada. The Laboratory Biosafety Guidelines. 3rd ed. Ottawa: Health Canada, 2004.

[52] U. S. Department of Health and Human Services, Centers for Disease Control and Prevention, National Institutes of Health. Biosafety in Microbiological and Biomedical Laboratories. 5th ed. Washington: U. S. Government Printing Office, 2007.

[53] Valentin J. Avoidance of radiation injuries from medical interventional procedures[M]. ICRP Publication 85. ANN ICRP, 2000, 30(2): 7-67.

[54] WHO News: Global health leaders join the World Health Organization to announce accelerated efforts to improve patient safety. http://www.who.int/mediacentre/news/releases/2004/pr74/en/.

[55] WHO. Laboratory biosafety manual. 3rd ed.

[56] WHO/CDS/CSR/NCS/2002. 5-WHO ANIMAL INFLUENZA MANUAL.

[57] World Health Organization. Laboratory biosafety manual. 3rd ed. Geneva: World Health Organization, 2004.

图书在版编目(CIP)数据

实验室生物安全教程/赵德明，吕京主编. —北京：中国农业大学出版社，2010.8
(2019.12 重印)
ISBN 978-7-5655-0050-3

Ⅰ.①实… Ⅱ.①赵… ②吕… Ⅲ.①生物学-实验室-安全技术-高等学校-教材 Ⅳ.①Q-338

中国版本图书馆 CIP 数据核字(2010)第 141059 号

书　　名　实验室生物安全教程
作　　者　赵德明　吕　京　主编

策划编辑　赵　中　　　**责任编辑**　田树君
封面设计　郑　川　　　**责任校对**　王晓凤　陈　莹
出版发行　中国农业大学出版社
社　　址　北京市海淀区圆明园西路 2 号　　　**邮政编码**　100193
电　　话　发行部 010-62818525，8625　　　读者服务部 010-62732336
　　　　　　编辑部 010-62732617，2618　　　出　版　部 010-62733440
网　　址　http://www.cau.edu.cn/caup　　　**e-mail** cbsszs@cau.edu.cn
经　　销　新华书店
印　　刷　北京鑫丰华彩印有限公司
版　　次　2010 年 8 月第 1 版　　2019 年 12 月第 4 次印刷
规　　格　787×980　16 开本　16.5 印张　294 千字
定　　价　35.00 元

图书如有质量问题本社发行部负责调换